普通高等教育工程管理和工程造价专业系列教材

房 屋 建 筑 学

主编 曾庆林

参编 陈葶葶 郑 钢

主审 宣卫红

机械工业出版社

本书内容依据工程管理、土木工程等专业人才培养方案及其课程的教学要求，结合本科阶段教学学时和特点进行编写。章节编排合理，既充分考虑了课程的常规内容，又适当增加了新构造做法的介绍，展现了新材料、新技术、新方法的应用。本书注重理论与实践相结合，采用全新体例编写，内容丰富，并附有大量的图形和图片，有较好的实用性。全书内容共分 17 章，主要包括民用建筑设计、民用建筑构造和工业建筑设计三大部分内容。

　　本书可作为应用型本科院校工程管理、土木工程、工程造价、建筑工程技术等专业的"房屋建筑学"课程教材，也可作为从事工程管理、工程施工、工程造价及相关工作人员的培训教材和学习参考资料。

图书在版编目（CIP）数据

房屋建筑学/曾庆林主编. —北京：机械工业出版社，2020.5（2024.7重印）

普通高等教育工程管理和工程造价专业系列教材

ISBN 978-7-111-64774-4

Ⅰ.①房…　Ⅱ.①曾…　Ⅲ.①房屋建筑学-高等学校-教材　Ⅳ.①TU22

中国版本图书馆 CIP 数据核字（2020）第 027068 号

机械工业出版社（北京市百万庄大街 22 号　邮政编码 100037）

策划编辑：林　辉　责任编辑：林　辉　舒　宜　商红云
责任校对：陈　越　封面设计：张　静
责任印制：李　昂

北京捷迅佳彩印刷有限公司印刷

2024 年 7 月第 1 版第 3 次印刷

184mm×260mm · 21.5 印张 · 530 千字

标准书号：ISBN 978-7-111-64774-4

定价：55.00 元

电话服务 网络服务

客服电话：010-88361066　机　工　官　网：www.cmpbook.com
　　　　　010-88379833　机　工　官　博：weibo.com/cmp1952
　　　　　010-68326294　金　书　网：www.golden-book.com

封底无防伪标均为盗版　机工教育服务网：www.cmpedu.com

普通高等教育工程管理和工程造价专业系列教材

编审委员会

序

　　住房和城乡建设部高等学校工程管理和工程造价学科专业指导委员会（简称教指委）组织编制了《高等学校工程管理本科指导性专业规范（2014）》和《高等学校工程造价本科指导性专业规范（2015）》（简称《专业规范》）。自两个《专业规范》发布以来，受到相关高等学校的广泛关注，促进其根据学校自身的特点和定位，进一步改革培养目标和培养方案，积极探索课程教学体系、教材体系改革的路径，以培养具有各校特色、满足社会需要的工程建设高级管理人才。

　　2017 年 9 月，江苏、安徽等省的高校中一些承担工程管理、工程造价专业课程教学任务的教师在南京召开了具有区域性特色的教学研讨会，就不同类型学校的工程管理和工程造价两个专业的本科专业人才培养目标、培养方案以及课程教学与教材体系建设展开研讨。其中，教材建设得到机械工业出版社的大力支持。机械工业出版社认真领会教指委的精神，结合研讨会的研讨成果和高等学校教学实际，制订了普通高等教育工程管理和工程造价专业系列教材的编写计划，成立了该系列教材编审委员会。经相关各方共同努力，本系列教材将先后出版，与读者见面。

　　普通高等教育工程管理和工程造价专业系列教材的特点有：

　　1）系统性与创新性。根据两个《专业规范》的要求，编审委员会研讨并确定了本系列教材中各教材的名称和内容，既保证了各教材之间的独立性，又满足了它们之间的相关性；根据工程技术、信息技术和工程建设管理的最新发展成果，完善教材内容，创新教材展现方式。

　　2）实践性和应用性。在教材编写过程中，始终强调将工程建设实践成果写进教材，并将教学实践中收获的经验、体会在教材中充分体现；始终强调基本概念、基础理论要与工程应用有机结合，通过引入适当的案例，深化学生对基础理论的认识。

　　3）符合当代大学生的学习习惯。针对当代大学生信息获取渠道多且便捷、学习习惯在发生变化的特点，本系列教材始终强调在基本概念、基本原理要描述清楚、完整的同时，给学生留有较多空间去获得相关知识。

　　期望本系列教材的出版，有助于促进高等学校工程管理和工程造价专业本科教育教学质量的提升，进而促进这两个专业教育教学的创新和人才培养水平的提高。

前　言

依据工程管理、土木工程等专业人才培养方案，"房屋建筑学"一般是学生必修的一门专业课程。当前各个学校该课程课时普遍较少，为了使学生能较好地掌握课程的核心内容，培养学生相应的能力，本书在内容上精心组织，合理编排，以必需、够用为度，结构完整，内容新颖，文字通俗易懂，图文并茂，便于学生学习和理解，满足应用型人才的培养要求，在培养学生分析问题、解决问题能力的同时，为后续课程的学习奠定基础。

本书内容共分17章，分别为绪论、建筑平面设计、建筑剖面设计、建筑立面设计、墙体、基础与地下室、楼地层、屋顶、楼梯、门窗、变形缝、建筑工业化、工业建筑概论、单层厂房平面设计、单层厂房剖面设计、单层厂房定位轴线的标定、多层厂房设计，归纳为民用建筑设计、民用建筑构造和工业建筑设计三大部分。在内容编排上，本书重点介绍了民用建筑构造，要求学生能熟练掌握常见民用建筑的构造做法；而对于民用建筑设计及工业建筑的相关内容，则适当简化，只做一般介绍，要求学生熟悉建筑平面、剖面、立面设计以及工业建筑设计的原理。

本书根据课程教学的特点，结合本科阶段教学学时和内容，合理编排章节，既充分考虑了课程的常规内容，又适当增加了新构造做法的介绍，展现了新材料、新技术、新方法的应用。本书注重理论与实践相结合，采用全新体例编写，内容丰富，并附有大量的图形和图片，有较好的实用性。

本书由金陵科技学院的曾庆林担任主编，由金陵科技学院的陈莘莘、郑钢担任参编。具体编写分工如下：曾庆林编写第1章、第5~11章，陈莘莘编写第13~17章，郑钢编写第2~4章、第12章。全书由曾庆林负责拟定编写大纲和统稿。

在本书编写过程中，编者参考了一些文献资料，在此谨向原书作者表示衷心感谢。

由于编者水平有限，本书难免存在不足和疏漏之处，敬请各位读者批评指正。

编　者

目 录

第1章 绪 论

本章知识要点与学习要求

序号	知识要点	学习要求
1	建筑的构成要素	掌握
2	建筑的分类与分级	熟悉
3	建筑设计的内容及依据	熟悉
4	建筑设计的过程及要求	掌握
5	建筑模数制	掌握
6	建筑物的构造组成	掌握
7	影响建筑构造的因素、建筑构造设计原则	了解

　　建筑最初是人类为了躲避风雨和野兽侵袭用的，它利用原始的材料（如石块、树枝等）粗略地加工而成，如图 1-1 所示。随着人类社会的发展以及人类文明的进步，建筑也在不断发展，它也越来越美观、适用，也越来越复杂和多样。建筑的层数也逐渐由原来的单层发展到现在的高层及超高层，建筑的高度和体量越来越大，结构类型也越来越复杂，功能也越来越明细。

a) 树枝棚　　　　　　　　　　　　　　　　　b) 石屋

图 1-1　原始建筑物

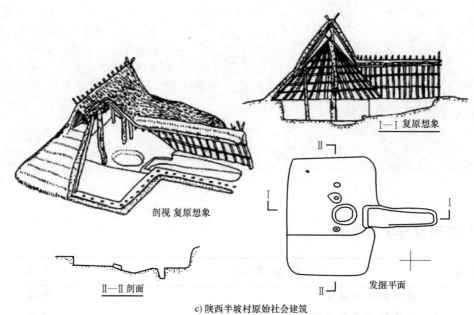

c) 陕西半坡村原始社会建筑

图 1-1　原始建筑物（续）

　　简单地说，建筑是人们为了满足社会生产、生活的需要，利用适宜的建筑材料和技术手段，按照一定的技术要求和美学法则，设计与营造的社会生活环境。建筑是建筑物和构筑物的统称，一般来说，直接供人们生活、居住以及从事生产和各种文化活动的房屋称为建筑物，如住宅、办公楼、体育馆、影剧院、厂房等；其他的为保证建筑物正常运转而提供功能支撑的建筑称为构筑物，如烟囱、水塔、囤仓、桥梁等，如图 1-2 所示。

a) 水塔

b) 桥梁

图 1-2　构筑物

1.1　建筑的构成要素

　　建筑的构成要素包括建筑功能、建筑技术和建筑形象。

1．建筑功能

建筑功能是建筑的第一要素，是人们建造建筑的具体目的和使用要求的综合体现，人们建造建筑主要是满足生产、生活的要求，同时也充分考虑了整个社会的其他需求。

任何建筑都有其使用功能，不同的建筑具有不同的使用要求，例如影剧院要求有良好的视听环境，火车站要求人流线路流畅。建筑功能在建筑中起决定性的作用，直接影响建筑的结构形式、平面布局等。

2．建筑技术

建筑技术是建造房屋的手段，包括建筑材料与制品技术、建筑设计技术、结构技术、施工技术和设备技术等。

建筑不可能脱离建筑技术而存在。建筑材料的不断更新为建造不同结构形式的建筑提供了物质保障；建筑结构计算理论的发展和建筑设计技术的革新为建筑的安全性提供了保障；施工技术的更新为建筑的建造提供了新的手段。随着建筑技术的不断发展，高强度建筑材料的产生、结构设计理论的更新等，将会更有效地促进建筑向大空间、大高度的方向发展。

3．建筑形象

建筑形象是建筑内外感观的具体体现，必须符合美学的一般规律，它包含建筑体型、立面形式、空间分割、建筑色彩、材料质感、细部处理等各个方面。建筑形象处理得当，就能产生一定的艺术效果，给人以感染力和美的享受。例如，故宫建筑的庄严宏伟，江南园林的小巧精致，会给人以截然不同的感觉。不同的建筑形象如图1-3所示。

不同时代的建筑应有不同的建筑形象，因此成功的建筑应当反映时代特征、民族特点、地方特色及文化色彩，并应与周围的建筑和环境有机融合。

建筑功能、建筑技术和建筑形象三个要素之间是辩证统一的关系，不可分割，但又有主次之分，相互制约。建筑功能是主导因素，它对建筑技术和建筑形象起决定作用；建筑技术是实现建筑功能的手段，它对建筑功能起制约和促进作用；建筑形象是建筑功能、建筑技术的综合表现。

a) 北京故宫

图 1-3　不同的建筑形象

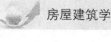

b) 苏州网师园

图 1-3　不同的建筑形象（续）

■ 1.2　建筑的分类与分级

1.2.1　建筑的分类

1. 按使用性质分类

建筑物按其使用性质一般可以分为生产性建筑和非生产性建筑。

（1）生产性建筑　生产性建筑是指主要满足各种生产需要的建筑，根据生产内容的不同可划分为工业建筑和农业建筑。工业建筑是指为工业生产服务的生产车间、辅助车间、动力用房、仓库等；农业建筑是指供农业生产和加工用的建筑，如牛棚、猪圈、鸡舍、农副产品加工厂等。

（2）非生产性建筑　非生产性建筑又称为民用建筑，是供人们居住、生活、学习和从事各种文化娱乐活动的建筑。民用建筑按其使用功能又可分为居住建筑和公共建筑两大类。

1）居住建筑。居住建筑是供人们生活起居用的建筑物，如住宅、宿舍、公寓等，此类民用建筑数量多、分布广，故有时也称其为大量性民用建筑。

2）公共建筑。公共建筑是供人们进行各项社会活动的建筑物，如食堂、学校、医院、商店等。此类民用建筑数量相对不多，但单个建筑的体量较大，其结构类型较为复杂，故有时也称其为大型性民用建筑。

公共建筑的具体种类有很多，按其功能，大致可以分为以下类型：

生活服务性建筑：如餐饮类、菜场、浴场等；文教建筑：如各类学校、图书馆等；托幼建筑：指幼儿园、托儿所；科研建筑：如研究所、科研试验场馆等；医疗建筑：如医院、诊所、疗养院等；商业建筑：如商店、商场等；行政办公建筑：如各类政府机构用房、办公楼等；交通建筑：如各类空港码头、汽车站、地铁站等；通信广播建筑：如电视台、电视塔、邮电局、电信局等；体育建筑：如各类体育竞技场馆、体育训练场馆等；观演建筑：如电影院、音乐厅、剧院、杂技场等；展览建筑：如展览馆、博物馆等；旅馆建筑：如宾馆、饭店、招待所等；园林建筑：如公园、动物园、植物园、各类城市绿化小品等；纪念性建筑：如纪念堂、陵园等；宗教建筑：如各种寺庙、教堂等。

2. 按建筑的层数或总高度分类

（1）民用建筑　依据 GB 50352—2019《民用建筑设计统一标准》，民用建筑按地上建筑高度或层数进行分类应符合下列规定：

1）建筑高度不大于 27.0m 的住宅建筑、建筑高度不大于 24.0m 的公共建筑及建筑高度大于 24.0m 的单层公共建筑为低层或多层民用建筑。

2）建筑高度大于 27.0m 的住宅建筑和建筑高度大于 24.0m 的非单层公共建筑，且高度不大于 100.0m 的，为高层民用建筑。

3）建筑高度大于 100.0m 为超高层建筑。

（2）工业建筑（厂房）　依据《建筑设计防火规范》，工业建筑按地上建筑高度或层数进行分类应符合下列规定：

1）层数为 1 层的工业厂房为单层厂房。

2）2 层及 2 层以上，且建筑高度不超过 24m 的厂房为多层厂房。

3）建筑高度大于 24m 的非单层厂房、仓库为高层厂房。

3. 按承重结构的材料分类

1）木结构。木结构以木材作为房屋承重骨架的建筑，其竖向承重采用木柱，水平承重采用木梁（或木屋架、木檩条、木椽子）。此类建筑在我国古典建筑中运用较多，较为成功的有山西应县木塔（见图 1-4a）、北京天坛皇穹宇（见图 1-4b）等。

a) 应县木塔　　　　　　　　　　　　　　　　b) 皇穹宇

图 1-4　木结构建筑

2）砖木结构。砖木结构的竖向承重采用砖墙或砖柱，水平承重采用木梁（或木屋架、木檩条、木椽子）。此类建筑一般较多用于古代建筑或近代建筑，如明清时期很多地方的民居。砖木结构建筑如图 1-5 所示。

3）砖混结构。砖混结构的竖向承重采用砖墙或砖柱，水平承重采用钢筋混凝土梁板。此类建筑由于竖向承重能力较小，故一般用于空间不大的建筑，如多层住宅、早期的中小学教学楼等。砖混结构建筑如图 1-6 所示。

图1-5　砖木结构建筑

a) 砖混教学楼

b) 砖混别墅

图1-6　砖混结构建筑

4）钢筋混凝土结构。钢筋混凝土结构的竖向承重采用钢筋混凝土墙或钢筋混凝土柱，水平承重采用钢筋混凝土梁板。此类建筑竖向承重能力较大，运用较为宽泛，如中高层或高层住宅、商场、医院等。钢筋混凝土结构建筑如图1-7所示。

a) 中高层住宅

b) 在建商场

图1-7　钢筋混凝土结构建筑

5）钢筋混凝土-钢结构。钢筋混凝土-钢结构的承重结构部分采用钢筋混凝土、部分采用钢材。此类建筑部分利用了钢材轻质高强的特点，使建筑的承重能力得到提高，其建筑层数和高度也较钢筋混凝土结构更高。

在此类结构中，还应注意到钢筋混凝土结构与钢结构的组合应用，如钢管混凝土结构（见图1-8a）、钢骨混凝土结构（见图1-8b）、组合楼盖等，这些一般称为组合结构。组合结构在我国的发展还相对滞后，还有待进一步的发展和应用。

a）深圳赛格广场

b）兰州中天大厦

图1-8 结合结构建筑

6）钢结构。钢结构的承重结构全部采用钢材。此类建筑充分利用了钢材轻质高强的特点，其建筑层数和高度也有了明显的提升。但此类建筑耗钢量较大，成本较高，且存在钢结构防火性能较差、钢材稳定性不好等一些缺陷，在使用过程中必须注意预防。钢结构一般常用于高层建筑，或是各类场馆类建筑以及大跨度单层厂房，如图1-9所示。

a）南京地铁大厦

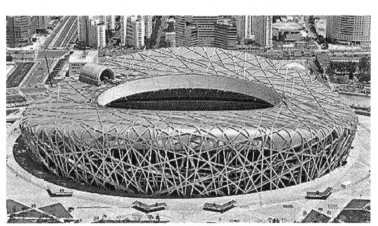
b）北京鸟巢体育馆

图1-9 钢结构建筑

c) 某单层厂房

图 1-9　钢结构建筑（续）

1.2.2　建筑的分级

1. 按建筑主体结构耐久年限分

建筑按其主体结构的耐久年限一般可分为四级，见表 1-1。

表 1-1　建筑主体结构的耐久年限

级别	耐久年限/年	适用的建筑性质
一级	100 以上	重要建筑和高层建筑
二级	50~100	一般性建筑
三级	25~50	次要建筑
四级	15 以下	临时建筑

2. 按建筑的耐火等级分

建筑的耐火等级由建筑构件的燃烧性能和耐火极限确定。

燃烧性能是指建筑构件在明火或高温辐射情况下是否能燃烧，以及燃烧的难易程度。建筑构件按燃烧性能一般分为不燃烧体、难燃烧体和可燃烧体。

耐火极限是指在标准耐火试验条件下，建筑构件、配件或结构从受到火的作用起，至失去承载能力、完整性或隔热性时止所用时间，用 h 表示。

《建筑设计防火规范》（2018 版）规定，建筑的耐火等级可分为一级、二级、三级、四级。不同耐火等级民用建筑相应构件的燃烧性能和耐火极限不应低于表 1-2 的规定，不同耐火等级厂房和仓库建筑相应构件的燃烧性能和耐火极限不应低于表 1-3 的规定。

表 1-2　不同耐火等级民用建筑相应构件的燃烧性能和耐火极限　　（单位：h）

构件名称		耐火等级			
		一级	二级	三级	四级
墙	防火墙	不燃性 3.00	不燃性 3.00	不燃性 3.00	不燃性 3.00
	承重墙	不燃性 3.00	不燃性 2.50	不燃性 2.00	难燃性 0.50
	非承重外墙	不燃性 1.00	不燃性 1.00	不燃性 0.50	可燃性

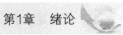

（续）

构件名称		耐火等级			
		一级	二级	三级	四级
墙	楼梯间和前室的墙 电梯井的墙 住宅建筑单元之间的墙和分户墙	不燃性 2.00	不燃性 2.00	不燃性 1.50	难燃性 0.50
	疏散走道两侧的隔墙	不燃性 1.00	不燃性 1.00	不燃性 0.50	难燃性 0.25
	房间隔墙	不燃性 0.75	不燃性 0.50	难燃性 0.50	难燃性 0.25
柱		不燃性 3.00	不燃性 2.50	不燃性 2.00	难燃性 0.50
梁		不燃性 2.00	不燃性 1.50	不燃性 1.00	难燃性 0.50
楼板		不燃性 1.50	不燃性 1.00	不燃性 0.50	可燃性
屋顶承重构件		不燃性 1.50	不燃性 1.00	可燃性 0.50	可燃性
疏散楼梯		不燃性 1.50	不燃性 1.00	不燃性 0.50	可燃性
吊顶（包括吊顶搁栅）		不燃性 0.25	难燃性 0.25	难燃性 0.15	可燃性

表1-3　不同耐火等级厂房和仓库建筑相应构件的燃烧性能和耐火极限　（单位：h）

构件名称		耐火等级			
		一级	二级	三级	四级
墙	防火墙	不燃性 3.00	不燃性 3.00	不燃性 3.00	不燃性 3.00
	承重墙	不燃性 3.00	不燃性 2.50	不燃性 2.00	难燃性 0.50
	楼梯间和前室的墙 电梯井的墙	不燃性 2.00	不燃性 2.00	不燃性 1.50	难燃性 0.50
	疏散走道两侧的隔墙	不燃性 1.00	不燃性 1.00	不燃性 0.50	难燃性 0.25
	非承重外墙和房间隔墙	不燃性 0.75	不燃性 0.50	难燃性 0.50	难燃性 0.25
柱		不燃性 3.00	不燃性 2.50	不燃性 2.00	难燃性 0.50
梁		不燃性 2.00	不燃性 1.50	不燃性 1.00	难燃性 0.50
楼板		不燃性 1.50	不燃性 1.00	不燃性 0.75	难燃性 0.50
屋顶承重构件		不燃性 1.50	不燃性 1.00	难燃性 0.50	可燃性
疏散楼梯		不燃性 1.50	不燃性 1.00	不燃性 0.75	可燃性
吊顶（包括吊顶搁栅）		不燃性 0.25	难燃性 0.25	难燃性 0.15	可燃性

■ 1.3 建筑设计的内容、过程、要求及依据

房屋的建造，从拟定计划到建成使用，一般有策划与规划、编制计划任务书、选择和勘测基地、设计、施工以及交付使用后的回访总结等若干个阶段。而设计正是其中最重要的环节之一。

1.3.1 建筑设计的内容

一般房屋建筑的设计，均包括建筑设计、结构设计和设备设计三个部分。对于装饰效果要求较高的建筑，还可能会增加装饰设计。

1. 建筑设计

建筑设计是在总体规划的前提下，根据任务书的要求，综合考虑基地环境、使用功能、结构施工、材料设备、建筑经济及建筑艺术等问题，着重解决建筑物内部各种使用功能和使用空间的合理安排，建筑物与周围环境、各种外部条件的协调配合，内部和外表的艺术效果，各个细部的构造方式等，创造出既具有实用性又具有艺术性的生产和生活环境。

建筑设计的内容主要包括：平面（图）设计、立面（图）设计、剖面（图）设计、总平面（图）设计、楼梯设计，以及节点构造（详图）设计等。

建筑设计在整个房屋建筑设计中起主导和先行的作用，除考虑上述各种要求以外，还应考虑建筑与结构、建筑与设备等相关技术的综合协调。其包括总体设计和单体设计两个方面，一般由建筑师来完成。

2. 结构设计

结构设计主要是根据建筑设计选择切实可行的结构方案，进行结构计算及构件设计，结构布置及构造设计等。

结构设计的内容主要有：结构平面设计、柱梁板的配筋设计、基础设计、楼梯结构设计等。结构设计一般由结构工程师来完成。

3. 设备设计

设备设计的内容主要有：给水、排水、强电、弱电、暖通、动力等设计。设备设计一般由各专业工程师来完成。

4. 装饰设计

装饰设计主要包括家装设计、公装设计、环境景观设计、建筑装饰构造设计等。

以上的几个方面的设计工作既有分工，又相互密切配合，共同构成房屋建筑设计的整体。各个专业的设计图、说明书、计算书等汇总在一起，就构成一套房屋建筑设计的完整文件，作为房屋建筑施工的重要依据。

1.3.2 建筑设计的过程和阶段

房屋建筑的建造是一个较为复杂的物质生产过程，影响房屋建筑设计和建造的因素有很多，因此必须在施工前有一个完整的设计方案，综合考虑多种因素，编制出一整套设计施工图样和文件。

一般地，设计单位在主管部门和城建部门进行批复之后，便可以开始进行设计。设计一

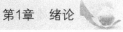

般分为以下过程：

1. 准备工作

建筑设计是一项复杂而又综合性强的专业技术工作，涉及的学科较多，同时又受到各种条件的制约，因此必须充分做好相应的设计准备工作。

（1）落实设计任务书 落实任务书主要是指获取必要的批文，建设单位必须具有上级主管部门对建设项目的批准文件、城市建设部门同意设计的批文，方可向设计单位办理委托设计手续。

（2）熟悉设计任务书 在具体着手设计之前需要熟悉设计任务书，以明确建设项目的设计要求。

设计任务书是由建设单位编制，并经上级主管部门批准，提供给设计单位进行设计的依据性文件，其一般包括以下内容：

1）建设项目总的要求、用途、规模及一般说明。

2）建设项目的组成、单项工程的面积、房间组成、面积分配及使用要求。

3）建设项目的投资总额及单方造价，土建设备及室外工程的投资分配。

4）建设基地大小、形状、地形，原有建筑及道路现状，并附地形测量图。

5）供电、供水、采暖及空调等设备方面的要求，并附有水源、电源的使用许可文件。

6）设计期限及项目建设进度计划要求。

在设计时，设计人员应认真对照有关定额指标，校核设计任务书的使用面积和单方造价等内容，在设计过程中必须严格掌握建筑标准、用地范围、面积指标等有关限额。同时，设计人员在深入调查和分析设计任务书以后，要进一步与具体实际条件相结合，从全面解决使用功能、满足技术要求、节约投资等方面考虑，必要时也可对设计任务书中的一些问题提出补充或修改意见，但必须征得建设单位的同意，设计用地、造价、使用面积等的问题，还需要经过城乡规划部门或主管部门的批准。

（3）调查研究、收集资料 建设单位提供的设计任务书主要是从使用要求、建设规模、造价和建设进度方面考虑的，房屋建筑设计除设计任务书提供的资料外，还应当做好调查研究工作，收集如下必要的设计资料和原始数据：

1）气象资料。所在地区的温度、湿度、日照、雨雪、风向和风速，以及冻土深度等。

2）地形及地质水文资料。基地地形标高、土壤各类及承载力，地下水位以及地震烈度等。

3）水电等设备管线资料。基地地下的给水、排水、电缆等管线布置。

4）建设项目的有关定额指标。国家或所在省市地区有关设计项目的定额指标，例如住宅每户面积或每人面积定额，学校教室的面积定额，以及建筑用地、用材等指标。

5）现场勘察基地和周围环境的现状和历史沿革。

6）当地文化传统、建筑风格、生活习惯及风土人情等。

2. 设计阶段

建筑设计过程按工程复杂程度、规模大小及审批要求，划分为不同的设计阶段，一般分为两阶段设计或三阶段设计。

对于一般的工程，多采用两阶段设计，即初步设计和施工图设计；对于大型的、技术复杂的民用建筑及工业建筑，多采用三阶段设计，即初步设计、技术设计和施工图设计。除此之外，大型的民用建筑，在其初步设计之前应当提供方案设计供建设单位和城建部门审查。

（1）初步设计阶段　初步设计是供主管部门审批而提供的文件，也是技术设计和施工图设计的依据。

1）设计任务。初步设计阶段是建筑设计的第一阶段，它的主要任务是提出设计方案，即根据设计任务书的要求和收集到的必要基础资料，结合基地环境，综合考虑技术经济条件和建筑艺术的要求，对建筑总体布置、空间组合进行可能与合理的安排，提出两个或多个方案供建设单位选择。在已确定的方案基础上，进一步充实完善，综合成为较理想的方案，并绘制成初步设计供主管部门审批。

2）设计内容。初步设计的内容包括建筑的组合方式、选定所用建筑材料和结构方案，确定建筑物的位置，说明设计意图，做出设计概算。

3）设计图和文件。

① 设计总说明。设计总说明包括设计指导思想及主要依据，设计意图及方案特点，建筑结构方案及构造特点，建筑材料及装修标准，主要技术经济指标以及结构、设备等系统的说明。

② 建筑总平面图。建筑总平面图的绘图比例一般为1∶500或1∶1000，应表示用地范围，建筑物位置、大小、层数及设计标高，道路及绿化布置，技术经济指标。

③ 各层平面图、剖面图及主要立面图。此类图样应根据具体情况确定绘图比例，一般为1∶100或1∶200，应表示建筑物各主要控制尺寸，如总尺寸、开间、进深、层高等，同时应表示标高、门窗位置、室内固定设备、有特殊要求的厅或室的具体布置、立面处理、结构方案及材料选用等。

④ 工程概算书。用以说明建筑的设计概算、主要材料用量及单位消耗量。

⑤ 大型民用建筑及其他重要工程，必要时可绘制透视图、鸟瞰图或制作模型。

初步设计时可以同时做出几个设计方案，通过比较和选择，选出最佳方案。

（2）技术设计阶段　技术设计阶段是建筑设计的中间阶段。当初步设计经建设单位同意和主管部门批准后，就可以进行技术设计。

1）设计任务。技术设计的主要任务是在初步设计的基础上，进一步解决各种技术问题，协调各工种之间的技术矛盾。

2）设计内容。技术设计的内容为各工种相互提供资料、提出要求，并共同研究和协调编制拟建工程各工种的图样和说明书，为各工种编制施工图打下基础。

3）设计图和文件。要求建筑工种的图样标明与技术工种有关的详细尺寸，建筑工种应编制技术说明书、结构工种应有房屋结构方案布置图，并附初步计算说明，设备工种也应提供相应的设备图样和说明书。技术设计阶段也应编制工程概算书。

对于不太复杂的工程，技术设计阶段可以省略，把这个阶段的一部分工作纳入初步设计阶段，称为"扩大初步设计阶段"；另一部分工作则并入施工图设计阶段进行。

（3）施工图设计阶段　施工图设计是建筑设计的最后阶段。

1）设计任务。施工图设计的主要任务是满足施工的要求，也就是在初步设计或技术设计的基础上，综合建筑、结构、设备等各工种，相互交底、认真核对，深入了解材料供应、施工技术、设备等条件，把满足工程施工的各项具体要求反映在图样中，做到整套图样齐全统一，明确无误，使施工能顺利进行。

2）设计内容。施工图设计的内容包括确定全部工程尺寸和用料，绘制建筑、结构、设备等全部施工图，编制工程说明书、结构计算书、工程预算书等。

3）设计图和文件。

① 建筑总平面图。建筑总平面图的比例一般为 1∶500、1∶1000 或 1∶2000，应表示用地范围，建筑物及室外工程（道路、围墙、大门、其他设备等）位置、尺寸、标高，建筑小品、绿化设施的布置，并附必要的说明及详图，技术经济指标，地形及工程复杂时应绘制竖向设计图。

② 建筑物各层平面图、剖面图及立面图。建筑物各层平面图、剖面图及立面图的比例一般为 1∶50、1∶100 或 1∶200，除了表达初步设计或技术设计的内容以外，还应详细标明门窗洞口、墙体尺寸及必要的细部尺寸、详图索引。

③ 建筑构造详图。建筑构造详图的比例一般可选用 1∶1、1∶2、1∶5、1∶10、1∶20 等，主要应包括平面节点、檐口、墙身、阳台、楼梯、门窗、室内装修、立面装修等详图。应详细表示各部分构件关系、材料做法及尺寸，还应包括必要的文字说明。

④ 各项工程相应配套的施工图。主要包括基础平面布置图及基础详图，各层结构平面布置图，柱、梁、板配筋图，楼梯配筋图，结构构造详图，水电平面图及系统图，暖通施工图，建筑防雷接地平面图等。

⑤ 设计说明书。设计说明书中应包括施工图设计依据、设计规模、面积、标高定位及用料说明等。

⑥ 结构和设备计算书。

⑦ 工程预算书。

1.3.3 建筑设计的要求

1. 满足建筑的功能要求

满足建筑的功能要求，也就是满足其使用要求，为人们的生产和生活活动创造良好的环境，是建筑设计的首要任务。

2. 采用合理的技术措施

正确选用建筑材料，选择合理的结构及施工方案，使房屋坚固耐久、建造方便。技术措施的选择直接关系到建筑的安全性，是建筑设计中非常重要的内容。

3. 具有良好的经济效果

在建筑设计中，要因地制宜、就地取材，尽量做到节省劳动力，节约建筑材料和资金。设计和建造房屋要有周密的计划和核算，重视经济领域的客观规律，讲究经济效果。建筑设计的使用要求和技术措施必须要符合建筑标准，达到工程造价的要求。

4. 考虑建筑美观要求

建筑物是社会的物质和文化财富，建筑设计在满足使用要求的同时，还要考虑人们对建筑物在美观方面的要求，考虑建筑物给人们带来的精神上的感受。

5. 符合总体规划要求

单体建筑是总体规划中的组成部分，因此单体建筑应符合总体规划提出的要求。新设计的单体建筑应使所在基地形成协调的室外空间组合、良好的室外环境。

1.3.4 建筑设计的依据

1. 人体尺度和人体活动所需的空间尺度

人是使用建筑物的主体，因此人体尺度及人体活动所需的空间尺度是确定民用建筑内部各种空间尺度的主要依据之一。建筑物中家具、设备的尺寸，踏步、窗台、栏杆的高度，门洞、走廊、楼梯的宽度和高度，以及建筑内部使用空间的尺度等都与人体尺度和人体活动所需的空间尺度有关。

我国成年男子和成年女子的平均身高分别为 1670mm 和 1560mm，人体尺度和人体活动所需的空间尺度如图 1-10 所示。

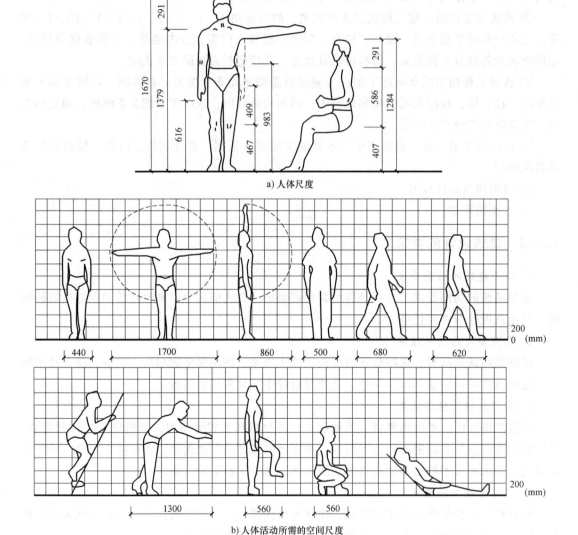

a) 人体尺度

b) 人体活动所需的空间尺度

图 1-10 人体尺度和人体活动所需的空间尺度

2. 家具、设备的尺寸和使用它们的必要空间

人在使用建筑物时，必然需要一些家具和设备，因此家具、设备的尺寸和使用它们的必

要空间是确定房间内部使用面积的重要依据。在进行房间布置时，应先确定家具、设备的数量，了解每件家具、设备的基本尺寸以及人们在使用它们时的必要空间。民用建筑中常用的家具尺寸如图 1-11 所示。

图 1-11　民用建筑中常用的家具尺寸

3. 温度、湿度、日照、雨雪、风向、风速等气候条件

气候条件对建筑物的设计有较大的影响。例如，湿热地区，要考虑隔热、通风和遮阳等问题；干冷地区，通常把建筑物体型尽可能设计得紧凑些，以减少外维护面的散热，有利于室内采暖、保温。

在确定建筑物间距及朝向时，应考虑当地日照情况及主导风向等因素。风速是高层建筑设计中考虑结构布置和建筑物体型的重要因素；雨、雪量对屋顶形式和构造也有一定影响。

风向频率玫瑰图，即风玫瑰图，是根据某一地区多年统计的各个方向吹风次数的百分数的平均值，并按比例绘出的图形。风玫瑰图一般多用 8 个或 16 个罗盘方位表示，如图 1-12 所示。

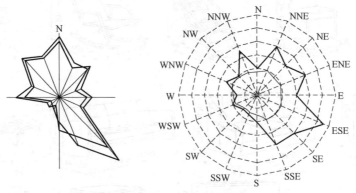

图 1-12　风向频率玫瑰图

4. 地形、地质条件和地震烈度

基地地形的平缓和起伏，对建筑物的平面组合、结构布置和建筑物体型都有明显的影响。例如，对于坡度较陡的地形，常使用房屋结合地形错层建筑，如图 1-13 所示。

图 1-13　结合地形错层建筑

基地的地质构成、土壤特性和地基承载力的大小，会影响房屋的构成和基础的设置。

地震烈度是指某一地区的地面和建筑物遭受地震破坏的强弱程度，即破坏程度。对同一次地震中的不同地区，地震烈度大小是不一样的，距离震源较近，破坏就大，烈度就高；距离震源较远，破坏就小，烈度就低。在烈度6度及6度以下地区，地震对建筑物的损坏影响较小；9度以上的地区，由于地震过于强烈，从经济因素及耗用材料考虑，除特殊情况外，一般应尽可能避免在这些地区建设。因此，在我国，建筑抗震设防的重点，是对7、8、9度地震烈度的地区。

不同地震烈度情况下的破坏程度详见表1-4。

表1-4　中国地震烈度表

地震烈度	人的感觉、地面及建筑受到破坏的程度
I	无感，仅仪器能记录到
II	室内个别静止中的人有感觉
III	室内少数静止中的人有感觉，门、窗轻微作响，悬挂物微动
IV	室内多数人、室外少数人有感觉，少数人梦中惊醒，门、窗作响，悬挂物摆动，器皿作响
V	室内绝大多数、室外多数人有感觉，多数人梦中惊醒，门窗、屋顶、屋架颤动作响，个别房屋墙体抹灰出现细微裂缝，个别屋顶烟囱掉砖，悬挂物大幅度摆动，不稳定器皿摇动或翻倒
VI	多数人站立不稳，少数人惊逃户外，少部分建筑中等或轻微破坏，家具和物品移动，河岸和松软土出现裂缝，个别独立砖烟囱轻度裂缝
VII	大多数人惊逃户外，骑车的人和驾驶汽车的人有感觉，少数建筑严重或中等破坏，多数建筑中等或轻微破坏，物体从架子上掉落，河岸出现塌方，饱和土出现喷水冒砂，大多数独立砖烟囱中等破坏
VIII	多数人摇晃颠簸、行走困难，少数或个别建筑毁坏，多数建筑中等或轻微破坏，干硬土上出现裂缝，饱和砂层绝大多数喷砂冒水，大多数独立砖烟囱严重破坏
IX	行动的人摔倒，少数建筑毁坏，多数建筑严重或中等破坏，干硬土多处出现裂缝，滑坡、塌方常见，独立砖烟囱多数倒塌
X	骑自行车的人会摔倒，处于不稳定状态的人会摔离原地，有抛起感，大多数建筑毁坏或严重破坏，山崩和地震断裂出现，大多数独立砖烟囱从根部破坏或倒毁
XI	绝大多数建筑毁坏，地震断裂延续很长，大量山崩滑坡
XII	建筑几乎全部毁坏，地面剧烈变化，山河改观

按GB 50011—2010《建筑抗震设计规范》（2016年版）中的有关规定，抗震设防烈度⊖为6、7、8、9度的地区均需进行抗震设计，重点是对抗震设防烈度为7、8、9度的地区进行抗震设计。抗震设防区的建筑设计应主要考虑以下几点：

1）选择对抗震有利的场地和地基。

2）建筑设计的体型应尽可能规整、简洁，避免在建筑平面形状及体型上的凹凸。

3）采取必要的加强房屋整体性的构造措施。

4）从材料选用和构造做法上尽可能减轻建筑物的自重。

5. 防火要求

火灾对建筑使用的影响较大，建筑物失火现象也较多，故在建筑设计时，必须充分考虑

⊖ 抗震设防烈度是指按国家规定的权限批准作为一个地区抗震设防依据的地震烈度。一般情况，取50年内超越概率10%的地震烈度。

到防火要求，建筑的防火设计应满足 GB 50016—2014《建筑设计防火规范》（2018 版）的要求。

1.3.5　建筑模数

为了协调建筑设计、施工及构配件生产之间的尺度关系，提高建筑工业化的水平，降低工程造价并提高房屋设计和建造的质量和速度，我国制定有 GB/T 50002—2013《建筑模数协调标准》，作为建筑设计、构件生产和施工尺寸间协调的基础。

1. 建筑模数的概念

建筑模数是选定的尺寸单位，作为建筑物、建筑构配件、建筑制品以及有关设备尺寸相互协调中的增值单位。

2. 建筑模数的类型

（1）基本模数　基本模数是建筑模数协调中的基本尺寸单位，用 M 表示。根据 GB/T 50002—2013《建筑模数协调标准》的规定，基本模数的数值为 100mm，即 1M = 100mm。整个建筑物和建筑物的一部分以及建筑部件的模数化尺寸，应是基本模数的倍数。

（2）导出模数　导出模数是在基本模数的基础上演化发展出来的模数，包括扩大模数和分模数两种。

1）扩大模数。扩大模数是基本模数的整数倍数。通常包括 2M、3M、6M、12M、15M、30M、60M，其相应的尺寸分别为 200mm、300mm、600mm、1200mm、1500mm、3000mm、6000mm。

2）分模数。分模数是基本模数的分数值，一般为整数分数。通常包括 1/2M、1/5M、1/10M，其相应的尺寸分别为 50mm、20mm、10mm。

3. 模数数列

模数数列是指以基本模数、扩大模数、分模数为基础，扩展成的一系列尺寸。其一般应满足以下要求：

1）模数数列应根据功能性和经济性原则确定。

2）建筑物的开间或柱距，进深或跨度，梁、板、隔墙和门窗洞口宽度等分部件的截面尺寸宜采用水平模数和水平扩大模数数列，且水平扩大模数数列宜采用 $2nM$、$3nM$（n 为自然数）。

3）建筑物的高度、层高和门窗洞口高度等宜采用竖向基本模数和竖向扩大模数数列，且竖向扩大模数数列宜采用 nM。

4）构造节点和分部件的接口尺寸等宜采用分模数数列，且分模数数列宜采用 1/2M、1/5M、1/10M。

1M、3M、6M 等模数适用于门窗洞口、构配件、建筑制品及建筑物的跨度（进深）、柱距（开间）和层高的尺寸等；12M、15M、30M、60M 等模数适用于大型建筑物的跨度（进深）、柱距（开间）及构配件的尺寸等。

1/2M、1/5M、1/10M 等模数适用于各种节点构造、构配件的断面以及建筑制品的尺寸等；1/20M、1/50M、1/100M 等模数适用于成材厚度、直径、缝隙、构造的细小尺寸以及建筑制品的公差、偏差等。

4. 几种尺寸的含义

（1）标志尺寸 标志尺寸是指符合模数数列的规定，用以标注建筑物定位线或基准面之间的垂直距离以及建筑部件、建筑分部件、有关设备安装基准面之间的尺寸。

（2）制作尺寸 制作尺寸是指制作部件或分部件所依据的设计尺寸。

标志尺寸与制作尺寸的关系如图1-14所示。

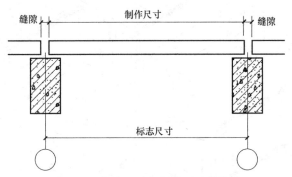

图1-14 标志尺寸与制作尺寸的关系

（3）实际尺寸 实际尺寸是指部件或分部件等生产制作后的实际测得的尺寸，一般不反映在图样中。

（4）技术尺寸 技术尺寸是指模数尺寸条件下，非模数尺寸或生产过程中出现误差时所需的技术处理尺寸。

1.4 民用建筑构造概述

1.4.1 建筑物的构造组成

一幢民用建筑，一般是由基础、墙体（或柱）、楼地层、屋顶、楼梯和门、窗等几大部分组成的，如图1-15所示。这几大组成部分构成了建筑的主体，它们在建筑的不同部位发挥着不同的功能。除此之外，民用建筑还包含阳台、雨篷、台阶、勒脚、散水、窗台、檐口（挑檐沟、女儿墙）等组成部件，以保证建筑功能的充分发挥。

1. 基础

基础是位于建筑物最下部的承重构件，是与地基直接接触的部分。它承受着建筑物的绝大部分（或全部）荷载，并将其传给地基。基础一般长期埋于土层之中，故其对安全性要求较高。因此，基础应具有足够的强度、刚度和耐久性，要能耐腐蚀、耐冰冻等。

2. 墙体（或柱）

墙体是建筑物的承重构件和围护构件。作为承重构件，它承受着建筑物自屋顶或楼板传来的荷载，并将其传给基础；作为围护构件，外墙起着抵御自然界各种因素对室内的侵袭作用，内墙起着分隔空间、组成房间、隔声、遮挡视线等作用。因此，墙体应具有足够的强度和稳定性，要有良好的热工性能及防水、防潮、防火、隔声等性能。

柱是骨架承重体系中的主要竖向承重构件。随着骨架承重体系的普及，柱已成为建筑物中常见的构件。柱应具有足够的强度和稳定性，但其一般不具备围护和分隔的作用。

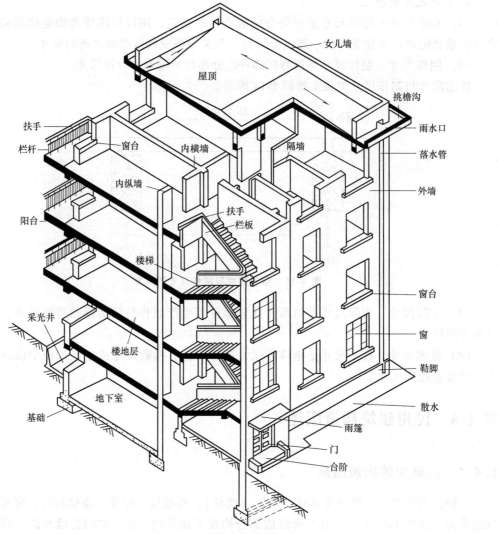

扶手
栏杆
窗台
内横墙
内纵墙
阳台
扶手
栏板
楼梯
采光井
楼地层
地下室
基础

女儿墙
屋顶
挑檐沟
雨水口
落水管
外墙
隔墙
窗台
窗
勒脚
散水
雨篷
门
台阶

图 1-15　建筑物的构造组成

3. 楼地层

楼地层包括楼板和地坪。

楼板是建筑物中水平方向的承重构件。它承受着楼板上的家具、设备和人体的荷载以及本身自重，并将其传给竖向承重构件；同时，楼板是分隔上下层空间的水平构件，并对竖向承重构件起到一定的水平支撑作用。因此，楼板应具有足够的强度和刚度，要有良好的防潮、防水、防火、隔声能力。

地坪是底层房间与土层相接的部分。它承受着底层房间的荷载，并将其直接传给地基。因此，地坪应具有足够的强度和刚度，要有足够的防潮、防水能力。

4. 屋顶

屋顶是建筑物顶部的承重构件和外围护构件。作为承重构件，它承受着建筑物顶部的荷载，包括自重、雨、雪等，并将其传给竖向承重结构；作为外围护结构，它抵御着自然界雨、雪及太阳热辐射对顶层房间的影响。因此，屋顶应具有足够的强度和刚度，要有足够的

防水、排水、保温、隔热等性能。

5. 楼梯

楼梯是建筑物中的垂直交通设施，供人们上下楼层和紧急疏散之用。因此，楼梯应足够牢固、安全。

在功能上，楼梯虽然不是建筑物的核心，但由于它关系到建筑物使用的安全性，所以楼梯在宽度、坡度、数量、位置、防火性能等诸多方面都有严格要求。目前，许多建筑物中的竖向交通主要通过电梯、自动扶梯等设备来解决，但楼梯作为安全疏散通道，仍然是建筑物不可缺少的组成部分。

6. 门窗

门主要供人们内外交通和隔离房间之用，有时也兼起采光和通风的作用；窗的主要作用是采光和通风，同时也起分隔和围护作用。门窗均为非承重构件。

建筑物除了包含以上几大部分外，还包括阳台、台阶、散水、明沟、勒脚、踢脚线、雨篷、窗台、窗眉、壁柱等零星构配件。

1.4.2 影响建筑构造的因素

一幢建筑物建成并投入使用后，要经受自然界各种因素的影响，为了提高建筑物对外界各种影响的抵御能力，延长建筑物的使用寿命，以便更好地满足使用功能的要求，在建筑物构造设计时，必须充分地考虑外界环境因素的影响。

1. 外力作用的影响

外力即外界施加给建筑物的力。作用在建筑物上的外力也称为荷载，荷载有恒荷载和活荷载之分。恒荷载一般为建筑物的自重，活荷载有人流、家具、设备、风、雪等荷载以及地震效应等。荷载的大小是建筑结构设计的主要依据，也是结构选型及构造设计的重要基础。

在外荷载中，风力的影响不容忽视，高层建筑物水平荷载的主要因素就是风荷载，特别是沿海地区。另外，地震效应也是一种不容忽视的影响，它对建筑物造成的破坏相当严重。我国地震分布相当广，地震灾害多发，必须引起足够的重视。

2. 自然气候的影响

气温变化，太阳的热辐射，自然界的风、霜、雨、雪等构成了影响建筑物使用功能和建筑构件使用质量的因素。我国幅员辽阔，各地区地理位置和环境不同，大自然的气候条件也多有差异，故必须采取相应的防范措施，如防潮、防水、保温、隔热等。

3. 人为因素的影响

人们从事的生产和生活活动，往往会对建筑物产生影响，如机械振动、化学腐蚀、战争、爆炸、火灾、噪声等。因此，在进行建筑构造设计时，必须针对不同的人为因素的影响，采取防振、防腐、防火、隔声等相应措施。

4. 其他因素的影响

在建筑使用过程中，还存在一些其他因素的影响，如鼠、虫等会对建筑物造成一定的影响，也应引起重视。

1.4.3 建筑构造设计原则

设计民用建筑时，在满足建筑物各项功能要求的前提下，必须综合运用有关技术知识，并遵循以下设计原则：

1. 必须满足建筑使用功能要求

建筑使用性质和所处的条件、环境的不同，对建筑构造设计有不同的要求。北方地区要求建筑在冬季能保温；南方地区要求建筑能通风隔热；对要求有良好声环境的建筑则要考虑吸声、隔声等要求。

2. 必须有利于结构安全

建筑除按荷载大小及结构要求确定构件的基本断面尺寸外，对阳台、楼梯栏杆、顶棚、门窗与墙体的连接以及抗震加固构件、配件的构造设计，都必须采取必要的措施，保证结构的安全。

3. 必须适应建筑工业化的需要

为了提高建设速度，改善劳动条件，保证施工质量，在构造设计时，应大力推广先进技术，选用各种新型建筑材料，采用标准设计和定型构件，为构、配件的生产工厂化、施工机械化创造有利条件，以适应建筑工业化的需要。

4. 必须讲求建筑经济的综合效益

在构造设计时，要注意提高建筑的综合效益，即经济效益、社会效益和环境效益。在经济上既要降低工程造价、节省材料、降低能源消耗，还要有利于降低正常运行、维护和管理的费用。

5. 必须注意美观

构造方案的处理还要考虑其造型、尺度、质感、色彩等艺术和美观问题。

总之，在构造设计时，要遵循功能适用、坚固耐久、技术先进、经济合理、美观大方的基本原则。

思考题与习题

1. 建筑物与构筑物有何区别？
2. 建筑的构成要素包括哪几个？它们之间有何关系？
3. 民用建筑按其用途可以分为_____和_____两大类。
4. 建筑按层数如何分类？
5. 建筑的耐火等级可以分为哪几级？
6. 何为三阶段设计或两阶段设计？分别在什么情况下采用？
7. 建筑设计的要求有哪些？
8. 建筑设计的依据有哪些？
9. 为什么要采用建筑模数制？我国的建筑基本模数是多少？除了基本模数外，还有哪些模数？
10. 民用建筑的基本构造组成主要包括_____、_____、_____、_____、_____和_____六大部分。
11. 影响建筑构造的因素主要有哪些？

第2章 建筑平面设计

本章知识要点与学习要求

序号	知识要点	学习要求
1	建筑平面的组成	熟悉
2	使用部分的平面设计	熟悉
3	交通联系部分的平面设计	了解
4	建筑平面的组合设计	了解

一般而言，一幢建筑物是由若干单体空间有机组合起来的整体空间，任何空间都具有三维性。因此，在进行建筑设计的过程中，人们常从平面、剖面、立面三个不同方向的投影来综合分析建筑物的各种特征，并通过相应的图示来表达其设计意图。

一幢建筑物的平面、立面、剖面图是这幢建筑物在不同方向上的外形及剖切面的投影。它们之间是有机联系的，综合在一起共同表达了一幢三维空间的建筑整体。

建筑的平面、剖面、立面设计是密切联系而又互相制约的。平面设计要表达建筑物在水平方向上房屋各部分的组合关系，以及建筑功能方面的问题。在建筑设计中，平面设计是关键，是整个设计的主导：它反映房屋各部分的大小及位置关系；它影响了结构的设计方案；它制约了设备的布置方案。因此，在方案设计时，总是先从平面入手，同时认真分析剖面和立面的可能性和合理性，不断调整和修改平面，反复深入。只有综合考虑平面、立面、剖面三者的关系，按完整的三维空间概念去进行设计，才能做好建筑设计。

■ 2.1 建筑平面的组成

各种类型民用建筑的建筑平面组成，从组成平面的各个部分的使用性质来分析，主要可以归纳为使用部分、交通联系部分和结构构件所占的面积。

1. 使用部分

使用部分主要是指使用活动和辅助使用活动的面积，也就是指使用房间（主要使用部分）和辅助房间（辅助使用部分）。

（1）使用房间 例如住宅中的起居室、卧室；学校中的教室、实验室、办公室；商店中的营业厅；剧院中的观众厅；展览馆中的展览厅等。

（2）辅助房间　例如住宅中的厨房、卫生间；学校中的厕所、贮藏室；某些建筑中的电气、水、暖、消防等设备用房。

2. 交通联系部分

交通联系部分是指房间内外、各个房间之间以及楼层与楼层之间的联系通行的面积，也就是指走廊、门厅、过厅、楼梯、坡道、电梯和自动扶梯等所占的面积。

3. 结构构件所占的面积

建筑物的平面面积，除了使用部分和交通联系部分以外，还包括房屋结构构件所占的面积，即构成房屋承重系统、分隔平面各组成部分的墙、墙垛、柱以及隔断等构件所占的面积。

建筑中平面组成如图 2-1 所示。

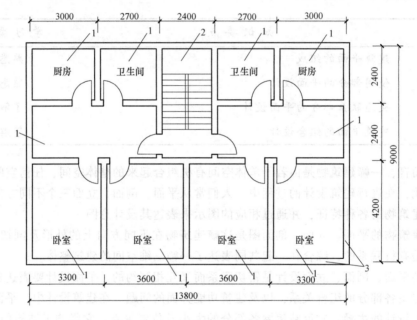

a) 住宅平面

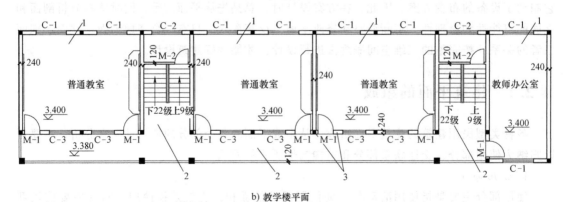

b) 教学楼平面

图 2-1　平面组成

1—使用部分　2—交通联系部分　3—结构构件所占部分

■ 2.2 使用部分的平面设计

建筑平面中各个使用房间和辅助房间，是建筑平面组合的基本单元。

2.2.1 使用房间的分类和设计要求

1. 使用房间的分类

使用房间的分类，有助于平面组合中对不同房间进行分组和功能分区。从使用房间的功能要求来分类，主要有以下几种：

（1）生活用房间 如住宅中的卧室、起居室，宿舍和招待所等。

（2）工作、学习用房间 如各类建筑中的办公室、值班室，学校中的教室、实验室等。

（3）公共活动房间 如商店中的营业厅，剧院中的观众厅，展览馆中的展览厅等。

一般来说，生活和工作、学习用房间要求安静、少干扰，由于人们在其中停留的时间相对较长，因此希望有较好的朝向，具有较好的采暖、采光；公共活动房间的主要特点是人流比较集中，通常进出频繁，因此室内人们活动和通行面积的组织比较重要，特别要仔细考虑人流的疏散问题。

2. 使用房间的设计要求

1）房间的面积、形状和尺寸要满足室内使用活动和家具、设备合理布置的要求。

2）门窗的大小、位置应考虑房间的出入方便、疏散安全，采光通风良好。

3）房间的构成应使结构构造布置合理，施工方便，也要有利于房间组合，使用的材料要符合相应的建筑标准。

4）室内空间以及顶棚、地面、墙面和构件细部要考虑人们的使用和审美的要求。

2.2.2 使用房间的面积、平面形状和尺寸

1. 房间的面积

房间的面积是根据房间内部的活动特点、使用人数、家具设备的尺寸与数量等因素确定的。例如，住宅的起居室、卧室面积可以相对较小；影剧院、电影院的观众厅，除了人多、座椅多外，还要考虑人流迅速疏散的要求，所以所需要的面积就大。

一个主体功能空间的面积，根据其使用特点可以分为以下几个部分：家具或设备所占面积；人们在室内活动的使用面积，包括使用家具及设备时必需的操作空间；房间内部的交通面积。使用面积如图 2-2 所示。

为了确定房间使用面积，就必须要考虑房间的使用要求，具体主要注意以下两点：

（1）容纳人数 无论是家具设备所需面积还是人们活动及交通所需面积，都与房间容纳的人数有密切关系。一般来说，容纳人数多的房间，面积也相应需要大些。

（2）家具设备及人们使用活动面积 要想满足房间的使用要求，就必须要有一定家具和设备。因此，要想确定房间的使用面积，就要掌握室内家具、设备的数量和尺寸，也要掌握室内活动和交通面积的大小。常见的家具和设备的尺寸详见图 1-11，这些面积的确定都和人体活动的基本尺度有关。

在实际设计工作中，国家或所在地区设计的主管部门，通过大量调查研究和设计资料的

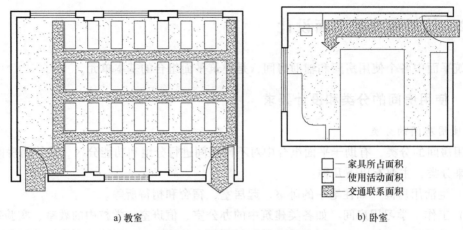

	家具所占面积
	使用活动面积
	交通联系面积

a) 教室　　　　　　　　　　　　　　b) 卧室

图 2-2　使用面积分析示意图

积累，结合我国经济条件和各地具体情况，对住宅、学校、商店等各种类型的建筑编制出一系列面积定额参考指标，并作为确定房间使用面积的依据。

进行具体设计时，除了在已有面积定额的基础上，或在建设单位提出的面积需求的基础上考虑外，还需要通过调查研究并结合建筑的标准进行综合考虑，在深入分析房间内部的使用要求、人们活动和通行情况的基础上，方能确定各类房间的合理的平面形状和尺寸，或对同类使用性质的房间进行合理性分析。

2. **房间的平面形状和尺寸**

房间的面积确定之后，需要进一步确定房间的平面形状和具体尺寸。

房间的平面形状主要是由房间内使用活动的特点、家具布置方式，以及采光、通风、音响等要求决定的，在满足使用要求的同时，构成房间的技术经济条件，以及人们对室内空间的观感，也是确定房间平面形状和尺寸的重要因素。

以中学教室为例，根据普通教室以听课为主的使用特点分析，首先要保证学生上课时视、听方面的质量，即座位的排列不能太远或太偏，教师讲课时黑板前要有必要的活动余地等，由此确定：第一排课桌前沿到黑板的距离不宜小于 2m，最后一排课桌后沿到黑板的距离不宜大于 8.5m，前后排课桌的间距不宜小于 850mm，边座与黑板远端的夹角不宜小于30°，列与列之间的走道不宜小于 550mm。因此，在设计中学教室的时候，应根据以上尺寸来排列桌子和椅子等，使其满足教室中视、听和通行等要求。满足视听要求的教室布置如图 2-3 所示，图中展示了仅从视、听要求考虑的教室平面形状的几种可能性。

除了视、听要求之外，确定房间平面形状和尺寸时，还应考虑到自然采光的要求。两面采光的教室，可采用方形和六角形平面，而单面采光的教室则只能采用矩形平面，其长方向一般是沿建筑物的长方向。

综合以上要求，一般的中学教室多采用矩形平面，其尺寸多为：9000mm×6300mm，9000mm×6600mm，9000mm×6900mm 等。

在常见的民用建筑中，如果房间的使用面积不大，又需要多个房间相互组合时，常见的是矩形的房间平面。矩形平面便于家具和设备的安排，房间的开间或进深易于统一，结构布置和预制构件的选用较易解决。

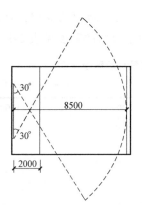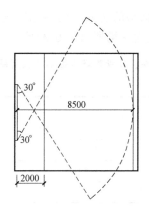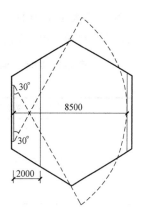

图 2-3 满足视听要求的教室布置

对于特别的单个房间，面积较大，使用要求的特点比较明显，又不需要同类的多个房间进行组合，则此房间平面可采用一些特殊形式，有圆形、扇形、六边形等，如图 2-4 所示。

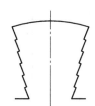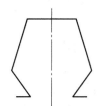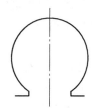

图 2-4 其他形状的平面布置

此外，室内空间处理的美观要求，建筑物周围环境和基地大小等总体要求，也是影响房间平面形状的重要因素。

2.2.3 门窗在房间平面中的布置

在房间的平面设计中，门窗的大小和数量、位置和开启方式等，对房间的平面使用效果都有影响。

门窗对于建筑的立面设计和剖面设计也都有着一定的影响，因此在建筑设计过程中，门窗的布置需要多方面综合考虑。

1. 门的宽度、数量和开启方式

房间平面中门的最小宽度是由通过的人流量、搬进门的家具和设备的尺寸决定的。常见门的设置有以下要求：

1）住宅中卧室、起居室的门多采用 900mm 的宽度，方便床、衣柜等家具的搬运；浴室、厕所的家具较小，内部空间也较小，故浴室或厕所的门一般采用 650~800mm 的宽度，阳台门多采用 800mm 的宽度，宽度较小的门，开启时可以少占用室内的使用面积。

以上的几种门一般都为内开，设置的位置一般靠近墙边。

2）教室中的人流较大，门的宽度应适当增加。当门宽>1200mm 时，多采用双扇门，双扇门的宽度一般为 1200~1800mm。教室的面积若大于 75m²，按防火要求，必须在房间的两端各设一门，以利于疏散。

考虑防火疏散的要求，各类教室的门应设为外开门。

3）一般人流大量集中的公共活动的房间，门的宽度应考虑安全疏散的要求，且宜设置成双扇外开门。剧场、电影院、礼堂等场所每 100 人所需的最小疏散净宽度见表 2-1。

表 2-1　剧场、电影院、礼堂等场所每 100 人所需的最小疏散净宽度

（单位：m/百人）

观众厅座位数(座)			≤2500	≤1200
耐火等级			一、二级	三级
疏散部位	门和走道	平坡地面	0.65	0.85
		阶梯地面	0.75	1.00
	楼梯		0.75	1.00

4）医院中病房门常用 1200mm 左右的不等宽双扇门，平时出入可开启较宽的单扇门，当有推车进入时，两扇门可同时开启，如图 2-5 所示。

5）商店营业厅一般采用双扇弹簧门，这对于进出人流连续频繁的场所较为适用。

2. 房间平面中门的位置

总的来说，房间平面中门的位置应考虑室内交通路线简捷和安全疏散的要求，门的位置还对室内使用面积能否充分利用、家具布置是否方便，以及能否组织室内穿堂风等方面有很大影响。具体设置时有以下一些常见要求：

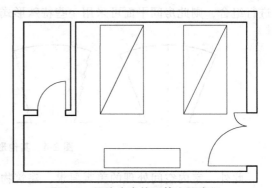

图 2-5　医院病房的不等宽双扇门

1）对于面积大、人流多的房间，门的位置主要考虑通行简捷和疏散安全，宜均匀分设。

2）对于面积小、人数少、只设一个门的房间，门的位置应首先考虑家具的合理布置。

3）对于面积小且门的数量不止一个的房间，门的位置应考虑尽量缩短室内交通路线，保留较完整的活动面积，并尽可能留有便于靠墙布置家具的墙面。

4）当门的位置相对集中时，应考虑到门的开启方向，避免各个门相互干扰，房间中门较集中时的开启方式如图 2-6 所示。

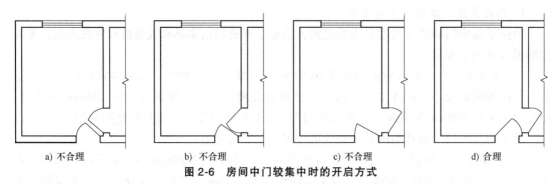

| a）不合理 | b）不合理 | c）不合理 | d）合理 |

图 2-6　房间中门较集中时的开启方式

3. 窗的大小和位置

房间中窗的大小和位置，主要根据室内采光、通风要求来考虑。

（1）采光要求 窗户的大小直接影响到室内照度是否足够，其通常通过采光面积比来控制。采光面积比是指窗口透光部分的面积和房间地面面积的比值，又称为窗地面积比。在采光设计时，需要根据房间性质确定采光等级，再根据采光等级确定采光面积比，详细内容可参见第 15 章的相关内容。民用建筑中常见房间的采光等级及采光面积比见表 2-2。

表 2-2 民用建筑中常见房间的采光等级和采光面积比

采光等级	作业精确度	车间名称	采光面积比
I	特别精细	—	—
II	很精细	设计室、绘图室	1/4
III	精细	办公室、视频工作室、会议室（厅）、教室、阶梯教室、实验室、报告厅、阅览室、开架书库、诊室、药房、治疗室、化验室	1/5
IV	一般	起居室（厅）、卧室、书房、厨房、复印室、档案室、图书馆目录室、旅馆的大堂及餐厅、客房、多功能厅、候诊室、挂号处、综合大厅、病房、医生办公室、护士室	1/6
V	粗糙	住宅中的餐厅、走道、楼梯间、卫生间、过厅、书库	1/10

注：表中的采光面积比为 III 类光气候区对应的数据，非 III 类光气候区应乘以本书第 15 章表 15-3 的光气候系数 K；光气候分区可查《建筑采光设计标准》附录 A 中的图 A.0.1。

窗户的平面位置主要影响房间沿外墙（开间）方向的照度的均匀程度，及暗角和眩光的产生。进深较大的房间，窗户竖向设置则可使房间进深方向的照度比较均匀。

一侧采光的中小学教室，窗户应位于学生的左侧，而右侧则一般设高窗。窗间墙的宽度因照度关系不宜过大，而由于结构和抗震要求又不宜过小，具体尺寸需要综合考虑房屋建筑或抗震要求等因素来确定。窗户和黑板墙面的距离宜适当，避免产生眩光和暗角。单侧采光的教室中窗的位置如图 2-7 所示。

住宅房间的窗户一般设在墙面的中部。

（2）通风要求 房间中窗的位置对室内通风效果的影响也很关键。通常利用房间两侧对应的窗户或门窗组织穿堂风，门窗的相对位置采用对面通直布置时，

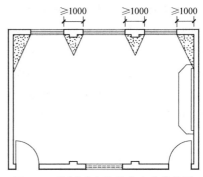

图 2-7 单侧采光的教室中窗的位置

室内气流通畅（见图 2-8），同时应尽量使穿堂风通过室内使用面积有人员活动部分的空间。单侧采光的中小学教室，可以利用门和高窗与另一侧的窗组织穿堂风，如图 2-9 所示。

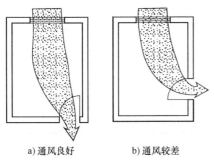

a）通风良好　　b）通风较差

图 2-8 门窗相对位置对室内气流影响示意图

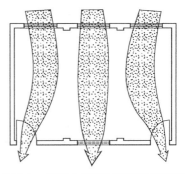

图 2-9 教室中开设高窗通风示意图

2.2.4 辅助房间的平面设计

各类民用建筑中辅助房间的平面设计，和使用房间的设计方法基本相同。

厕所、盥洗室等辅助房间，通常先根据各种建筑物的使用特点和使用人数，来确定所需设备的个数、设备的大小和人体使用所需尺度。

1. 住宅中的卫生间设计

卫生间设备主要有：浴缸、坐便器、洗脸池等，有时洗衣机也放在卫生间里，此时就要注意做好干湿分区。卫生间要求有一定的采光和良好的通风能力；设计设备位置时，须考虑节约管道的问题。图 2-10 所示为常见的住宅中卫生间平面。

2. 住宅中的厨房布置

厨房中的主要家电及家具有：操作台、水池、灶台、抽油烟机、各类储藏柜，有时冰箱也放在厨房中。

设计时要考虑各种家电及家具的合理布置，要便于清洁，有效的通风窗的面积应不小于 $0.8m^2$。

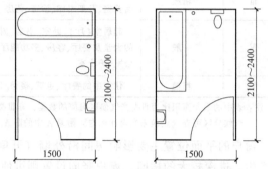

图 2-10　常见的住宅中卫生间平面

3. 公共建筑的厕所

厕所中的卫生设施主要有大便器、小便器、洗手盆、污水池等。大便器有坐式和蹲式两种，可根据建筑标准及使用习惯选用。对于使用频繁的公共建筑，如学校、医院、办公楼、车站、机场等，一般选择蹲便器，使用卫生，便于清洁；对于标准较高、使用人数较少或老年人使用较多的厕所，如宾馆、敬老院等，则一般选用坐便器。小便器有小便槽和小便斗两种，一般厕所可采用小便槽，而标准较高的建筑可采用小便斗。常见的公共建筑厕所中的设施及其使用空间如图 2-11 所示。

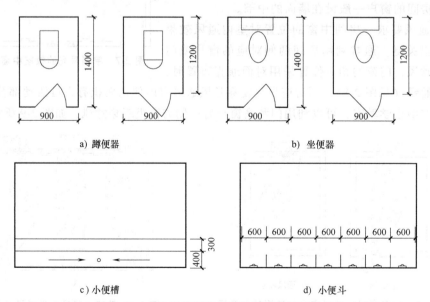

a) 蹲便器　　　　　　　　　　　　　b) 坐便器

c) 小便槽　　　　　　　　　　　　　d) 小便斗

图 2-11　公共建筑厕所中的设施及其使用空间

公共建筑的厕所中设备数量需求量主要取决于使用人数、使用特点和使用对象。部分建筑类型厕所设备参考指标见表2-3。

表2-3　部分建筑类型厕所设备参考指标

建筑类别	男			女	
	大便器	小便器	洗手盆	大便器	洗手盆
幼儿园幼儿卫生间	每班设2个	每班设4个	每班设3~4个	每班设2个	每班设3~4个
中小学	每40人设1个	每20人设1个	每40~45人设1个	每13人设1个	每40~45人设1个
宿舍	8人以下设1个,每增加1~15人增设1个	每1~15人设1个	与盥洗室分设的厕所至少设1个	6个以下设1个,每增加1~12人增设1个	与盥洗室分设的厕所至少设1个
火车站	每1~150人设1个	75人以下配2个,每增加75人增设1个	每个大便器配1个,每5个小便器配1个	12以下配1个,13~30人配2个,30人以上每增加25人增设1个	每2个大便器配1个
影剧院	250人以下设1个,每增加500人增设1个	100人以下设2个,每增加1~80人增设1个	每个大便器配1个,每1~5个小便器配1个	40人以下设1个,41~70人设3个,71~100人设4个,每增加40人增设1个	1个大便器配1个,每增2个大便器增设1个
剧场	每100座设1个	每40座设1个	每150座设1个	每25座设1个	每150座设1个
体育馆观众厕所	每1000人设8个	每1000人设20个	每个大便器配1个,每1~5个小便器配1个	每1000人设30个	每2个大便器配1个
办公楼	1~15人设1个,每增加30人增设1个,76~100人设4个,100人以下每增设50人增设1个	每30人设1个,91~100人设4个,100人以上每增设50人增设1个	50人以下每10人设1个,50人以上每增加20人增设1个	1~5人设1个,6~25人设2个,每增加25人增设1个	50人以下每10人设1个,50人以上每增加20人增设1个

注：一个小便器可以折合为0.6m长的小便槽。

以中学教学楼为例：若每层都设男女厕所，则可根据每层中所有的学生数和男女生比例（1：1）先得到男女生各自的人数，然后再求得男女厕所中大便器的个数，以及男厕所中小便器的个数或小便槽的长度。

公共建筑中的厕所应设置前室，使厕所隐蔽，又可改善通向厕所的走廊或过厅处的卫生条件。厕所带前室如图2-12所示。

有条件的公共建筑的厕所可设置成套间布置形式，如图2-13所示。

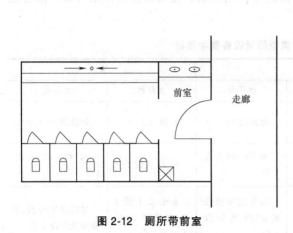

图 2-12　厕所带前室　　　　　　　图 2-13　套间式布置的厕所

■ 2.3　交通联系部分的平面设计

一幢建筑物除了有满足使用要求的使用房间和辅助房间外，还需要有交通联系部分把各个房间之间以及室内外联系起来。

建筑物内部的交通联系部分可以分为：水平交通联系，如走道等；垂直交通联系，如楼梯、坡道、电梯、自动扶梯等；交通联系枢纽，如门厅、过厅等。

在一些常见建筑如宿舍、教学楼、医院或办公楼中，交通联系部分的面积约占建筑面积的1/4。这部分设计得是否合理，直接关系到建筑物中各部分的联系通行是否方便，还对建筑物的工程造价、建设用地、平面组合方式等方面有很大的影响。

交通联系部分设计的主要要求有以下几点：

1）交通路线简捷明确，互不干扰，联系通行方便。

2）通行宽度足够，人流畅通，紧急疏散时迅速安全。

3）满足一定的采光和通风要求。

4）在满足使用的前提下，力求节省交通面积，同时考虑空间处理等造型问题。

进行交通联系部分的平面设计时，首先需要确定走道和楼梯等通行疏散要求的宽度，确定门厅、过厅等人们停留和通行时所需的面积，然后结合平面布局考虑交通联系部分在建筑平面中的位置以及空间组合等设计问题。

2.3.1　走道

走道，又称过道或走廊，它连接着房间、楼梯和门厅等各个部分，以解决房屋中水平联系和疏散等问题。走道设计主要是确定走道的宽度和长度，再考虑空间组合问题。

1. 走道的宽度

走道的宽度应符合人流疏散和防火规范要求，同时要考虑家具搬运、空间感受等多方面的因素。

一般走道宽度应根据耐火等级、层数和走道中的通行人数来确定，通常单股人流的通行宽度为550~600mm。在通行人数较少的住宅中，需考虑两人相对通行和搬运家具的需要，走道最小宽度不宜小于 1100mm。在通行人数较多的公共建筑中，应按各类建筑的使用特点、建筑平面组合要求、通过的人流量，并根据调查分析和参考设计资料确定走道的宽度。单侧公共门扇开向走道时，走道宽度不应小于 1500mm；双侧公共门扇开向走道时，走道宽度不应小于 2400mm。

GB 50016—2014《建筑设计防火规范（2018 年版）》对疏散走道和疏散楼梯的宽度有以下要求：

1）除另有约定外，公共建筑的疏散走道和疏散楼梯的净宽度不应小于 1.10m。

2）高层公共建筑首层疏散外门、疏散走道和疏散楼梯的最小净宽度应符合表 2-4 的规定。

表 2-4　高层公共建筑首层疏散外门、疏散走道和疏散楼梯的最小净宽度（单位：m）

建筑类别	楼梯间的首层疏散门、首层疏散外门	疏散走道		疏散楼梯
		单面布房	双面布房	
高层医疗建筑	1.30	1.40	1.50	1.30
其他高层公共建筑	1.20	1.30	1.40	1.20

3）剧场、电影院、礼堂等场所的疏散走道和疏散楼梯的宽度，应根据疏散人数按每 100 人所需的最小疏散净宽度不小于表 2-1 的规定计算确定。

4）体育馆供观众疏散的走道和楼梯的净宽度，应根据疏散人数按每 100 人的最小疏散净宽度不小于表 2-5 的规定计算确定。

表 2-5　体育馆每 100 人所需的最小疏散净宽度　　　　　（单位：m/百人）

观众厅座位数范围（座）			3000~5000	5001~10000	10001~20000
疏散部位	门和走道	平坡地面	0.43	0.37	0.32
		阶梯地面	0.50	0.43	0.37
	楼梯		0.50	0.43	0.37

5）除剧场、电影院、礼堂、体育馆外的其他公共建筑的疏散走道和疏散楼梯的净宽度，应根据疏散人数按每 100 人的最小疏散净宽度不小于表 2-6 的规定计算确定。

表 2-6　每层的房间疏散门、安全出口、疏散走道和疏散楼梯的每 100 人最小疏散净宽度

（单位：m/百人）

建筑层数		耐火等级		
		一、二级	三级	四级
地上楼层	1~2 层	0.65	0.75	1.00
	3 层	0.75	1.00	—
	≥4 层	1.00	1.25	—
地下楼层	与地面出入口地面的高差 $\Delta H \leqslant 10m$	0.75	—	—
	与地面出入口地面的高差 $\Delta H > 10m$	1.00	—	—

6）地下或半地下人员密集的厅、室以及歌舞娱乐放映游艺场所，其疏散走道和疏散楼梯的宽度，应按其通过人数每 100 人不小于 1.0m 计算确定。

有些建筑物的走道可以结合其本身的使用特点兼备其他的使用功能。如医院的走道有时也兼做候诊室，教学楼的走道有时兼有学生课间休息活动的功能。民用建筑常用走道的宽度见表2-7。

表2-7　民用建筑常用走道的宽度

建筑类型	走道宽度/m	
	内走道	外走道
教学楼	2.1~3.0	1.8~2.1
门诊楼	2.4~3.0	1.8~3.0
办公楼	1.8~2.4	1.5~1.8
宾馆	1.5~2.1	1.5~1.8

2. 走道的长度

走道的长度应根据建筑性质、耐火等级确定。按照《建筑设计防火规范》的要求，走道的长度应考虑以下规定：

1）直通疏散走道的房间疏散门至最近安全出口的直线距离必须控制在一定的范围内，具体要求见表2-8。

表2-8　直通疏散走道的房间疏散门至最近安全出口的直线距离　　（单位：m）

建筑类型			位于两个安全出口之间的疏散门			位于袋形走道两侧或尽端的疏散门		
			一、二级	三级	四级	一、二级	三级	四级
托儿所、幼儿园 老年人照料设施			25	20	15	20	15	10
歌舞娱乐放映游艺场所			25	20	15	9	—	—
医疗建筑	单、多层		35	30	25	20	15	10
	高层	病房部分	24	—	—	12	—	—
		其他部分	30	—	—	15	—	—
教学建筑	单、多层		35	30	25	22	20	10
	高层		30	—	—	15	—	—
高层旅馆、展览建筑			30	—	—	15	—	—
其他建筑	单、多层		40	35	25	22	20	15
	高层		40	—	—	20	—	—

注：1. 建筑内向开向敞开式外廊的房间疏散门至最近安全出口的直线距离可按本表的规定增加5m。
　　2. 直通疏散走道的房间疏散门至最近敞开楼梯间的直线距离，当房间位于两个楼梯间之间时，应按本表的规定减少5m；当房间位于袋形走道两侧或尽端时，应按本表的规定减少2m。
　　3. 建筑物内全部设置自动喷水灭火系统时，其安全疏散距离可按本表和注1的规定增加25%。

2）房间内任一点到该房间直接通向疏散走道的疏散门的直线距离，不应大于表2-8中规定的袋形走道两侧或尽端的疏散门至最近安全出口的直线距离。

2.3.2　楼梯和坡道

1. 楼梯

楼梯是房屋各层间的垂直交通联系部分，是楼层人流疏散必需的通路。楼梯设计主要是根据使用要求和人流通行情况确定梯段和休息平台的宽度，选择适当的楼梯形式，考虑整幢建筑的楼梯数量，以及楼梯间的平面位置和空间组合。

（1）楼梯的宽度 楼梯的宽度根据通行的人数和防火要求决定。楼梯段的宽度是指扶手边缘至墙内边缘的水平距离，考虑两人相对通过，通常不宜小于1100mm；三股人流通行宽度一般为1500~1650mm；考虑单人通行但需上下行交汇的，则不应小于900mm。

楼梯的宽度还应满足防火疏散的要求，疏散楼梯宽度的确定与疏散过道的宽度确定一致，具体要求参见过道宽度的确定。

楼梯平台的宽度除应考虑到人流通行外，还必须考虑搬运家具的便利性，平台的宽度不宜小于梯段的宽度。

（2）楼梯的形式 楼梯的形式按平面形状主要分为单跑楼梯、双跑楼梯、三跑楼梯、弧形楼梯、螺旋楼梯、剪刀式楼梯等，如图2-14所示。

a) 单跑楼梯   b) 双跑楼梯   c) 三跑楼梯

d) 弧形楼梯   e) 螺旋楼梯   f) 剪刀式楼梯

图 2-14 常见的楼梯形式

单跑楼梯一般适用于二层住宅或多层住宅中的底层楼梯；双跑楼梯面积紧凑，使用方便，是一般民用建筑最常采用的形式；三跑楼梯一般用于层高较大的建筑中，或利用楼梯间顶部天窗采光时，当楼梯间进深尺寸较小而开间尺寸较大时，也可采用；弧形楼梯一般用于宾馆的大堂，螺旋楼梯一般用于塔式结构或占地很小的楼梯中；剪刀式楼梯一般用于人流量较大且人流方向不确定时。

（3）楼梯的数量和位置 楼梯在建筑平面中的数量和位置，是交通联系部分设计中、建筑平面组合中比较关键的问题，它关系到建筑物中人流交通的组织是否通畅、安全，建筑面积的利用是否经济合理。

楼梯的数量应根据楼层人数多少和建筑防火要求来确定。按照《建筑设计防火规范》的要求，楼梯的数量有以下要求：

1）公共建筑内的每个防火分区楼梯的数量应经计算确定，且不应少于2部。

2）除托儿所、幼儿园外，建筑面积不大于200m²且人数不超过50人的单层公共建筑或多层公共建筑的首层可只设1部楼梯。

3）除医疗建筑，老年人照料设施，托儿所、幼儿园的儿童用房，儿童游乐厅等儿童活动场所和歌舞娱乐放映游艺场所等外，符合表2-9规定的公共建筑可以只设置1部楼梯。

表2-9 可设置1部疏散楼梯的公共建筑

耐火等级	层数	每层最大建筑面积/m²	人数
一、二级	3层	200	第二、三层的人数之和不超过50人
三级	3层	200	第二、三层的人数之和不超过25人
四级	2层	200	第二层人数不超过15人

一些公共建筑经常在主要入口处设置一个明显的主要楼梯，在次要出入口、房屋的转折处或交接处设置次要楼梯，供疏散及服务用。

《建筑设计防火规范》对疏散楼梯还有以下规定：

1）一类高层公共建筑和建筑高度大于32m的二类高层公共建筑，其疏散楼梯应采用防烟楼梯间；裙房和建筑高度不大于32m的二类高层公共建筑，其疏散楼梯应采用封闭楼梯间。

2）下列多层公共建筑的疏散楼梯，除与敞开式外廊直接相连的楼梯间外，均应采用封闭楼梯间：

① 医疗建筑、旅馆及类似使用功能的建筑。

② 设置歌舞娱乐放映游艺场所的建筑。

③ 商店、图书馆、展览建筑、会议中心及类似使用功能的建筑。

④ 6层及以上的其他建筑。

2. 坡道

坡道的坡度通常小于10°，一般为1/12~1/6。

坡道比楼梯疏散人流快，但坡道占地面积大。因此，坡道只在一定的地方才采用，如医院为了病人上下楼和手推车通行，可采用坡道；幼儿园为了方便小朋友上下楼，也可采用坡道代替楼梯；多层机动车库一般采用坡道来解决楼层之间的通行；另外，现代的建筑设计为了考虑无障碍通行，一般也需在出入口处设置坡道，以便轮椅等设施的进出，如图2-15所示。

a）人行坡道　　　　　　　　b）汽车坡道　　　　　　　　c）无障碍坡道

图2-15 坡道

3. 电梯

电梯多用于多层或高层建筑中，或一些特定的地方。

4. 自动扶梯

自动扶梯在一定方向上能大量、连续输送流动客流，适用于有频繁而连续人流的大型公共建筑，如商场、火车站、地铁站、机场等，如图2-16所示。

图 2-16　自动扶梯

在竖向交通联系设计时，要特别注意自动扶梯和电梯不应作为安全疏散设施，安全疏散还是要通过楼梯和坡道来解决。

2.3.3　门厅、过厅和出入口

1. 门厅

门厅是建筑物主要出入口的内外过渡、人流集散的交通枢纽，其主要作用是接纳、缓冲、分配人流，通过门厅进行室内外空间过渡，并与室内的其他交通联系部分进行衔接。在某些公共建筑中，门厅除了有交通联系的作用外，还有适应建筑类型特点要求的其他功能，如医院门厅常设置挂号、取药空间，旅馆的门厅常设置服务台和小卖部等。

一般门厅应处于总平面中明显而突出的位置，面向城市道路及主要广场或通道，便于人流出入，门厅还应具备以下功能要求：

1）导向性明确。导向性明确，避免过多的交通路线交叉和干扰，是门厅设计中的重要问题。进入门厅后，应能比较容易地找到各个过道口和楼梯口，并易于辨别过道和楼梯的主次。

门厅中还应组织好各个方向的交通路线，尽可能减少来往人流的交叉和干扰。

2）各使用部分要有一定的空间。门厅的面积主要根据建筑的使用性质、规模及质量标准等因素来确定，设计时可参考有关面积定额参考指标。部分民用建筑门厅面积参考指标见表2-10。一些兼有其他功能的门厅面积，还应根据实际使用要求相应地增加。

表 2-10　部分民用建筑门厅面积参考指标

建筑类型	面积定额	备　注
中小学校	0.06~0.08m²/人	
食堂	0.08~0.18m²/座	包括洗手池、小卖部
旅馆	0.2~0.5m²/床	
电影院	0.13m²/人	包括购票台、小卖部

3）门厅对外出入口的总宽度应足够。门厅对外出入口的宽度应不小于该门厅中所有的过道和楼梯的总和。门厅对外出入口的宽度 B 如图2-17所示。

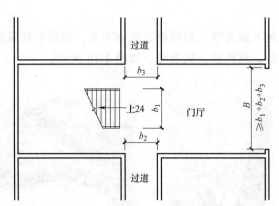

图 2-17　门厅对外出入口的宽度 B

对外出入口的总宽度一般以 0.6m/100 人来计算，考虑防火疏散的要求，应满足表 2-3~表 2-7 的规定。疏散门多采用外开或弹簧门。

4）门厅内的空间组合和建筑造型要有一定的要求。由于门厅是人们进入建筑物首先到达、经常经过和停留的地方，因此门厅的设计除满足合理的功能要求外，门厅内的空间组合和建筑造型要求也是一些公共建筑中重要的设计内容之一。门厅如图 2-18 所示。

图 2-18　门厅

2. 过厅

过厅通常设置在过道和过道之间、过道和楼梯之间或过道和大空间的连接处，起到交通路线的转折和过渡作用。有时为了改善采光和通风条件，也可在过道的中部设置过厅。过厅如图 2-19 所示。

图 2-19　过厅

3. 出入口

为了给人们进出室内外时有一个过渡的地方，通常在建筑物的出入口处设置雨篷、门廊、门斗等，以防止风雨或寒气的侵袭。出入口如图 2-20 所示。同时，为了突出效果，出入口是进行建筑重点装饰和细部处理的设计内容。

a) 柱式雨篷

b) 钢结构玻璃雨篷

c) 门斗

d) 某饭店出入口的处理

图 2-20　出入口

2.4　建筑平面的组合设计

建筑物都是由若干个功能空间组合而成的，而建筑平面的组合设计是对建筑物的各个功能空间在水平方向上进行组合，要综合考虑建筑的使用功能、技术经济和建筑艺术等方面的问题，同时要考虑建筑物的总体规划、环境等对建筑平面组合的影响。

建筑平面组合设计的主要任务：

1）根据建筑物的使用和卫生要求，合理地安排建筑物的各个组成部分，确定它们的关系。

2）组织建筑物内部以及内部与外部之间方便和安全的交通联系。

3）考虑结构布置、施工方法和所用材料的合理性，掌握建筑标准，注意美观要求。

4）符合总体规划的要求，密切结合基地环境等平面组合的外在条件，注意节约用地和保护环境等问题。

2.4.1 建筑平面的功能分析

建筑平面功能分析主要有以下几个方面：

1. 各类房间的主次关系和内外关系

（1）主次关系 根据功能特点，一幢建筑的平面中的各个房间总是有主有次。例如，教学楼中，满足教学的教室和实验室为主要房间，其余的管理、储藏、厕所等属于次要房间；住宅中，生活用的卧室、起居室为主要房间，厨房、卫生间等为次要房间。

在平面组合时，一般教学和生活用的主要房间应设置在朝向好、较安静的位置，以取得较好的采光和通风条件；公共活动的主要房间应设置在出入口或疏散方便、人流导向较明确的部位。

（2）内外关系 各类建筑的组成空间中，有的对外联系密切，直接为公众服务，如影剧院的售票室、厕所，商店的营业厅，医院的挂号、问询等房间，它们需要布置在靠近人流来往密集的地方或出入口处；有的空间主要是为内部活动或内部工作之间联系使用，如影剧院的办公室、储藏室，商店的办公、生活用房，医院的化验室、药库等。

在建筑平面组合时，分清各个房间使用上的主次关系和内外关系，有利于确定各个房间在平面中的具体位置。

2. 功能分区及其联系和分隔

当建筑物中房间较多，使用功能又比较复杂时，这些房间可以按照使用性质以及联系的紧密程度进行分区。

进行建筑物的功能分区，首先把使用性质相同或联系紧密的房间组合在一起，以便平面组合时，能从几个功能分区之间的关系来考虑，同时还需要具体分析各个房间或各个分区之间的联系与分隔要求，以确定平面组合中各个房间的合适位置。例如，学校建筑可以分为教学活动、行政办公、室外活动以及生活后勤等几部分，如图 2-21 所示。教学活动和行政办公部分既要分区明确、避免干扰，又要考虑分属两个部分的教室和教师办公室之间联系方便，它们的平面位置应适当靠近一些，但为了避免学生影响教师的工作，也需适当分隔；对于使用性质同样属于教学活动的普通教室和音乐教室，由于音乐教室上课时对普通教室有一定的声音干扰，所以平面组合中又要求音乐教室与其他教室有一定的分隔。

3. 房间的使用顺序和交通路线组织

建筑中不同使用性质的房间或各个部分，在使用过程中通常有一定的先后顺序。例如，展览馆建筑的各展览室常常按人流参观路线的顺序连贯起来；医院门诊部分按挂号、候诊、就诊、收费、取药顺序组织排列；车站按售票、安检、候车、检票、上车顺序排列。平面组合时要很好地考虑这些房间使用的先后顺序，合理组织交通路线，紧凑、经济、合理地进行平面组合。

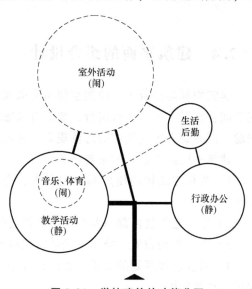

图 2-21 学校建筑的功能分区

有些建筑物对房间的使用顺序没有严格的要求，但也要安排好室内的人流通行面积，尽量避免不必要的交叉或相互干扰。

房间的使用顺序及其联系与分隔要求，主要通过房间位置的布置和一定方式的交通路线的组织来实现，平面组合中要考虑交通路线的分工、连接或隔离。

2.4.2　建筑平面组合的方式

建筑物的平面组合是在房屋设计中综合考虑建筑内外多方面因素，反复推敲所得的结果。建筑功能分析和交通路线的组织是形成各种平面组合方式内在的主要依据。通过功能分析初步形成的平面组合方式大致可以归纳为以下几种：

1. 走廊式组合

走廊式组合是在走廊的一侧或两侧布置房间的组合方式。在这种组合方式下，房间的相互联系和房间的内外联系是通过走廊实现的。

走廊式组合能使各个房间不被穿越，较好地满足各个房间单独使用的要求。这种组合方式常用于单个房间面积不大、同类房间多次重复的平面组合（如办公楼、旅馆、宿舍等）建筑类型中。走廊式组合又可分为内廊式和外廊式两种。

（1）内廊式　在走廊两侧布置房间的为内廊式，如图 2-22 所示，此种组合方式平面紧凑，走廊所占面积较小，节省用地，但是有一侧的房间朝向较差，采暖不好；当走廊较长时，走廊内的采光、通风条件较差，需要开设高窗或设置过厅以改善采光和通风条件。

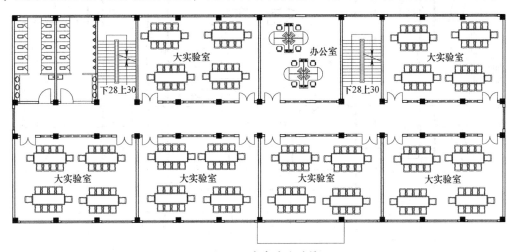

图 2-22　内廊式实验楼

（2）外廊式　在走廊一侧布置房间的为外廊式，如图 2-23 所示，外廊式建筑的房间的朝向、采光和通风都较内廊式好，但其辅助交通面积较大，占地较多。敞开式的外廊较适用于气候温暖和炎热的地区，但应注意防风雨；封闭式的外廊一般适用于气候寒冷的地区或设计标准较高的建筑。

外廊式平面可以把走廊布置在南侧或北侧，具体应考虑建筑的使用性质和地区气候条件。

2. 套间式组合

套间式组合是房间之间直接穿通的组合方式。套间式组合的房间之间的联系最为简捷，它把房屋的交通联系面积和房间的使用面积结合起来。其对房间的使用顺序和连续性要求较

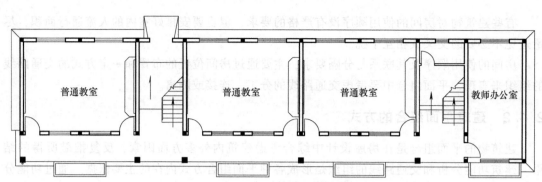

图 2-23 南侧外廊式教学楼

高，一般用于展览馆、博物馆等建筑类型中。套间式展览馆如图 2-24 所示。

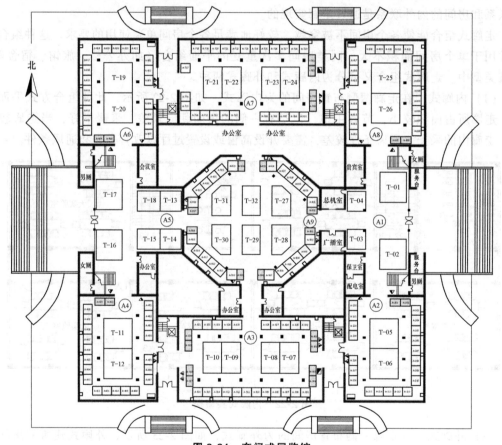

图 2-24 套间式展览馆

3. 大厅式组合

大厅式组合是围绕着一个大厅来布置房间的组合方式，通常在人流集中、具有一定活动特点并需较大空间内形成。

大厅式组合常以一个面积较大，活动人数较多，有一定的视、听等使用特点的大厅为主，辅以其他的辅助房间，一般用于体育馆、影剧院等建筑类型中，如图 2-25 所示。在大厅式组合中，交通路线组织问题较为突出，应使人流的通行通畅、安全，导向明确。

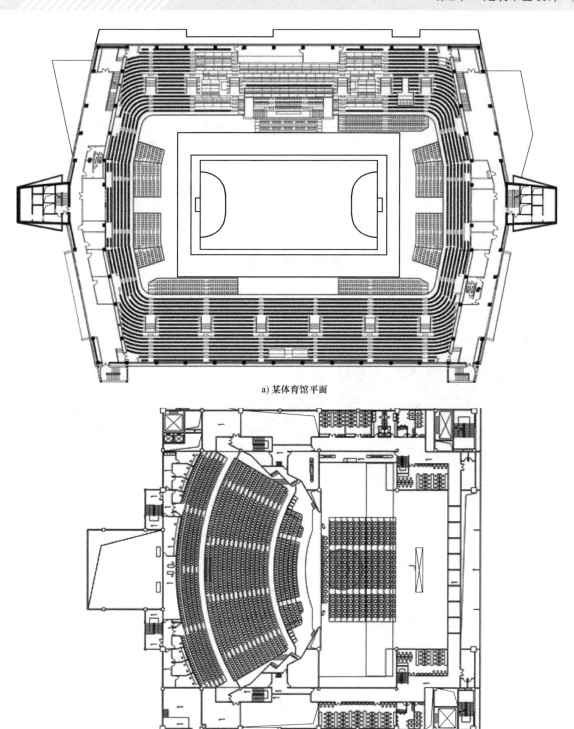

a) 某体育馆平面

b) 某影剧院平面

图 2-25 大厅式组合

4. 单元式组合

单元式组合是围绕着一个楼梯间（或电梯组）布置同样类型房间的组合方式，也称为梯间式组合。单元式组合一般用于点式住宅或点式高层建筑中，如图 2-26 所示。

图 2-26　单元式组合

5. 庭院式组合

庭院式组合是围绕一个庭院布置房间的组合方式。庭院式组合一般用于中国古典建筑，如三合院、四合院等，如图 2-27 所示。

a) 三合院

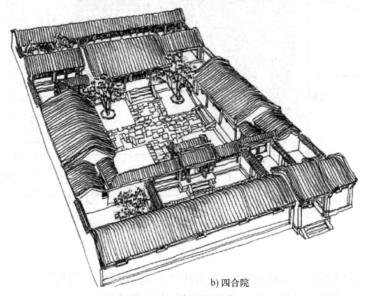

b) 四合院

图 2-27　庭院式组合

2.4.3　建筑平面组合和结构布置的关系

根据功能分析初步考虑的几种平面组合方式,由于房间面积、开间、进深以及组合方式不同,相应的结构布置方式也不相同。

1. 砖混结构

对于走廊式或套间式平面组合,当房间面积较小、建筑物为多层(五、六层以下)或低层时,通常采用砖砌墙体和钢筋混凝土梁板联合承重的砖混结构体系。

(1)承重方式　砖混结构按墙体的承重方式可分为横墙承重、纵墙承重、纵横墙混合承重三种不同的承重方式,如图2-28所示。三种承重方式中,横墙承重最合理,宜优先选用;纵墙承重房屋的横向刚度较差,地震区不宜采用;纵横墙混合承重一般在横墙承重条件不具备时采用,是最常见的承重形式。

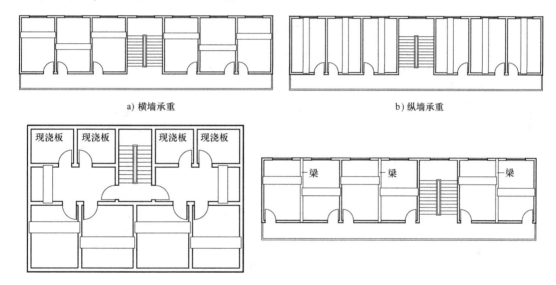

a) 横墙承重 　　　　　　　　　b) 纵墙承重

c) 纵横墙混合承重

图 2-28　砖混结构的承重方式

(2)对建筑平面的要求　墙体承重的砖混结构体系对建筑平面的要求主要有以下几点:

1)房间的开间或进深基本统一,并符合钢筋混凝土板的经济跨度,上、下层承重墙的墙体对齐重合。

2)承重墙的布置应均匀、闭合,以保证结构布置的刚性要求,较长的独立墙体应设置墙墩。

3)承重墙上的门窗洞开设应符合墙体承重的受力要求(地震区还应满足抗震设防要求)。

4)个别面积较大的房间,应设置在房屋的顶层或单独的附属体中。

2. 框架结构

对于走廊式和套间式的平面组合,当房间的面积较大、层高较高、荷载较重或建筑物的层数较多时,通常采用钢筋混凝土框架结构,它是一种以钢筋混凝土柱、梁联合承重的结构体系,其墙体只起分隔、围护的作用,如图2-29所示。

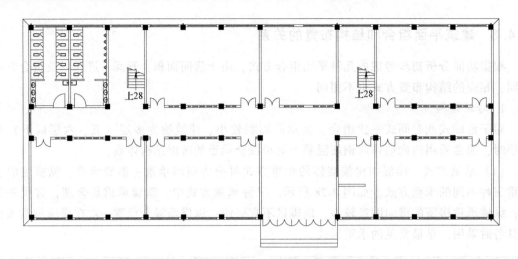

a) 教学楼

b) 体育馆

图 2-29　框架结构布置

框架结构体系对建筑平面组合的要求主要有以下几点：

1) 建筑体形齐整、平面组合应尽量符合柱网尺寸的规格、模数以及梁的经济跨度的要求，布置钢筋混凝土梁板时，柱网尺寸一般为（4~6）m×（6~8）m。

2）为保证框架结构的刚性要求，在房屋的端墙和一定的间隔距离内应设置必要的刚性墙，或梁、柱采用刚性节点连接。

3）楼梯间和电梯间在平面中应均匀布置，选择有利于加强框架结构整体刚度的位置。

3. 空间结构

大厅式的平面组合，对面积和体量的要求都较大，一般采用空间结构体系。

当大厅的跨度较小、平面为矩形时，可以采用柱和屋架组成的排架结构系统；当大厅的跨度较大、平面形状为矩形或其他形状时，可采用各种形式的空间结构。

常见的空间结构体系有折板结构、壳体结构、网架结构、桁架结构以及悬索结构等，另外还有一些特殊的结构，如膜结构。空间结构体系如图 2-30 所示。

a) 折板结构

b) 壳体结构

c) 网架结构

d) 桁架结构

e) 悬索结构

f) 膜结构

图 2-30 空间结构体系

2.4.4 基地环境对建筑平面组合的影响

任何建筑都不是孤立存在的，都处在一个特定的外部环境之中。建筑既要满足使用要求，又要与基地环境协调一致，因此在平面组合设计时，必须根据功能需求，考虑总体规划的要求，结合基地环境、场地的地形、地质条件、朝向、绿化以及周围建筑等，因地制宜地进行平面组合设计。基地条件不同，即使是相同类型和规模的建筑也会有不同的组合形式。

总体规划和基地环境的涉及面很广，下面主要从基地的大小、形状和道路的走向、基地的地形条件、建筑物的朝向和间距等几方面简要分析它们对建筑平面组合的影响。

1. 基地的大小、形状和道路的走向

基地的大小和形状对房屋的层数、平面组合的布局、外轮廓的形状和尺寸都有很大影响。在同样能够满足使用要求的情况下，房屋功能分区各个部分可采用较为紧凑的布置方式，也可以采用分散的布置方式，这除了和气候条件、节约用地以及管道设施等因素有关外，还和基地的大小和形状有关（见图 2-31）。

图 2-31 不同基地形状对中学平面组合的影响

基地内人流、车流的主要走向是确定建筑平面的出入口和门厅位置的重要因素。因此，在平面组合设计时，应密切结合基地的大小、形状和道路布置等外在条件，使建筑总平面布置的形式、外轮廓形状和尺寸以及出入口的位置等符合总体规划的要求。

2. 基地的地形条件

基地地形为坡地时，应将建筑平面组合与地面高差结合起来，依山就势，根据坡度大小、朝向以及通风要求，使建筑内部的平面组合、剖面关系结合具体的地形条件，形成富于变化的内部空间和外部形式。

当基地坡度相对较小时，可考虑将基地全部整平，这样使得建筑的设计和施工都较为简单；当基地坡度相对较大时，若将基地全部整平，耗用的费用将大大增加，很不经济，此时可考虑采用坡地建筑的布置方式，具体如下：

（1）建筑平行于等高线布置 当基地坡度在 25% 以下时，建筑可以平行等高线布置。这样的通往建筑的道路和入口的台阶容易布置，建造的土方量和造价都比较节省。

当坡度在 10% 左右时，可采用提高一侧基础墙的方法，使房屋前后墙体调整到同一标高，如图 2-32a 所示；也可采用局部挖土和平整的方式，如图 2-32b 所示。

当坡度在 25% 以上时，根据基地朝向等条件，调整建筑单体的平、剖面设计，采用沿进深方向横向错层布置方式比较合理，如图 2-32c 所示；结合基地的地形和道路分布，建筑的入口也可分层设置，使上下楼层较为方便，如图 2-32d 所示。

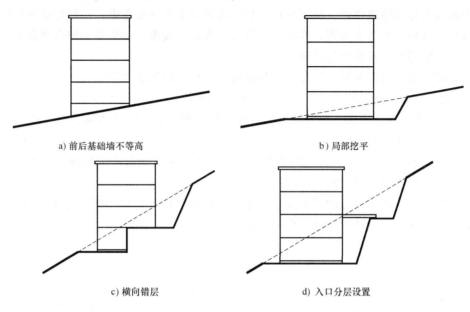

a) 前后基础墙不等高

b) 局部挖平

c) 横向错层

d) 入口分层设置

图 2-32　建筑平行于等高线的布置

（2）建筑垂直或斜交于等高线布置　当基地坡度在 25% 以上，建筑平行于等高线布置对朝向不利时，常采用垂直或斜交于等高线的布置方式。当坡度较大时，应用这种布置方式使建筑的通风、排水问题比平行于等高线时较为容易解决，但是基础处理和道路布置比平行于等高线时复杂得多。

建筑垂直于等高线时，以采用沿开间方向纵向错层的布置方式比较合理。这时应利用建筑中间部分的楼梯间错层，以解决错层部分之间的垂直交通联系。建筑垂直于等高线的布置如图 2-33 所示。单元式住宅也可以按单元纵向错层。

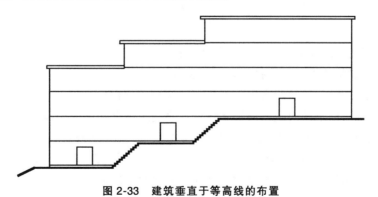

图 2-33　建筑垂直于等高线的布置

建筑斜交于等高线时，通常是结合朝向或基地具体地形地质条件的情况布置。这种布置方式与垂直于等高线布置处理方法相似。

3. 建筑物的朝向和间距

建筑物的朝向和间距也对房屋的平面组合方式、房间的进深等有较大的影响。

（1）朝向　除了根据建筑内部房间的使用要求确定建筑物的朝向外，当地的主导风向、太阳辐射、基地周围的道路环境等情况，也是确定建筑物朝向的重要因素。

根据我国所处的地理位置，从室内日照和通风等卫生要求来考虑，一般建筑物朝南或朝南稍带偏角。这是因为冬季太阳高度角小，射入室内光线较多，而夏季太阳高度角大，射入室内光线少，能起到冬暖夏凉的效果。

太阳高度角是指太阳光射到地球表面与地面的夹角，如图2-34所示。

（2）间距　拟建建筑和周围已有建筑之间距离的确定，主要考虑以下一些因素：

1）建筑的室外使用要求。建筑周围人行或车行必须要有一定的道路面积，建筑之间对声音影响、视线干扰的必要间隔距离等。

2）日照、通风等卫生要求。主要考虑成排建筑前后的阳光遮挡情况及通风条件。在民用建筑设计中，日照是确定建筑间距的主要依据。

为了满足建筑室内有一定的日照要求，建筑的日照间距一般以冬至日正午12时太阳光线能直射到底层窗台为设计依据计算得到，如图2-35所示。

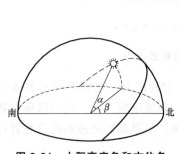

图2-34　太阳高度角和方位角
α—太阳高度角　β—太阳方位角

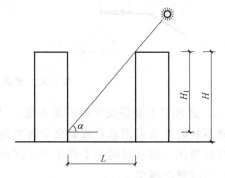

图2-35　建筑的日照间距

日照间距的计算公式如下

$$L = \frac{H_1}{\tan\alpha}$$

式中　L——两幢建筑之间的净距，即日照间距；

　　　H_1——前排建筑的檐口至后排建筑底层窗台间的高差；

　　　α——冬至日正午12时的太阳高度角（建筑为正南向）。

在实际工作中，建筑的间距，通常是结合日照间距要求和地区用地情况，得出对建筑间距L和前排建筑的高度H比值的规定，如$L/H = 0.8$、1.2、1.5等。

3）防火安全要求。考虑火警时保证邻近建筑安全的间隔距离，以及消防车驶入所必要的通行宽度，例如两幢一级耐火等级建筑之间的防火间距应≥6m。

《建筑设计防火规范》规定，民用建筑之间的防火间距不应小于表2-11中的规定。

4）观瞻和室外空间要求、环境绿化。根据建筑的使用性质和规模，建筑的观瞻、室外空间要求，以及房屋周围环境绿化等所需面积确定建筑间距。

5）施工条件要求。根据建筑在建造时可能采用的施工起重设备、外脚手架搭设，以及新旧建筑基础之间必要的间距等确定建筑间距。

表 2-11 民用建筑之间的防火间距 　　　　　　　　　（单位：m）

建筑类别		高层民用建筑	裙房和其他民用建筑		
		一、二级	一、二级	三级	四级
高层民用建筑	一、二级	13	9	11	14
裙房和其他民用建筑	一、二级	9	6	7	9
	三级	11	7	8	10
	四级	14	9	10	12

注：1. 相邻两座单、多层建筑，当相邻外墙为不燃性墙体且无外露的可燃性屋檐，每面外墙上无防火保护的门、窗、洞口不正对开设且该门、窗、洞口的面积之和不大于外墙面积的 5% 时，其防火间距可按本表的规定减少 25%。

2. 两座建筑相邻较高一面外墙为防火墙，或高出相邻较低一座一、二级耐火等级建筑的屋面 15m 及以下范围内的外墙为防火墙时，其防火间距不限。

3. 相邻两座高度相同的一、二级耐火等级建筑中相邻任一侧外墙为防火墙，屋顶的耐火极限不低于 1.00h 时，其防火间距不限。

4. 相邻两座建筑中较低一座建筑的耐火等级不低于二级，相邻较低一面外墙为防火墙且屋顶无天窗，屋顶的耐火极限不低于 1.00h 时，其防火间距不小于 3.5m；对于高层建筑，不应小于 4m。

5. 相邻两座建筑中较低一座建筑的耐火等级不低于二级且屋顶无天窗，相邻较高一面外墙高出较低一座建筑的屋面 15m 及以下范围内的开口部位设置甲级防火门、窗，或设置符合现行国家标准 GB 50084—2017《自动喷水灭火系统设计规范》规定的防火分隔水幕或《建筑设计防火规范》第 6.5.3 条规定的防火卷帘时，其防火间距不小于 3.5m；对于高层建筑，不应小于 4m。

6. 相邻建筑通过连廊、天桥或底部的建筑物等连接时，其间距不应小于本表的规定。

7. 耐火等级低于四级的既有建筑，其耐火等级可按四级确定。

思考题与习题

1. 建筑平面是由哪些部分组成的？

2. 使用平面如何设计？需要考虑哪些因素？

3. 门窗在平面中布置应考虑哪些因素？

4. 交通联系部分的平面设计包括哪些？

5. 走道的设计应考虑哪些因素？

6. 平面组合有哪些常见的方式？它们分别适用什么样的建筑？

7. 确定建筑物之间的间距应考虑哪些因素？

第 3 章　建筑剖面设计

本章知识要点与学习要求

序号	知识要点	学习要求
1	层高与净高的含义	掌握
2	建筑各部分高度的确定	熟悉
3	建筑层数的确定	了解
4	建筑剖面的组合方式	熟悉
5	建筑空间的组合与利用	了解

　　建筑剖面图表示建筑物在垂直方向上房屋各个部分的组合关系，剖面设计主要分析建筑物各个部分应有的高度、建筑层数、建筑空间的组合和利用，以及建筑剖面图中的结构、构造关系。

3.1　建筑各个部分高度的确定

3.1.1　房间的高度和剖面形状的确定

　　建筑的剖面设计，首先需确定室内的净高，即本层楼面（或地坪）到上一层楼板层构件底面的距离；而建筑的层高，即本层楼面（或地坪）到上一层楼面的距离，为该层房间的净高加楼板层的结构厚度。房间的净高和层高如图 3-1 所示。

　　房间的室内净高和房间的剖面形状的确定主要考虑以下几方面的因素：

1. 室内使用性质和活动特点的要求

　　房间的净高与人体活动的尺度关系很大。为保证正常生活、学习和工作，在通常身高情况下，室内最小净高应使人举手接触不到顶棚为宜，即一般不低于 2.2m。

　　生活用的房间，如住宅的起居室、卧室等，由于室内人数少、房间面积小，室内净高可以低一些，一般应大于等于 2.4m，层高一般在 2.8m 左右；集体宿舍采用双层床（或下面是书桌、上面是床）时，房间应略高一些，但层高一般也不宜大于 3.3m；学校的教室为教学用房，由于使用人数较多，面积较大，因此层高宜大于 3.6m；大型商场为公共建筑，使用人数很多，房间面积很大，层高一般为 4.2~4.5m。

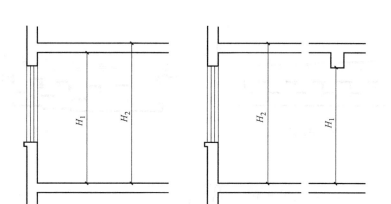

图 3-1　房间的净高和层高

H_1—净高　H_2—层高

对于一些室内人数较多、面积较大且具有视听活动等使用特点的房间，如学校的阶梯教室、电影院、体育馆、剧院的观众厅、会场等，为保证有良好的视线质量，即从人们的眼睛到观看对象之间没有遮挡，需要进行视线设计，要求升起地面，如图 3-2 所示，地面的升起坡度与设计视点的选择、座位排列方式、排距等因素有关。

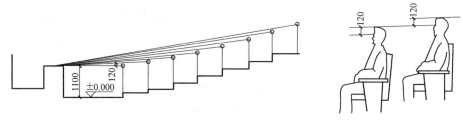

图 3-2　视线要求与地面升起

设计视点是指按设计要求所能看到的极限位置，以此作为视线设计的主要依据。各类建筑由于功能不同、观看对象性质不同，设计视点的选取一般也不一样。例如，普通教室的设计视点为黑板下边沿；电影院的设计视点一般为银幕的底边；篮球馆的设计视点一般定在篮球场边线或边线上空 300~500mm 处等。设计视点位置越低，地面坡度升起越高，如图 3-3 所示。

房间中如果对音质方面有要求，也会对房间的剖面形状产生一定的影响，如图 3-4 所示；同时还要考虑电影放映、体育活动等其他使用特点对房间的高度、体积和剖面形状的影响。

2. 采光、通风的要求

（1）采光要求　室内光线的强弱和照度是否均匀，除了与平面中窗户的宽度和位置有关外，还与窗户在剖面中的高度有关。房间里的光线照射深度主要靠侧窗的高度来解决，深度越大，要求侧窗上沿越高，房间的净高也需相应增高。

当房间采用单侧采光时，通常窗户上沿离地的高度应大于房间进深长度的一半；当房间两侧开窗时，窗户上沿离地的高度应不小于房间进深长度的 1/4。窗高与采光的关系如图 3-5 所示。

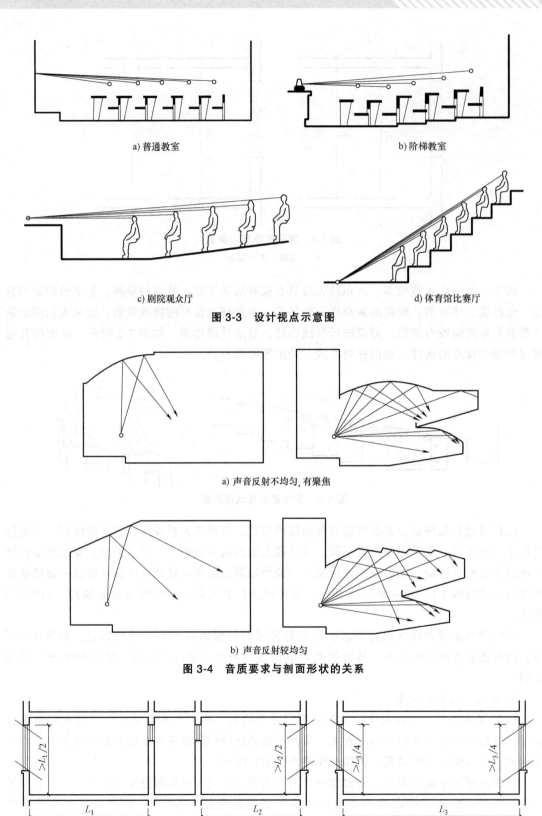

a) 普通教室

b) 阶梯教室

c) 剧院观众厅

d) 体育馆比赛厅

图 3-3　设计视点示意图

a) 声音反射不均匀, 有聚焦

b) 声音反射较均匀

图 3-4　音质要求与剖面形状的关系

图 3-5　窗高与采光的关系

为避免在房间顶部出现暗角，窗户上沿到房间顶棚底面的距离应尽可能留得小一些，但需要注意要留出过梁、圈梁等构件所占的尺寸。

窗台的高度主要根据室内的使用要求、人体尺度或设备的高度来确定。一般民用建筑中生活、学习或工作用房，窗台的高度为900mm左右；幼儿园建筑结合儿童尺度，活动室的窗台高度通常采用700~800mm；展览馆类的建筑，由于室内利用墙面布置展品，常将窗台提高到1800mm以上，同时需要增大房间的净高。

一些进深较大的单层建筑，从改善室内采光条件考虑，可采用在屋顶设置天窗的方式来采光，例如大型博物馆、体育馆等。采用天窗采光对建筑剖面形状的影响如图3-6所示，此时建筑的剖面形状也有了明显的特点。

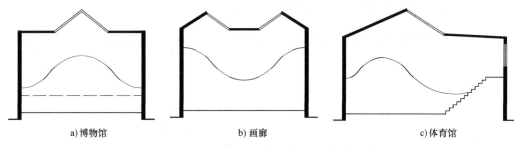

a) 博物馆　　　　　　　　b) 画廊　　　　　　　　c) 体育馆

图 3-6　采用天窗采光对建筑剖面形状的影响

（2）通风要求　房间内的通风要求及室内进出风口在剖面上的高低位置，也对房间净高的确定有一定的影响。一些房间，如食堂的厨房，使用时会散发大量的蒸汽和热量，房间的顶部通常设置排气窗，以便加速排出各种气体。设置天窗的厨房剖面如图3-7所示。

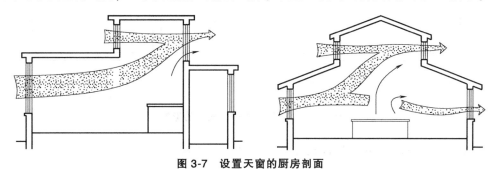

图 3-7　设置天窗的厨房剖面

3. 设备设置的要求

当房间内需要布置一些设备时，需要一定的使用空间，这也直接影响房间的净高。例如，医院手术室中的手术台的高度大约为800mm，无影灯的设备高度大约为1100mm，医生手术操作的空间高度为900~1100mm，所以手术室的净高一般在3000mm左右（见图3-8）。

4. 结构类型的要求

在房间的剖面设计中，梁板等结构构件的厚度、墙、柱等构件的稳定性，以及空间中结构的形状、高度对剖面设计都有一定的影响。

图 3-8　医院手术室的设备布置示意图

楼板结构层本身具有一定的空间高度,选取不同的结构形式,建筑的层高也就随之变化。砖混结构中楼板层厚度一般为 120mm 左右;框架结构中框架梁的截面高度一般为跨度的 1/12～1/8,为 600～800mm;空间结构中结构层厚度一般会更大,因此在确定建筑的净高和层高时必须要考虑结构类型的要求。

5. 室内空间比例的要求

空间的尺度对人的心理行为影响较大,不同的比例尺度给人的心理感受是不一样的,因此在确定房间高度时,还要充分考虑房间的高度与宽度、长度的合适比例,给人以正常舒适的空间感受。例如,高而窄的空间易使人产生兴奋、激昂向上的情绪,具有严肃感,但过高则会令人感到空旷、冷清和迷茫;宽而低的空间使人感到宁静、亲切,但过低会使人感到压抑、沉闷。空间比例对房间高度的影响如图 3-9 所示。

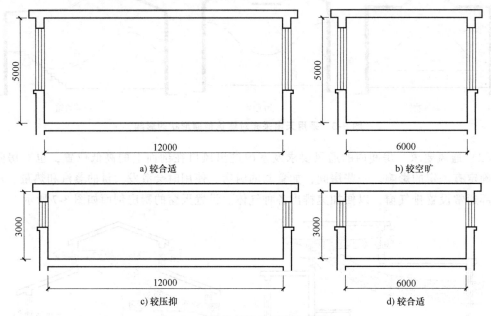

图 3-9　空间比例对房间高度的影响

一般民用建筑的空间尺度以高宽比在 1∶1.5～1∶3 较为适宜。

3.1.2　建筑各部分高度的确定

建筑剖面中,除了各个房间室内的净高和剖面形状需要确定外,还需要分别确定房屋层高,以及底层室内地坪标高等。

1. 层高的确定

在确定好房间的净高后,再加上楼板层的结构厚度,即可得到房间的层高。在满足使用和卫生等各个方面要求的条件下,应适当降低房屋的层高,从而降低整幢建筑的高度,这对于减轻自重、改善结构受力情况、节省投资和用地都有很大的意义。

对于一些常见的民用建筑,其层高一般有一些经验高度,如普通住宅 2.80m,普通教学楼 3.0～3.6m,商店 4.5～4.8m,普通医院 3.3～3.6m,单层床宿舍 3.0m,双层床宿舍 3.3m,旅馆 3.3～3.6m。

2. 底层室内地坪标高的确定

为防止室外雨水流入室内，并防止墙身受潮，一般民用建筑通常把室内地坪适当抬高，形成室内外高差。

室内外地面的高差值应根据通行要求、防水和防潮要求、建筑物的沉降量、建筑物的使用性质和建筑标准、地形条件等因素确定，一般为 300～600mm。某些纪念性或建筑标准较高的公共建筑常加大室内外地面高差，采用高的台基和较多的踏步，以增强建筑物庄重、宏伟的气氛，如图 3-10 所示。

a) 毛主席纪念堂

b) 人民大会堂

图 3-10　增加室内外高差的建筑

建筑设计常取底层室内地坪的设计标高（相对标高）为 ±0.000，低于底层地坪标高的为负值，高于底层地坪的标高为正值。

为了使在同一空间内不同的功能分区明确，也常以不同的地坪标高划分功能分区，如图 3-11 所示。

图 3-11　以不同的地坪标高划分功能分区

■ 3.2 建筑层数的确定和剖面的组合方式

3.2.1 建筑层数的确定

影响建筑层数的因素有很多，主要有建筑使用要求、环境与城市规划要求、建筑技术条件要求、防火要求以及经济要求等。

1. 建筑使用要求

建筑的使用性质对建筑的层数有一定的要求。例如，幼儿园、疗养院、养老院等建筑，考虑到使用者活动特点，为了便于使用者与户外联系，建筑层数一般不应太多，以一至三层为宜；影剧院、体育馆、车站等建筑，由于使用人数多、人流量大，考虑到人流集散安全与方便，也应以单层或低层为主；中小学建筑为便于少年儿童参加户外活动，层数不宜超过四层；公共食堂类建筑为了就餐方便，宜为一至三层。

2. 环境与城市规划要求

城市总体规划从改善城市面貌和节约用地考虑，常对城市内各个地段、沿街部分或城市广场的建筑，明确规定建筑的层数和总高度；对城市航空港附近的一定区域，从飞行安全考虑也会对建筑的层数和总高有所限定。

周边环境对建筑的层数和总高度也有一定的影响，例如，仿古建筑群附近不宜建设层数很多、总高很高的建筑，这会破坏原来的建筑群风格；农庄类建筑也不宜层数较多，否则会与整个环境不协调，破坏田园氛围。

3. 建筑技术条件要求

建筑所用的建筑材料、结构体系、施工方法等技术条件，也影响着建筑的层数和高度。

一般来说，砖混结构以七层及七层以下为宜，钢筋混凝土框架结构不宜超过十五层，钢筋混凝土剪力墙结构不宜超过三十层。在有抗震设防要求的地区，建筑的层数及总高度还要符合 GB 50011—2010《建筑抗震设计规范（2016 年版）》和 JGJ 3—2010《高层建筑混凝土结构技术规程》中的相关规定。

4. 防火要求

建筑层数要充分满足防火疏散的要求。《建筑设计防火规范》规定，各类建筑允许的建筑层数/高度应满足表 3-1 的限定。

表 3-1　允许的建筑层数/高度

建筑类型	耐火等级		
	一、二级	三级	四级
托儿所、幼儿园的儿童用房、儿童游乐厅等儿童活动场所	54m	2 层	1 层
老年人照料设施	54m	2 层	—
商店建筑、展览建筑	—	2 层	1 层
医院和疗养院的住院部分	—	2 层	1 层
教学建筑	—	2 层	1 层
食堂、菜市场	—	2 层	1 层
剧场、电影院、礼堂		2 层	—

5. 经济要求

建筑的层数和高度与工程造价的关系很密切，在剖面设计时也应充分考虑。

低层建筑的结构类型简单，建造成本较低，而分摊的土地成本较高；多层建筑的结构类型较简单，建造成本稍高，而分摊的土地成本稍低；高层建筑结构类型复杂，还要设置电梯等，建造成本很高，而分摊的土地成本较低。从建筑综合经济效益分析，多层建筑较经济，其次是低层建筑，高层建筑较不经济。

除了以上要求外，确定建筑层数时还应考虑日照间距、基地面积、容积率等因素，合理地确定建筑的层数和高度。

3.2.2 建筑剖面的组合方式

建筑剖面的组合方式主要是由建筑中各类房间的高度和剖面形状、建筑的使用要求和结构布置特点等因素决定的。剖面的组合方式主要有以下几种：

1. 单层

在一些人流或物流进出较多的建筑中，为方便室内外的直接联系，多采用单层剖面组合方式，如车站、剧院、展览厅等；单层剖面组合方式也常用在要求顶部自然采光和通风的建筑中，如车间、食堂、体育馆等。

单层剖面组合方式，在剖面空间组合上比较简单和灵活，但缺点是用地很不经济，道路和室外管线相应增加，外围护面积较多。

2. 多层

多层剖面组合方式适用于较多相同高度房间的组合，垂直交通通过楼梯，室内交通联系较为紧凑。此种组合方式应注意上、下层墙、柱等承重构件的对应关系，以及各层之间相应的面积分配。

3. 高层

高层剖面组合方式可以在占地面积较小的条件下建造使用面积较多的房屋，这种组合有利于室外辅助设施和绿化等的布置。但高层建筑需设置电梯，管道设施较为复杂，建造与维护费用较高。

4. 错层

错层剖面组合方式是在建筑物纵向或横向剖面中，房屋几部分之间的楼地面高低错开，如图3-12所示，适用于在坡地上依据地形建造建筑。

错层剖面组合中的错层高差，一般有以下处理方法：

（1）利用台阶来解决 对于错层高差较小的建筑，可采用在室内设置台阶的方法来解决，如图3-13所示。

（2）利用楼梯间来解决 当组成建筑的两部分空间高差较大时，可能过设置楼梯梯段的数量、调整梯段的踏步数，使楼梯平台的标高和错层楼地面的标高一致，如图3-14所示。

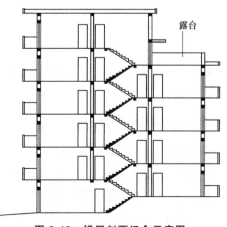

图 3-12 错层剖面组合示意图

a) 平面   b) 剖面

图 3-13　利用台阶解决错层高差

a) 平面   b) 剖面

图 3-14　利用楼梯间解决错层高差

5. 跃层

跃层剖面组合方式主要用于住宅建筑中。在跃层剖面组合的住宅中，可有前后相通且带高差的一层，或是上下层相通的房间。同层的高差以台阶相接，上下层房间以内部小楼梯相连，如图 3-15 所示。

图 3-15　跃层住宅

3.3　建筑空间的组合和利用

3.3.1　建筑空间的组合

确定每个房间的高度后，选择好剖面组合方式，从垂直方向考虑各种高度房间的剖面组合。

1. 高度相同或高度相近的房间组合

高度相同、使用性质接近的房间可以组合在一起。

高度相近、使用上关系密切的房间，考虑到建筑结构构造的经济合理，在满足室内使用功能要求的前提下，可以以主要的房间为基准，适当调整其他房间的高度，尽可能统一这些房间的高度，组合在一起。

2. 高度相差较大的房间组合

（1）单层 高度相差较大的房间，在单层剖面组合中，可根据房间的不同高度设置不同高度的屋顶，如图3-16所示。

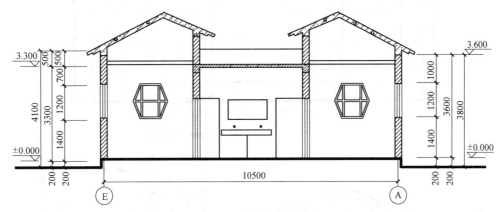

图3-16 单层剖面组合中高度不同的房间组合示意图

（2）多层或高层 在多层或高层剖面组合中，高差较大的房间可根据房间的数量和使用性质在房屋垂直方向进行分层组合，也就是将不同楼层的层高设置成不同高度。多层或高层剖面组合中高度不同的房间分层组合示意图如图3-17所示。

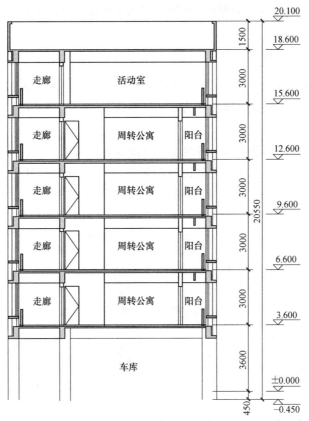

图3-17 多层或高层剖面组合中高度不同的房间分层组合示意图

如果绝大部分房间的高度相同或相近，只有少数几个高度相差较大的房间时，此类房间可设置在顶部或单独设置，如图3-18所示。

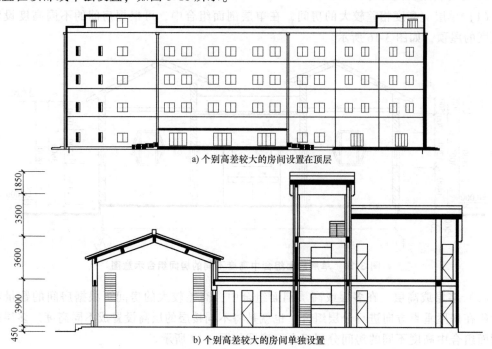

a) 个别高差较大的房间设置在顶层

b) 个别高差较大的房间单独设置

图 3-18 剖面组合中个别高差较大的房间组合示意图

3.3.2 建筑空间的利用

充分利用建筑内部的空间，实际上是在建筑占地面积和平面布置基本不变的情况下，起到了扩大使用面积、充分发挥房屋投资的经济效果。

1. 房间内的空间利用

在人们室内活动和家具设备等必需的空间范围以外，可以充分利用房间内其余部分的空间。在住宅卧室中利用床铺上部等空间设置吊柜如图3-19所示；利用门上部的空间设置吊柜如图3-20所示；在住宅卧室中设置到顶的组合柜如图3-21所示；在室内楼梯下方的空间利用如图3-22所示；在阁楼上布置满足各种功能的空间，阁楼空间的利用如图3-23所示。

a) 床头上方设置吊柜

图 3-19 住宅卧室中利用床铺上部的空间设置吊柜

b) 床的上方、下方和边上均设置柜子

图 3-19 住宅卧室中利用床铺上部的空间设置吊柜（续）

图 3-20 利用门上部的空间设置吊柜

图 3-21 住宅卧室中设置到顶的组合柜

图 3-22　室内楼梯下方的空间利用

图 3-23　阁楼的空间利用

2. 走廊、门厅和楼梯间的空间利用

在公共建筑中，走廊通常和层高较高的房间高度相同，这些走廊的上方可以作为布置通风、照明设备和敷设管线的空间，如图 3-24a 所示；在住宅中，走廊有时也可以充分利用，如图 3-24b 所示。

a) 公共建筑的走廊   b) 住宅的走廊

图 3-24 走廊的空间利用

在公共建筑的门厅和大厅，由于人流集散和空间处理等要求，当厅内净高较高时，也可以在厅内的部分空间设置夹层，以扩大门厅或大厅内的活动面积。大厅的空间利用如图 3-25 所示。

在公共建筑中，楼梯间的底部和顶部通常都有可以利用的空间，可以设置成储藏间、杂物间或厕所等，如图 3-26 所示。

 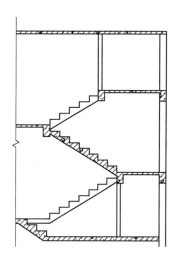

图 3-25 大厅的空间利用   图 3-26 楼梯间的空间

思考题与习题

1. 什么是净高？什么是层高？
2. 房间的净高和剖面形状的确定应考虑哪些因素？
3. 建筑层数的确定应考虑哪些因素？
4. 剖面组合的方式有哪些？它们各有何优缺点？

第4章 建筑立面设计

本章知识要点与学习要求

序号	知识要点	学习要求
1	建筑的体型和立面设计的要求	熟悉
2	建筑体型的组合方式	熟悉
3	建筑体型组合的造型要求	了解
4	建筑立面设计的步骤及其美观因素	了解

建筑物在满足使用要求的同时，它的体型、立面以及内外空间组合等，还会给人们带来某种精神上的感受。北京故宫、北京天坛、南京中山陵的雄伟，江南园林的小巧幽雅，给人完全不同的精神享受，如图4-1所示。

a) 北京故宫太和殿

b) 北京天坛祈年殿

c) 南京中山陵

d) 苏州拙政园

图 4-1 建筑外部形象给人的感受

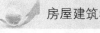

e) 苏州狮子林　　　　　　　　　　　f) 苏州留园

图 4-1　建筑外部形象给人的感受（续）

　　建筑的美观问题，既在建筑外部形象和内部空间处理中表现出来，又涉及建筑群体的布置，同时它还和建筑细部设计有一定的关系。而在建筑单体设计时，主要考虑的是建筑的外部形象和内部的空间处理，这对单体建筑的美观有着重要的影响。

　　建筑的体型和立面设计是建筑的外部形象设计的两个主要部分，其主要内容包括建筑群体关系、体型组合、体量大小、立面及细部处理等。建筑的体型和立面，即建筑的外部形象，必须受内部使用功能和技术经济条件的制约，并受基地环境群体规划等外在因素的影响。它虽然反映着建筑的内部空间的特征，但并不等于建筑内部空间组合的直接表现，而应和平面、剖面设计同时进行，并贯穿整个设计的始终。

■ 4.1　建筑体型和立面设计的要求

　　建筑体型和立面设计必须符合建筑造型和立面构图方面的规律，如完整均衡、对比、统一、韵律等，把适用、经济、美观三者有机地结合起来。建筑体型和立面设计的具体要求有以下几个方面：

　　1. 反映建筑功能要求和建筑类型的特征

　　不同功能要求和建筑类型，具有不同的内部空间组合特点，建筑的外部形象也应反映不同建筑内部空间的组合特点。

　　住宅建筑由于内部房间较小、人流出入较少，通常进深较小，立面上常设计较小的窗户和入口，以及分组设计的楼梯和阳台，住宅建筑立面如图 4-2 所示。

图 4-2　住宅建筑立面

教学建筑由于对室内采光要求较高，人流出入较多，立面上往往设置高大明快、成组排列的窗户和宽敞的入口，教学建筑立面如图4-3所示。

图4-3　教学建筑立面

为了体现热闹繁华的建筑立面特征，商业建筑立面通常设置大片玻璃的陈列橱窗和接近人流的明显入口，如图4-4所示。

图4-4　商业建筑立面

由于观演部分音响和灯光等要求，剧院建筑通常设置封闭的观众厅、舞台和宽敞明亮的门厅、休息厅，剧院建筑立面如图4-5所示。

图4-5　剧院建筑立面

由于运动和比赛和观赛的需要，体育建筑内部需要较高、较大的空间，其一般均采用空间结构，外部出入口也较大，体育建筑立面如图4-6所示。

建筑外部形象反映内部空间的组合特点，美观问题紧密地结合功能要求，这正是建筑艺术有别于其他艺术的特点之一。脱离功能要求，片面追求外部形象的美观，违反适用、经济、美观三者的辩证统一关系，必然导致建筑形式和内部功能的分离。

2. 结合材料性能、结构类型和施工工艺的特点

建筑的体型、立面和所用的材料、选用的结构体系以及采用的施工技术有着很大的关

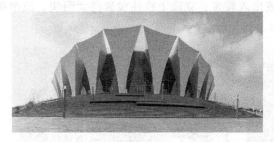

图 4-6　体育建筑立面

系，这是由于建筑内部空间组合和外部体型的构成只能通过一定的物质技术手段来实现。不同结构类型的建筑，其建筑体型和立面也各有不同。

我国传统的木结构建筑结构小巧，外部形象体现木质特色，立面构造做法细腻，如图4-7 所示。

图 4-7　木结构建筑立面

希腊古典柱式建筑多采用石材砌筑，立面多以大型立柱进行装饰，整体感觉厚重、沉稳，如图 4-8 所示。

图 4-8　石砌建筑立面

砖混结构建筑多采用墙体承重，外墙要承受结构荷载，窗间墙必须保留一定的宽度，窗户不能太大，可通过墙面的色彩和材质来形成建筑立面的造型效果，如图 4-9 所示。

图4-9 砖混结构建筑立面

框架结构建筑承重主要通过柱梁等骨架结构，墙体不承重，门窗的设置具有较大的灵活性，为保证良好的采光，建筑的柱间可以开设横向窗户，形成节奏鲜明的立面效果，如图4-10所示。

图4-10 框架结构建筑立面

空间结构建筑为室内各种大型活动提供理想的使用空间，其多采用高强度的钢材、钢筋混凝土等形成空间受力体系，极大地丰富了建筑的外部形象，具有很好的表现力，如图4-11所示。

图4-11 空间结构建筑立面

另外，不同施工工艺，如滑动模板、升板、大模板、盒子建筑等也对建筑体型和立面产生一定的影响。例如，滑动模板施工工艺，由于模板的垂直滑动，要求建筑的立面采用筒体或竖向线条为主，不能出现凸出墙面的横线条，如图4-12a所示；升板施工工艺，由于楼板提升时适当出挑对板的受力有利，建筑的外形则以层层出挑的横向线为主比较合适，如图4-12b所示；盒子建筑，采用单元盒子，利用有骨架或无骨架进行直接拼装，建筑立面体现为盒子形式，如图4-12c所示。

3. 掌握建筑标准和相应的经济指标

一般建筑的投资额均较大，因此在整个建筑的设计和施工过程中都应考虑节约投资的因

a) 滑动模板施工工艺

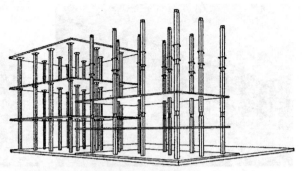
b) 升板施工工艺

c) 盒子建筑

图 4-12　施工工艺特点对建筑外形的影响

素。建筑体型和立面设计应严格掌握质量标准，尽量节约资金，以满足相应的经济指标。要注意区别不同性质、规模和重要程度的建筑，防止滥用高级材料，造成不必要的浪费；也要防止片面强调节约，盲目追求低标准，造成使用功能不合理、破坏建筑形象或是增加建筑的运营维护费用。

4. 适应基地环境和建筑规划的群体布置

单体建筑本身处于一定的环境之中，是构成该处景观的重要因素。进行建筑体型和立面设计时，应该充分考虑基地环境，让整个建筑与周围环境适应和协调。例如，在自然气息深厚的田园之中，宜设计小巧灵活、风格相适应的田园建筑，如图 4-13 所示。

如图 4-14 所示的美国匹兹堡市郊区的熊溪河畔的流水别墅由弗兰克·L. 赖特设计，其室内空间自由延伸，相互穿插，内外空间互相交融，浑然一体。流水别墅在空间的处理、体量的组合及与环境的结合上均取得了极大的成功，为有机建筑理论做了确切的诠释，在现代建筑历史上占有重要地位。

总体规划的要求也使建筑的体型和立面设计受到一定制约。单体建筑是群体建筑、城市规划的一部分，所以建筑的体型、立面设计以及建筑风格都要与规划中的建筑群体相配合。例如，在很多古城中，建筑都采用古典的建筑风格，不宜建设成现代气息深厚的建筑，而古色古香的建筑风格与周围建筑相得益彰，如图 4-15 所示。

图 4-13　田园建筑

图 4-14　流水别墅

a) 丽江古城某客栈　　　　　　　　　　　　b) 平遥古城某客栈

图 4-15　总体规划对建筑外形和风格的影响

5. 符合建筑造型和立面构图的一些规律

建筑体型和立面设计还必须符合建筑造型和立面构图的一些基本规律，如比例协调、完整均衡、变化统一，以及韵律和对比等，这些规律还会随着政治、文化、经济、技术的发展而变化。

这些有关造型和立面构图的基本规律不仅适用于单体建筑的外部，而且适用于建筑内部空间处理和建筑总体布置中。

4.2 建筑体型的组合

建筑物内部空间的组合方式是确定外部体型的主要依据。我们在进行房屋内部空间的组合时，就需要综合考虑包括美观在内的多种因素，考虑建筑物可能具有外部形象的造型效果，使房屋的体型在满足使用要求的同时，尽可能完整、均衡。

建筑体型反映建筑物总的体量大小、组合方式和比例尺度等，它对建筑外形的总体效果具有重要影响。建筑立面设计的先决条件是体型组合。

4.2.1 建筑体型的组合方式

由于建筑的规模大小、功能要求特点以及基地条件的不同，建筑的体型也千差万别，但大体上可分为对称体型、不对称体型、单一体型和组合体型等。

对称体型具有明确的中轴线，建筑各部分的主从关系分明，形体比较完整，给人以庄严、端正的感觉。我国古典建筑多采用对称体型，一些纪念性建筑和大型会堂等也常采用对称体型，使建筑显得庄重、严谨，如图 4-16 所示。

a) 毛主席纪念堂

b) 人民大会堂

图 4-16　对称的建筑体型

不对称体型布局比较灵活自由，适用于各种复杂的功能关系和不规则的基地形状，容易形成舒展、活泼的造型效果。不对称体型常用于商场、医院、疗养院、园林建筑等，如图 4-17 所示。

单一体型是指整个建筑基本是一个比较完整的简单几何形体。采用这种体型的建筑平面和体型都较为完整、单一，复杂的内部空间都组合在一个完整的体型中。其平面形式多呈正方形、矩形、三角形、圆形和多边形等单一的、对称的几何形状，如图 4-18 所示。

组合体型是由多个体量、形状、方向、高低各不相同的组成部分组合在一起的建筑体型。组合时要具体问题具体分析，尽量寻求各个组成部分间的相互协调统一，形成完整的建

a) 某购物广场　　　　　　　　　b) 某疗养院

图 4-17　不对称的建筑体型

a) 水立方　　　　　　　　　b) 某教学楼

图 4-18　单一的建筑体型

筑形象。组合体型一般依据不同的建筑功能，划分出若干部分，再进行组合。组合时应做到完整均衡、比例恰当、重点突出、主次分明、交接明确。这种体型适用于功能复杂的建筑，如图 4-19 所示。

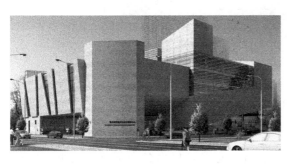

a) 某青少年活动中心　　　　　　　　　b) 某医院

图 4-19　组合的建筑体型

4.2.2　建筑体型组合的造型要求

建筑体型组合的造型要求主要有以下几方面：

1. 完整均衡

建筑体型的组合，首先要求完整均衡，这对较为简单的几何形体来说通常比较容易达到。

对称的建筑是均衡的，它以中轴线为中心，并加以重点强调，两侧对称使其容易取得完整统一的效果，给人以雄伟、庄重的感觉。对称均衡常用于纪念性建筑或其他需要表现严肃、隆重感觉的公共建筑，如图 4-20 所示。

a) 周恩来纪念馆　　　　　　　　　　　　　　　b) 故宫中和殿

图 4-20　对称的均衡

不对称的建筑，为了达到完整均衡的要求，需要注意各个组合部分体量的大小比例关系，利用不同的材质、色彩和虚实对比等达到不对称均衡的目的。它与对称均衡相比显得轻巧、活泼，如图 4-21 所示。

图 4-21　不对称的均衡

2. 主次分明

建筑物由几个形体组合时，应突出主要形体，通常可以由各个部分的大小、高低、宽窄、形状、色彩等对比，以及突出出入口等手法来强调主体，如图 4-22 所示。

3. 交接明确

建筑体型的组合还需要处理好各组成部分之间的连接关系，做到交接明确。建筑各组成部分之间的连接方式主要有直接连接、咬接、廊式连接和连接体连接等。

1) 直接连接建筑的各组合部分之间直接相连，这种连接方式体型简洁、组成分明、整体性强，如图 4-23 所示。

2) 咬接建筑的各组成部分之间相互穿插，这种组合方式体型较复杂，组合紧凑、整体

图 4-22　主次分明的建筑效果

性强，如图 4-24 所示。咬接建筑的各组成部分之间相互咬合，对抗震不利，地震区应避免采用。

图 4-23　直接连接的体型组合示意图

图 4-24　咬接的体型组合示意图

　　3）廊式连接建筑的各组成部分之间采用走廊连接在一起，各部分之间既相对独立又互相联系，体型轻快、舒展，如图 4-25 所示。

　　4）连接体连接建筑的各组成部分之间采用连接体连接在一起，这种连接方式体型与走廊连接相近，如图 4-26 所示。

图 4-25　走廊连接的体型组合示意图

图 4-26　连接体连接的体型组合示意图

4. 体型简洁

简洁的体型易取得完整统一的效果，结构布置和构造以及施工方面也经济合理。利用完整简洁的几何形体，或由这些形体的单元所组合的建筑的造型也显得简洁而有活力，如图 4-27 所示。

图 4-27　体型简洁的建筑造型示意图

■ 4.3　建筑立面设计

建筑立面表示建筑各个方位的外部形象。立面设计应在满足建筑使用要求和技术经济条件的前提下，运用建筑造型和立面构图的常见规律，紧密结合平面设计和剖面设计进行。

建筑立面可以看成是由许多构部件组成的，如墙体、柱梁、墙墩、门窗、阳台、外廊、台阶、勒脚、檐口等。立面设计的主要任务是恰当地确定立面中这些组成部分和构件的比例、尺度、质感、色彩，运用节奏和虚实对比等规律，设计出体型完整、形式与内容统一的建筑立面。

4.3.1　立面设计的步骤

建筑立面设计的步骤通常是先根据平面设计初步确定各个立面的基本轮廓，再推敲立面各个部分的比例关系，考虑建筑几个立面之间的统一、相邻立面之间的连接和协调等问题，然后着重分析各个立面上墙面的处理、门窗的调整等，最后再对入口门厅、建筑装饰等进一步进行重点及细部处理。

完整的立面设计并不只是美观问题，它和平面设计、剖面设计一样，要紧密结合建筑的使用要求、内部空间、技术和经济条件进行，但从建筑的平面、立面、剖面来看，立面设计涉及的造型和构图问题较为突出，因此下面着重叙述建筑美观需考虑的问题。

4.3.2　立面设计中的美观因素

立面设计中的美观因素较多，主要有以下几方面：

1. 尺度和比例

尺度正确和比例协调是使建筑立面完整统一的重要方面。

尺度是研究建筑的整体或局部给人印象的大小和真实大小之间的关系，用以表明建筑真实的尺寸或表现所追求的尺寸效果。建筑立面中的一些组成部分（如踏步的高低、栏杆和窗台的高度等）的尺度相应地比较固定，如果它们的尺寸不符合要求，非但在使用上不方便，在视觉上也会使人感到不习惯。

比例主要是指建筑要素本身、要素之间、要素与整体之间在度量上的一种制约关系，如整幢建筑的体量、高度和出檐的比例，门窗在整个立面的高宽比，梁柱的高度与跨度之比等，这些比例都会影响立面的美观。建筑立面中各部分的比例关系如图4-28所示。

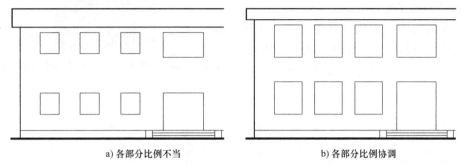

a) 各部分比例不当 b) 各部分比例协调

图4-28 建筑立面中各部分的比例关系

2. 节奏和韵律

节奏和韵律是使建筑立面富有表现力的重要设计手法。建筑立面上，相同构件或门窗做有规律的重复和变化，给人在视觉上得到类似音乐中节奏和韵律感受的效果，正所谓"建筑是凝固的音乐"。

立面的节奏和韵律在门窗的排列组合、墙面构件的划分中表现得较为突出。在满足功能技术条件的前提下，门窗的排列应尽可能整齐统一又富有节奏变化，如图4-29所示；有时也可结合门厅或楼梯间等内部空间组合的变化，使门窗排列有一定的变化，加强立面的节奏和韵律感，如图4-30所示；另外，我国古代塔式建筑也多利用各层屋檐的渐变形成韵律，

图4-29 建筑立面中节奏和韵律（一）

图4-30 建筑立面中节奏和韵律（二）

如图 4-31 所示。

　　墙面上的构件划分不同，对建筑立面所产生的影响也不相同。墙面采用横向划分，立面给人以轻巧、亲切的感觉，如图 4-32 所示；墙面采用竖向划分，给人以庄重、沉稳的感觉，如图 4-33 所示；图 4-34 所示的建筑，墙面采用的是横向与竖向结合的综合划分。

　　3. 凹凸和虚实对比

　　建筑立面的凹凸变化是利用立面上的凸出部分（如阳台、雨篷、楼梯间）与凹入部分（如门洞、凹廊）有规律的变化取得生动的光影效果，从而获得立体感和雕塑感，如图 4-35 所示。

图 4-31　塔式建筑中的渐变韵律

图 4-32　横向划分的建筑立面效果

图 4-33　竖向划分的建筑立面效果

图 4-34　综合划分的建筑立面效果

图 4-35 建筑立面上的凹凸效果

虚实对比通常是指立面上凹凸的光影效果形成比较强烈的明暗对比关系。墙面、栏板、柱、屋面等凸出来的实体部分给人以厚重、封闭的感觉；窗、空廊、凹廊等凹进去的虚的部分给人以轻巧、开敞的感觉。充分利用这两方面的特点，巧妙地处理虚实关系，可以获得不同的外观形象。

以实为主的建筑，使人感到稳定、庄严、雄伟、厚重，常用于纪念性建筑及重要的公共建筑中，如图 4-36 所示；以虚为主的建筑，使人感到轻巧、开敞、通透，常用于剧院、商场、餐厅等公共建筑中，如图 4-37 所示。

a) 南京大屠杀纪念馆   b) 辛亥革命纪念馆

图 4-36 立面以实为主的虚实对比效果

a) 某商场   b) 某影剧院

图 4-37 立面以虚为主的虚实对比效果

4. 材料质感和色彩配置

建筑立面材料质感和色彩的选择与配置可以使建筑立面具有丰富而生动的效果，建筑的体型和立面是它们的形状、材料质感和色彩等多方面的综合，给人留下完整深刻的外观形象。

一般来说，粗糙的混凝土或砖石立面显得较为厚重，如图 4-38 所示；平整而光滑的面砖、金属以及玻璃立面使人感觉比较轻巧，如图 4-39 所示。

图 4-38　混凝土或砖石立面

图 4-39　面砖、金属以及玻璃立面

不同的色彩具有不同的表现力，给人以不同的感受。医院建筑常采用浅色或白色为基调，给人以干净、明快、清新的感觉，如图 4-40 所示；商业建筑经常采用橙、黄、红等暖色调，使人感到热烈、兴奋，如图 4-41 所示；绿、蓝等冷色使人感到宁静、舒适，如图 4-42 所示；黑色一般在建筑上使用较少，需要慎重，但如果使用得当，也能给人较好的感受，如图 4-43 所示。

图 4-40　医院建筑立面　　　　　　　　　　**图 4-41　商业建筑立面**

当然，由于人们生活环境和气候条件，以及传统习惯和文化背景等因素不同，使得人们对色彩的感觉和评价也有一定的差异，在立面设计时需要注意。

5. 重点及细部处理

突出建筑立面中的重点是建筑造型的设计手法，也是建筑使用功能的需要。建筑中的主

图 4-42 冷色的建筑立面

图 4-43 黑色的建筑立面

要出入口和楼梯间等部分是人们经常经过和接触的地方，在使用上要求这些部分的地位明显，易于找到，因此，在建筑立面设计中，应该相应地对出入口和楼梯间的立面进行重点处理，如图 4-44 所示。

图 4-44 建筑立面上的重点处理

建筑立面一些体量较小或人们接近时才能看得清的部分（如勒脚、窗台、窗套、雨篷、檐口、阳台、栏杆、遮阳及其他细部装饰等）要进行细部处理，以建筑整体出发，充分发挥材料质感、色彩等的美感作用。

思考题与习题

1. 房屋的外部设计应满足哪些要求？
2. 建筑各个组成部分之间的连接方式主要有哪些？
3. 立面设计中应考虑哪些美观因素？

第5章 墙 体

本章知识要点与学习要求

序号	知识要点	学习要求
1	墙体的类型及设计要求	熟悉
2	砖墙的材料及组砌	熟悉
3	砖墙的厚度	掌握
4	墙体的细部构造	掌握
5	砌块墙构造	了解
6	隔墙与隔断的做法	了解
7	墙面装修的做法	熟悉

■ 5.1 墙体的类型及设计要求

墙体是建筑的重要组成部分，起着承重、围护和分隔空间的作用，还具有保温、隔热、隔声、防火等功能。

5.1.1 墙体的类型

1. 按墙体所在的位置分类

墙体按其所在的位置不同，可以分为外墙和内墙。位于建筑外界四周的墙称为外墙，它主要起着挡风、挡雨、保温、隔热、围护的功能；位于建筑内部的墙称为内墙，它的主要作用是分隔空间。

墙体按其方向可以分为纵墙和横墙。沿建筑物短轴方向布置的墙体称为横墙，包括内横墙和外横墙（又称为山墙或端墙）；沿建筑物长轴方向布置的墙体称为纵墙，包括内纵墙和外纵墙。

在一片墙体上，窗与窗或门与窗之间的墙体称为窗间墙；窗洞下部的墙体称为窗下墙；凸出屋面的矮墙称为女儿墙。墙体按所在的位置分类如图5-1所示。

2. 按墙体受力性质分

墙体按受力性质分为承重墙和非承重墙。直接承受上部屋顶、楼板所传来的荷载的墙体

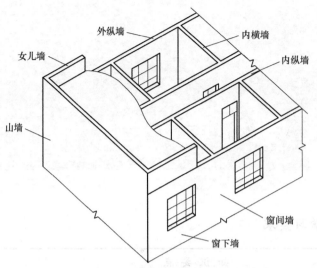

图 5-1　墙体按所在的位置分类

称为承重墙；不承受上部荷载的墙体称为非承重墙，非承重墙包括自承重墙、隔墙、填充墙、幕墙等。

不承受外来荷载，但承受自身重量的墙体称为自承重墙，其下一般设置基础；分隔内部空间且其自身重量由楼板或梁承受的非承重墙称为隔墙；框架结构中填充在柱子之间的墙体称为框架填充墙；而悬挂于外部骨架或楼板间的轻质外墙称为幕墙。

3. 按墙体的材料分

墙体按材料可分为砖墙、砌块墙、石墙、土墙、钢筋混凝土墙等。砖墙是我国传统的墙体材料，如图 5-2 所示。但由于制砖要消耗黏土，故在很多地区已限制使用。

图 5-2　砖墙

砌块墙是指利用各种砌块砌筑的墙体，如图 5-3 所示。砌块的原材料来源广、品种多，可就地取材，价格便宜，是墙体材料改革的方向。按材料一般可分为混凝土、水泥砂浆、加气混凝土、粉煤灰硅酸盐、煤矸石、人工陶粒、矿渣废料等砌块。

在产石地区利用石块砌墙，或利用黄土垒砌墙体，还有一些地区采用木材或竹子做成墙体，都是造价低廉的地方性材料做成的墙体，如图 5-4 所示。

钢筋混凝土墙可现浇、预制，如图 5-5 所示。钢筋混凝土墙在小高层或高层建筑中应用

图 5-3 砌块墙

a) 石墙

b) 土墙

c) 木墙

d) 竹墙

图 5-4 各种地方性材料做成的墙体

较多。

4. 按墙体的构造和施工方式分

墙体按构造和施工方式分为叠砌式墙体、版筑式墙体和装配式墙体。叠砌式墙体是采用块材层层叠砌而成,故又称为块材墙,如实砌砖墙、空斗砖墙和砌块墙、石墙等;版筑式墙体是直接在墙体部位上立模板,然后在模板内夯筑或浇注材料捣实而成的,如土墙、混凝土墙等;装配式墙体是预制好墙体构件,然后在施工现场直接机械安装的墙体,包括板材墙、

a) 现浇钢筋混凝土墙

b) 预制钢筋混凝土墙板

图 5-5　钢筋混凝土墙

多种组合墙和幕墙等。板材墙如图 5-6 所示。

图 5-6　板材墙

5.1.2　墙体的设计要求

1. 具有足够的强度和稳定性

墙体应具有足够的强度和稳定性，以保证建筑坚固耐久。

墙体的强度是指承受荷载的能力，与所用的材料、墙体尺寸有关。砖墙中砖和砂浆的强

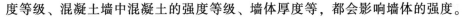

度等级、混凝土墙中混凝土的强度等级、墙体厚度等，都会影响墙体的强度。

墙体的稳定性是指墙体抗倾覆的能力，与墙的长度、高度、厚度以及纵、横向墙体间的距离有关。当墙体的高度、长度确定后，通常可以通过增加墙体的厚度、增设墙垛、壁柱、圈梁和构造柱等办法来增加墙的稳定性。

2. 具有必要的保温、隔热等方面的性能

作为围护构件的外墙应具有良好的热工性能。

北方寒冷地区要求围护结构具有较好的保温能力，以减少室内热损失，可通过提高构件的热阻来满足保温要求，如增加外墙厚度或选择导热系数小的墙体材料，甚至增加保温层。同时，还应防止在围护结构内表面和保温材料内部出现凝结水。

南方炎热地区为防止夏季室内温度过高，外墙应具有一定的隔热性能，也可考虑在外墙面增加合适的遮阳措施。

3. 应满足防火要求

墙体材料和墙身厚度必须符合防火规范中有关燃烧性能和耐火极限的规定。有些建筑还应按防火规范的要求设置防火墙，划分防火分区，防止火灾蔓延。

4. 应满足隔声要求

墙体作为建筑的围护和分隔构件，必须要有一定的隔声能力，符合有关隔声标准的要求，避免室外或相邻房间的噪声影响。

5. 应满足防潮、防水的要求

对于有水房间，或与水有接触的墙体以及外墙，应具有一定的防潮或防水的能力，避免水或潮气对墙体的影响。

6. 满足经济的要求

作为建筑组成中的重要构件，墙体尤其是非承重墙体应减轻自重，降低荷载，这样能较为有效地降低工程造价。

7. 适应建筑工业化的需要

逐步替代以黏土砖为主的墙体材料，改变以小块材层层叠砌的传统施工方法，采用多种板材墙，能有效加快施工速度，促进施工机械化的发展，满足建筑工业化的需要。

5.1.3 墙体结构的布置方案

一般民用建筑有两种承重方式，一种是框架承重，另一种是墙体承重。框架承重是由钢筋混凝土框架来承担建筑物的各种荷载，而墙体只起围护和分隔的作用；墙体承重是指墙体既起围护和分隔的作用，又承担建筑的各种荷载。

建筑中墙体承重主要有横墙承重、纵墙承重、纵横墙混合承重三种方式。

1. 横墙承重

横墙承重是将楼板或屋面板沿建筑的纵向布置，让其两端搁在横墙上，令横墙承重，如图 2-28a 所示。

横墙承重方式的特点是横墙较密，横向刚度好，纵向外墙仅起围护作用，不承重，故开窗比较自由，建筑内纵向分隔比较灵活；缺点是材料消耗多，开间尺寸不够灵活。适用于开间尺寸不大且较整齐的建筑，如宿舍、公寓等。

2. 纵墙承重

纵墙承重是将楼板或屋面板沿建筑的横向布置，让其两端搁在纵墙上，令纵墙承重，如图 2-28b 所示。

纵墙承重方式的特点是开间限制少，划分灵活，能分隔出较大的房间，楼板等构件规格较少，安装简便，材料消耗较少；缺点是楼板跨度较大，无条件生产预应力构件的地区难于采用；门窗的开设受到一定的限制，室内通风受到影响，房屋的刚度差。适用于某些较大房间的建筑物，如某些教学楼、办公楼等，但其不宜用于地震区。

3. 纵横墙混合承重

纵横墙混合承重是指既有部分横墙承重，又有部分纵横承重的墙体布置方案，如图 2-28c 所示。

纵横墙混合承重方式的优点是平面布置较灵活；缺点是楼板类型偏多，且因铺设方法不同，施工比较复杂。纵横墙混合承重时，承重墙的布置应慎重考虑，若布置不合理，则材料消耗太大。此方法用于开间、进深较大且房间类型较多的建筑，如住宅、教学楼、医院等。

■ 5.2 砖墙

砖墙的主要优点是取材容易、制作简单，既能承重，又有较好的保温、隔热、隔声和防火性能，而且施工中不需要大型吊装设备；但砖墙也存在着强度较低、施工速度慢、自重大、取材时破坏良田等缺点，有待进行改革。

5.2.1 砖墙材料

砖墙是用砂浆把砖按一定规律砌筑起来的，如图 5-7 所示。砖和砂浆是砖墙的两种主要材料。

1. 砖

砖的种类有很多，依据生产工艺，分为烧结砖和非烧结砖两大类；依据原材料可分为黏土砖、页岩砖、粉煤灰砖、炉渣砖、灰砂砖、煤矸石砖等；依据形状可分为实心砖、空心砖、多孔砖等。工程中常用的砖的种类如图 5-8 所示。

图 5-7 砖墙示意图

烧结黏土实心砖全国统一标准尺寸为 240mm×115mm×53mm，习惯称为标准砖，如图 5-9 所示。标准砖的强度等级一般划分为六个级别，即 Mu30、Mu25、Mu20、Mu15、Mu10 和 Mu7.5。

2. 砂浆

砂浆是砌体的黏结材料，它将砖块胶结成整体，并将砖块间的空隙填平、密实，便于使上层砖块所承受的荷载能均匀地传至下层砖块，以保证砌体的强度。

砂浆是由胶结材料、细骨料及水三种材料组成的混合物。依据其作用不同，砂浆可分为砌筑砂浆和抹灰砂浆；依据其胶结材料的不同，砂浆可分为水泥砂浆、石灰砂浆和混合砂浆三种。

a) 烧结黏土实心砖

b) 烧结页岩多孔砖

c) 烧结煤矸石空心砖

d) 蒸压粉煤灰实心砖

e) 蒸压灰砂多孔砖

图 5-8　工程中常用的砖的种类

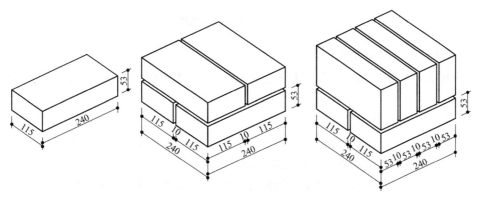

图 5-9　标准砖的尺寸

　　水泥砂浆由水泥、砂加水拌和而成，属于水硬性材料，强度高、防潮性能好，较适于砌筑潮湿环境的砌体或用于墙面抹灰及地面打底；石灰砂浆由石灰膏、砂加水拌和而成，属于气硬性材料，强度不高，常用于砌筑一般、次要的民用建筑中地面以上的砌体；混合砂浆由水泥、石灰膏、砂加水拌和而成，强度高，常用于砌筑工业与民用建筑中地面以上的砌体或用于墙面抹灰。

　　砌筑砂浆的强度等级一般划分为七级，即 M15、M10、M7.5、M5、M2.5、M1 和 M0.4。M5 以上属于高强度砂浆，一般常用的为 M1~M5。抹灰砂浆一般用配合比来表示，常见的有水泥砂浆有 1:2、1:2.5、1:3 等，常见的混合砂浆有 1:1:6 等。

5.2.2　砖墙的组砌

1. 砌筑形式

砖墙按砌筑方式的不同，可分为实砌砖墙和空斗砖墙。

（1）实砌砖墙　实砌砖墙多为普通黏土砖砌筑而成，墙体内部为实心，没有人为留下的空洞。在砌筑中，每竖向排列的一层砖称为一皮，砖的长度沿墙面砌筑的砖称为顺砖，砖的长度垂直于墙面砌筑的砖称为顶砖，如图 5-10 所示。

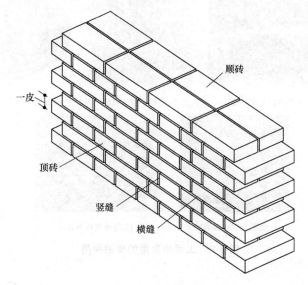

图 5-10　实砌砖墙示意图

实砌砖墙具体的砌筑方法又分为以下几种：

1）全顺法。每皮砖都是顺砖，上下层错开半砖，如图 5-11a 所示，此种砌法适用于半砖墙。

2）两平一侧法。两皮顺砖与一皮侧砖相间，如图 5-11b 所示，适用于 3/4 砖墙。

3）一顺一顶法。一皮顺砖与一皮顶砖相间，上下皮错开 1/4 砖，如图 5-11c 所示，适用于一砖墙。此种方法砌筑速度慢但整体性能好。

4）每皮顶顺相间法。每皮内顺砖和顶砖相间，上皮顶在下皮顺砖的中间，如图 5-11d 所示，适用于一砖墙。每皮顶顺相间法又称为沙包式砌筑法。

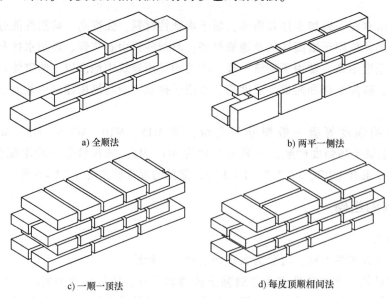

a) 全顺法　　　　　　　　　　　　　b) 两平一侧法

c) 一顺一顶法　　　　　　　　　　　d) 每皮顶顺相间法

图 5-11　实砌砖墙的砌筑方法

（2）空斗砖墙　空斗砖墙是用黏土砖平砌和侧砌相结合的方法砌成的，墙体内部有人为留下的空洞。在砌筑中，平砌的砖称为眠砖，侧砌的砖称为斗砖，侧砌的斗砖又可分为面砖和顶砖，面砖和顶砖之间形成的空洞称为空斗，如图 5-12 所示。

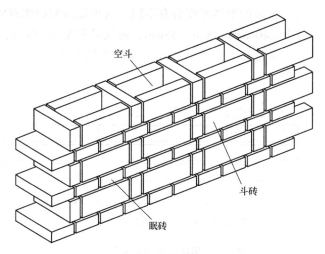

图 5-12　空斗砖墙示意图

常见的空斗砖墙砌法有一斗一眠法、二斗一眠法、三斗一眠法和无眠空斗法，如图 5-13 所示。空斗砖墙一般均适用于一砖墙。

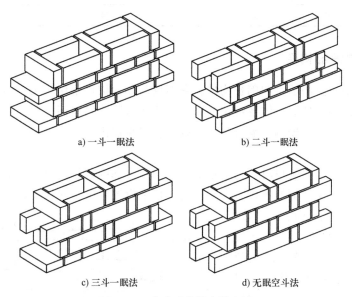

a) 一斗一眠法　　　　　　　　b) 二斗一眠法

c) 三斗一眠法　　　　　　　　d) 无眠空斗法

图 5-13　空斗砖墙的砌筑方法

空斗砖墙比实砌砖墙大约节约 1/4 砖，经济性较好，而且其保温性能好，但其强度低，故此一般在临时建筑或围墙中使用。空斗砖墙在土质软弱且可能引起建筑产生不均匀沉降的地区或建筑物受到振动荷载作用时或抗震设防烈度在 7 度及以上的地区不宜使用。

2. 砖墙砌筑的要求

为保证墙体的强度，砖缝必须横平竖直，错缝搭接，避免上下通缝，同时砖缝砂浆应饱满，厚薄均匀。

5.2.3　砖墙的厚度

各种不同尺寸的砖砌筑出来的墙体厚度会有不同，这里以标准砖实砌砖墙为例来说明墙体的厚度。标准砖的尺寸为 240mm×115mm×53mm，砖间的灰缝为 10mm，砖厚加灰缝、砖宽加灰缝与砖长形成 1 : 2 : 4 的比例特征。墙厚与砖规格的关系如图 5-14 所示，标准砖墙的厚度尺寸见表 5-1。

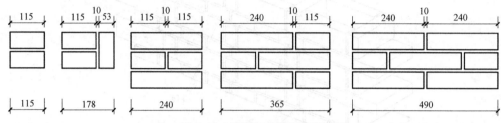

图 5-14　墙厚与砖规格的关系

表 5-1　标准砖墙的厚度尺寸　　　　　　　　（单位：mm）

墙厚名称	1/4 砖墙	半砖墙	3/4 砖墙	一砖墙	一砖半墙	两砖墙
习惯称呼	—	12 墙	18 墙	24 墙	37 墙	49 墙
制作尺寸	53	115	178	240	365	490
标注尺寸	60	120	180	240	370	490

5.2.4　墙体的细部构造

墙体是建筑中主要的承重和围护构件，它不仅与其他构件密切相关，还受到自然界各种因素的影响，因此要处理好墙体各部位的做法，才能保证建筑坚固、耐久。墙体主要的细部构造包括门过梁、窗台、勒脚、墙身防潮、散水、墙身加固等。

1. 过梁

当墙体上开设门、窗洞口时，为了承受门窗洞口上部的墙体的重量以及楼板传递下来的荷载，并把它传给门窗两侧的墙体，常在门窗洞口上设置横梁，此横梁称为过梁（GL）。一般来讲，由于墙体砖块相互咬接，过梁上墙体的重量并不全部压在过梁上，有一部分重量沿搭接砖块斜向传给了门、窗两侧的墙体，所以过梁只承受上部墙体的部分重量，如图 5-15 所示。

过梁的形式很多，常见的有砖拱过梁、钢筋砖过梁和钢筋混凝土过梁等。

（1）砖拱过梁　砖拱过梁是用砖立砌或侧砌成对称于中心而倾向

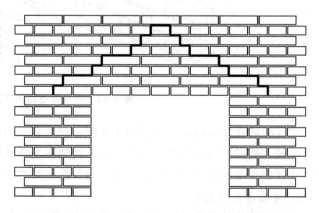

图 5-15　门、窗洞口上方墙体荷载传递情况

两边的拱。根据拱形成的形状，砖拱过梁可分为平拱、弧拱和半圆拱三种，如图 5-16 所示。

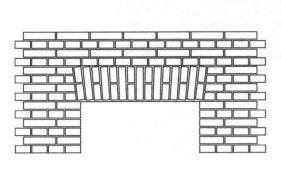

a) 平拱

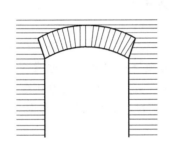

b) 弧拱

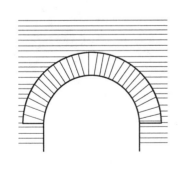

c) 半圆拱

图 5-16　砖拱过梁

砖拱过梁不利于抗震，在地基土软弱以及过梁上部有集中荷载或振动荷载时不宜采用。

（2）钢筋砖过梁　钢筋砖过梁是指在洞口上第一皮砖和第二皮砖之间，或是在第一皮砖下的砂浆层内，按每一砖厚（指墙厚）配 2~3 根φ6 钢筋，钢筋两端伸入墙身各 240mm，再向上弯 60mm，如图 5-17 所示。为了使洞口上部分砌体与钢筋构成过梁，常在相当于 1/4

洞口净宽的高度范围内（一般为 5~7 皮砖）用强度等级不低于 M5 级的砂浆砌筑。

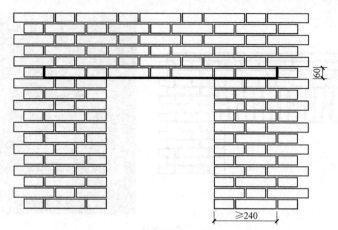

图 5-17　钢筋砖过梁

钢筋砖过梁一般用于上部无集中荷载的洞口上，理论上跨度可达 2.5m，实际一般为 1.5m 左右。

（3）钢筋混凝土过梁　当门窗洞口较宽，上部荷载较大或上部有集中荷载时，宜用钢筋混凝土过梁，如图 5-18 所示。钢筋混凝土过梁可分为现浇过梁和预制过梁两种，现浇过梁的断面和配筋应根据计算确定。通常其宽度与墙同宽，其高度与砖皮数相配合，常采用 60mm、120mm、180mm、240mm 等几种；预制过梁可以通过过梁标准图集查询。

图 5-18　钢筋混凝土过梁

2. 窗台

为避免雨水聚积窗下并侵入墙身且沿窗下槛向室内渗透，故常在窗下室外一侧设置泄水构件，即窗台，如图 5-19 所示。窗台须向外形成一定的坡度，一般为 10% 左右，以利排水。

窗台有悬挑窗台和不悬挑窗台两种。常见做法有以下几种：

（1）不悬挑窗台　用砖平砌，然后在窗台上用水泥砂浆抹出一定的坡度，以利排水，如图 5-20a 所示。

（2）平砌砖悬挑窗台　用砖顶砌一皮，悬挑出 60mm 左右，外部用水泥砂浆抹灰，并在外沿粉出滴水，如图 5-20b 所示。滴水的目的是引导上部雨水沿着所设置的槽口聚集而下落，以防雨水影响墙身。

图 5-19 窗台

（3）侧砌砖悬挑窗台　用一皮砖侧砌，悬挑出 60mm 左右，一般不做任何抹灰，用于清水墙面，如图 5-20c 所示。

（4）预制钢筋混凝土悬挑窗台　采用钢筋混凝土预制板作为窗台，悬挂的尺寸可以较大，能更好地保护外墙面，如图 5-20d 所示。

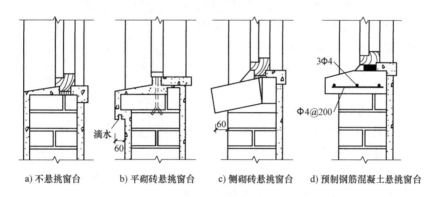

a）不悬挑窗台　　b）平砌砖悬挑窗台　　c）侧砌砖悬挑窗台　　d）预制钢筋混凝土悬挑窗台

图 5-20　窗台形式

在实践中发现，悬挑窗台不论是否做了滴水处理，对于很多抹灰墙面，窗台下部墙面都会出现脏污痕迹，影响立面美观。因此，不少建筑采用了不悬挑窗台，一旦窗台水沿墙面流下，而墙面的脏污痕迹被不断流下的雨水冲洗干净，反而不易积脏。

需要特别注意的是，窗框下槛与窗台交接处是防水渗漏的薄弱环节，必须引起重视。为避免雨水沿接缝处渗入墙身，常在窗框下槛外刨一条约 15mm×20mm 的槽口，然后将窗台抹灰嵌在槽口内，但切忌将抹灰粉得高于槽口。

此外，窗台在立面处理上也常起到一定的作用，当立面上窗间墙较小时，可将几扇窗的窗台联系在一起，或将所有的窗台线连通形成腰线，如图 5-21 所示；也可将窗台沿窗扇四周挑出形成窗套，以丰富墙面的立面效果。外墙窗套如图 5-22 所示。

3. 勒脚

勒脚是指外墙接近室外地面处的表面部分，如图 5-23 所示。其高度一般为室内地坪与室外地面的高差，常取 500mm；也有的建筑为了突出立面效果，将勒脚一直加高至首层窗台处。

图 5-21　外墙窗台腰线

图 5-22　外墙窗套

勒脚的作用主要包括：保护近地墙身不因外界雨、雪的侵袭而受潮、受冻以致破坏；加固墙身，以防因外界机械性破坏而使墙身受损；使建筑物立面处理产生一定的效果。

（1）石砌勒脚　石砌勒脚是指用坚硬而防水的材料（如条石、乱石、混凝土块等）砌筑，或用石板镶嵌在勒脚外侧，如图 5-24 所示。

（2）抹灰勒脚　抹灰勒脚是在勒脚处的外墙侧用 15mm 厚、1∶3 水泥砂浆打底，10mm 厚、1∶2.5 水泥砂浆抹面所形成的勒脚。

由于勒脚接近地面，勒脚处的抹灰常出现表面脱落脱壳的现象，原因主要有以下几方面：

1）施工不当。施工前，墙体的清扫和湿润不够，以致在抹灰时，灰浆中的水分被砖墙吸收，致

图 5-23　勒脚

使灰砂脱水，使面层抹灰与墙咬合不牢，破坏了面层与基层的黏结，造成空鼓现象，导致脱落。

a）条石砌筑　　　　　　　　　　b）墙面贴石板

图 5-24　石砌勒脚

2）墙体受潮。当地下的潮气（简称地潮）侵入勒脚墙体，潮气挥发，碱性介质形成结晶，体积膨胀，致使勒脚面层成片剥离脱落。

3）散水坍陷。由于散水坍陷，使抹灰开裂以致渗水，当水侵入勒脚后，由于冻融循环的影响，会导致抹面开裂而脱壳。

为防止勒脚抹灰起壳脱落，应严格进行施工管理，搞好施工质量；在构造上采取必要的措施，加大勒脚抹灰处的咬口，以增加勒脚与墙体之间的咬合力。带咬口的抹灰勒脚如图5-25所示。将勒脚抹灰伸入散水抹面以下，防止散水塌陷造成勒脚破坏。

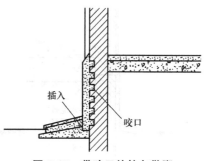

插入

咬口

图 5-25　带咬口的抹灰勒脚

4. 墙身防潮

由于地表水的渗透和地下水的毛细管作用，在土壤中形成毛细水，毛细水经墙基侵入墙身，使墙身受潮。为了防止地下潮气及地面积水对墙体的侵蚀，必须对墙身进行防潮处理。

（1）水平防潮层　水平防潮层是建筑内外墙沿勒脚处设置的水平方向的防潮层，以隔绝地下潮气对墙身的影响。根据材料的不同，水平防潮层可以分为油毡防潮层、防水砂浆防潮层和配筋细石混凝土带防潮层三种，如图5-26所示。

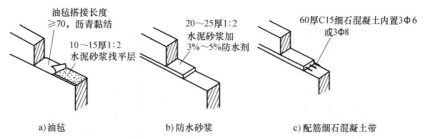

油毡搭接长度
≥70，沥青黏结

10~15厚1:2
水泥砂浆找平层

20~25厚1:2
水泥砂浆加
3%~5%防水剂

60厚C15细石混凝土内置3Φ6
或3Φ8

a)油毡　　　　　b)防水砂浆　　　　　c)配筋细石混凝土带

图 5-26　三种水平防潮层示意图

1）油毡防潮层。油毡防潮层具有一定的韧性、延伸性和良好的防潮性能，其做法是沿勒脚一定位置处铺一层10~15mm厚的砂浆找平层，并干铺比墙身宽10~20mm的油毡一层，油毡间的搭接长度不小于70mm，为提高防潮效果，也可以做"一毡二油"防潮层。

油毡防潮层降低了上下砖砌体间的黏结力，故油毡防潮层不宜用于有振动和下端按固定端考虑的墙体。

2）防水砂浆防潮层。在需要设置防潮层的位置铺设防水砂浆防潮层，其厚度为20~25mm。防水砂浆是在1∶2.5或1∶2的水泥砂浆中，加入水泥用量的3%~5%的防水剂配制而成。

防水砂浆防潮层省工、省料，由于它能和砖块胶合紧密，故特别适用于独立砖柱或振动大的砖砌体中，但砂浆性脆，易断裂，不适合用于地基有不均匀沉降的建筑中。

3）配筋细石混凝土带防潮层。为提高防潮层抗裂性能，也经常采用细石混凝土带防潮，带内配以Φ6或Φ8的加固钢筋，常见厚度为60mm。它抗裂性好，且能与砌体结合为一体，但其成本较高，故其适用于整体刚性要求较高的房屋中。

水平防潮层应设置在距室外地面150mm以上的勒脚砌体中，以减少地表水反渗的影响。同时，考虑到室内实铺地坪层下填土或垫层的毛细作用，一般将水平防潮层设置在地坪的结构层厚度之间的砖缝处，使其更有效地起到防潮作用，在设计中，水平防潮层的设置位置常以标高−0.060表示，如图5-27所示。

（2）垂直防潮层　当室内地坪出现高差或室内地坪低于室外地面时，不仅要按地坪高

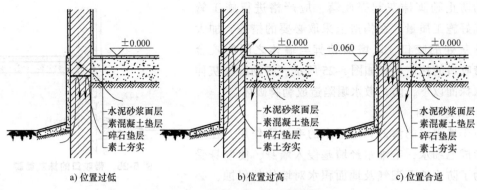

a) 位置过低　　　　　　b) 位置过高　　　　　　c) 位置合适

图 5-27　水平防潮层的设置位置

差的不同在墙身内设置两道水平防潮层，而且为了避免高地坪房间（或室外地面）填土中的潮气侵入墙身，而对有高差部分的垂直墙面采取垂直防潮措施。垂直防潮层的设置位置如图 5-28 所示。

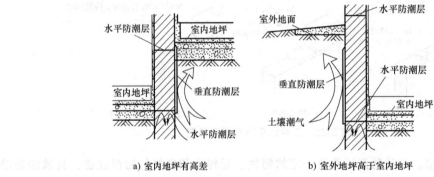

a) 室内地坪有高差　　　　　　b) 室外地坪高于室内地坪

图 5-28　垂直防潮层的设置位置

在高地坪房间（或室外地面）填土前，于两道水平防潮层之间的垂直墙面上，先用水泥砂浆抹灰，再涂冷底子油一道，热沥青两道（或其他防潮处理），而在低地坪（或室内地坪）一边的墙面上，则采用水泥砂浆打底的墙面抹灰。垂直防潮层如图 5-29 所示。

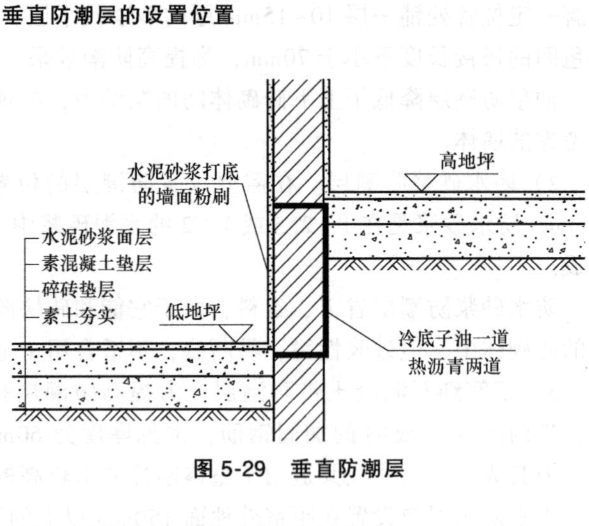

图 5-29　垂直防潮层

5. 散水

为保护墙基不受雨水的侵蚀，常在外墙四周将地面做成向外倾斜的坡面，以便将雨水排至远处，这一坡面称为散水或护坡。散水如图 5-30 所示。

散水的材料一般采用砖或混凝土，有时也可采用卵石，工程中使用较多的为混凝土散水。散水坡度约为 5%，宽一般为 600～1000mm。混凝土散水构造如图 5-31 所示。当屋面为自由落水挑檐时，一般要求散水宽度较出檐多 200mm。

图 5-30　散水

散水为无组织排水，多用于干燥地区，一般雨水较多地区可采用明沟排水。

6. 明沟

明沟是在建筑物四周设置的排水沟，将水有组织地导向集水井，如图 5-32 所示。

明沟为有组织排水，一般由砖砌或混凝土浇筑而成，其构造如图 5-33 所示。为了便于排水，沟底一般应设约1%的纵向排水坡。

7. 墙身加固

在多层砖砌体房屋中，墙体常常不是孤立的，它的四周一般均与左右、垂直墙体以及上下楼板层或屋顶层相互联系，墙体的稳定性也从这些联系中得到加强。

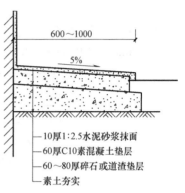

图 5-31　混凝土散水构造

—10厚1:2.5水泥砂浆抹面
—60厚C10素混凝土垫层
—60~80厚碎石或道渣垫层
—素土夯实

图 5-32　明沟

当墙身由于承受集中荷载、开洞和考虑地震的影响，使墙体的稳定性有所降低时，必须采取一定的加固措施，以提高墙身的稳定性。

（1）设置壁柱和门垛　当窗间墙上出现集中荷载而墙厚又不足以承受其荷载时，或当墙身的长度和高度超过一定限度并影响墙体稳定性时，常在墙身局部适当位置增设凸出墙面

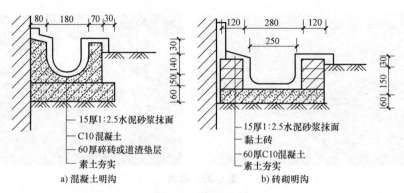

a) 混凝土明沟　　　　　　　　　　b) 砖砌明沟

图 5-33　明沟构造

的壁柱，以提高墙体的刚度。壁柱和门垛如图 5-34 所示。壁柱突出墙面的尺寸一般有 120mm×370mm、240mm×370mm 和 240mm×490mm 等。

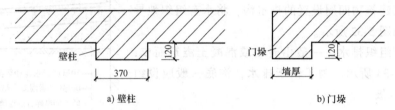

a) 壁柱　　　　　　　　　　b) 门垛

图 5-34　壁柱和门垛

当在墙身上开设门洞时，为了方便门框的安置和保证墙体的稳定，须在门靠墙的转角部位或丁字交接的一边设置门垛。其常见尺寸有 120mm、240mm 等。

（2）设置构造柱　由于砖砌体是脆性材料，因此在 7 度及以上的地震设防区，对砖石结构建筑的总高、横墙间距、圈梁的设置以及墙的局部尺寸都有一定的限制和要求，必须按抗震设计规范考虑，为了增强建筑物的整体刚度和稳定性，还要求设置构造柱（GZ），如图 5-35 所示。

图 5-35　构造柱示意图

构造柱一般设在建筑物的四角、内外墙交接处、楼梯间、电梯间四角以及某些较长墙体的中部。构造柱必须与圈梁及墙紧密联结。

构造柱是非承重柱,只起加固作用。施工时必须砌墙,随着墙体的升高而逐段浇注钢筋混凝土构造柱身。

1)构造柱的设置要求。

① 构造柱设置部位,一般情况下应符合表5-2的要求。

表5-2 多层砖砌体房屋构造柱设置要求

抗震设防烈度				设置部位	
6度	7度	8度	9度		
房屋层数 四、五	三、四	二、三		楼电梯间四角,楼梯斜梯段上下端对应的墙体处;外墙四角和对应转角;错层部位横墙与外纵墙交接处;大房间内外墙交接处;较大洞口两侧	隔12m或单元横墙与外纵墙交接处;楼梯间对应的另一侧内横墙与外纵墙交接处
六	五	四	二		开间横墙(轴线)与外墙交接处;山墙与内纵墙交接处
七	≥六	≥五	≥三		内墙(轴线)与外墙交接处;内墙的局部较小墙垛处;内纵墙与横墙(轴线)交接处

注:较大洞口指内墙不小于2.1m的洞口,外墙在内外墙交接处已设置构造柱时应允许适当放宽,但洞侧墙体应加强。

② 外廊式和单面走廊式的多层砖砌体房屋,应根据房屋增加一层后的层数,按表5-2的要求设置构造柱,且单面走廊两侧的纵墙均应按外墙处理。

③ 教学楼、医院等横墙较少的房屋应根据房屋增加一层后的层数,按表5-2的要求设置构造柱;当教学楼、医院等横墙较少的房屋为外廊式或单面走廊式时,应按第②条要求设置构造柱,但抗震设防烈度为6度不超过四层、7度不超过三层和8度不超过二层时,应按增加两层后的层数对待。

2)构造柱的构造要求。多层砖砌体房屋构造柱应符合下列要求:

① 构造柱的最小截面可采用180mm×240mm(墙厚为190mm时为180mm×190mm),纵向钢筋宜采用4Φ12,箍筋间距不大于250mm,且在柱上下端宜适当加密,如图5-36所示;抗震设防烈度为6、7度时超过六层、8度时超过五层和9度时,构造柱纵向钢筋宜采用4Φ14,箍筋间距不应大于200mm;房屋四角的构造柱可适当加大截面面积及加密配筋。

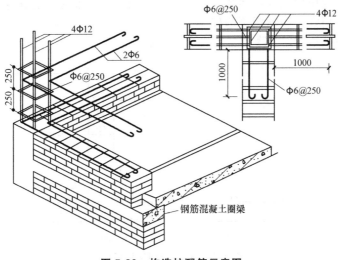

图5-36 构造柱配筋示意图

② 构造柱与墙连接处应砌成马牙槎，如图 5-37 所示，并沿墙高每隔 500mm 设 2Φ6 水平钢筋和Φ4 分布短筋，平面内点焊组成的拉结网片或Φ4 点焊钢筋网片，每边伸入墙内不宜小于 1m，如图 5-38 所示；抗震设防烈度为 6、7 度时应为底部 1/3 楼层，8 度时应为底部 1/2 楼层，9 度时应为全部楼层，上述拉结钢筋网片应沿墙体水平通长设置。

图 5-37　马牙槎示意图

③ 构造柱与圈梁连接处，构造柱的纵筋应在圈梁纵筋内侧穿过，保证构造柱纵筋上下贯通。

④ 构造柱可不单独设置基础，但应伸入室外地面以下 500mm，或与埋深小于 500mm 的基础圈梁相连，如图 5-39 和图 5-40 所示。

（3）设置圈梁　圈梁（QL）又称为腰箍，是沿建筑物外墙四周及部分内墙设置的连续而闭合的梁，如图 5-41 所示。圈梁配合楼板的作用，可提高建筑物的空间刚度及整体性，增强墙体的稳定性，减少由于地基不均匀沉降而引起的墙身开裂。

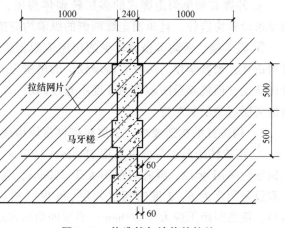

图 5-38　构造柱与墙体的拉结

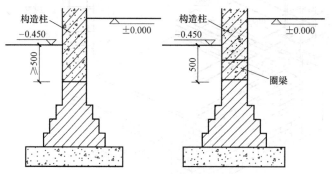

a）伸入室外地面以下 500mm　　b）与埋深小于 500mm 的基础圈梁相连

图 5-39　构造柱的底部嵌固

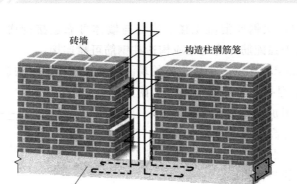

图 5-40　构造柱底部钢筋锚固示意图

图 5-41　圈梁

圈梁有钢筋砖圈梁和钢筋混凝土圈梁两种。钢筋混凝土圈梁一般与墙同厚，当墙体厚度大于 240mm 时，为节省材料，其宽度可适当减少，但不宜小于墙厚的 2/3。圈梁的常见高度为 180mm、240mm，其与楼板的关系如图 5-42 所示。钢筋混凝土圈梁的混凝土常采用 C15、C20。

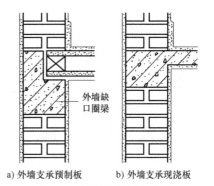

外墙缺口圈梁

a) 外墙支承预制板　b) 外墙支承现浇板

图 5-42　圈梁与楼板的关系

1）圈梁的设置要求。多层砖砌体房屋的现浇钢筋混凝土圈梁设置应符合下列要求：

① 装配式钢筋混凝土楼、屋盖或木楼屋盖的砖房，横墙承重时圈梁设置要求见表 5-3，纵墙承重时每层均应设置圈梁，且抗震横墙上的圈梁间距应比表 5-3 内的要求适当加密。

表 5-3　装配式钢筋混凝土楼、屋盖或木楼屋盖的砖房横墙承重时圈梁设置要求

墙类	抗震设防烈度		
	6、7 度	8 度	9 度
外墙和内纵墙	屋盖处及每层楼盖处	屋盖处及每层楼盖处	屋盖处及每层楼盖处
内横墙	同上；屋盖处间距不应大于 4.5m；楼盖处间距不应大于 7.2m；构造柱的对应部位	同上；各层所有横墙，且间距不应大于 4.5m；构造柱的对应部位	同上；各层所有横墙

② 现浇或装配整体式钢筋混凝土楼、屋盖与墙体可靠连接的房屋，应允许不设圈梁，但楼板沿墙体周边应加强配筋并应与相应构造柱钢筋可靠连接。

2）圈梁的构造要求。多层砖砌体房屋的现浇钢筋混凝土圈梁构造应符合下列要求：

① 圈梁应闭合，遇有洞口应在洞口上设附加圈梁，并应上下搭接，附加圈梁如图 5-43 所示。圈梁宜与预制板设在同一标高处或紧靠板底。

② 圈梁在其设置要求的间距范围内无横墙时，应利用梁或板缝中配筋替代圈梁。

③ 圈梁的截面高度不应小于 120mm，配筋应符合表 5-4 的要求。

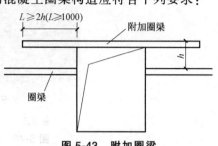

图 5-43　附加圈梁

表 5-4　多层砖砌体房屋圈梁配筋要求

墙　　类	抗震设防烈度		
	6、7 度	8 度	9 度
最小纵筋	4Φ10	4Φ12	4Φ14
最大箍筋间距/mm	250	200	150

（4）设置墙体内配筋　两道墙垂直搭接时，可以采用砖咬合来搭接，但若只采用砖本身咬合，整体性较差，故可采用一些配筋措施。在沿墙高方向大约 10 皮砖（500~600mm）放一次钢筋，一般为 2Φ6 钢筋，以加强垂直搭接的墙体的整体性。墙体内接结钢筋如图 5-44 所示。

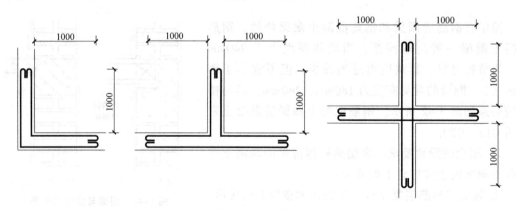

图 5-44　墙体内接结钢筋

8. 防火墙

为减少火灾的发生或防止其蔓延、扩大，除建筑设计时考虑防火分区分隔、选用难燃烧或不燃烧材料制作构件、增加消防设施等措施外，在墙体构造上，尚需注意防火墙的设置问题。根据防火规范要求，防火墙的耐火极限应不小于 4h。防火墙上不应开设门窗洞口，必须开设时，应采用甲级防火门窗，并应能自动关闭。防火墙的最大间距应根据建筑物的耐火等级而定，当耐火等级为一、二级时，其间距为 150m；耐火等级为三级时，其间距为 100m；耐火等级为四级时，其间距为 75m。

防火墙应截断燃烧体或难燃烧体的屋顶，并高出非燃烧体屋顶400mm；高出燃烧体或难燃烧体屋面500mm，如图5-45所示。当屋顶承重构件为耐火极限不低于0.5h的非燃烧体时，防火墙（包括纵向防火墙）可砌至屋面基层的底部，不必高出屋面。

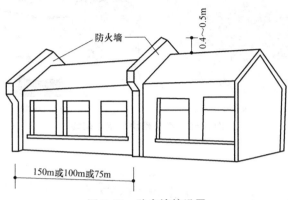

图5-45　防火墙的设置

■ 5.3　砌块墙

砌块墙是指利用砂浆和砌块所砌筑的墙体。砌块是利用混凝土、工业废料（炉渣、粉煤灰等）或地方材料制成的人造块材，外形尺寸比砖大，具有设备及工艺简单、生产投资少、节约能源、砌筑速度快等优点，符合建筑工业化发展对墙体改革的要求，应大力发展与推广。

5.3.1　砌块的类型

砌块按主要材料的不同，可分为混凝土砌块、加气混凝土砌块、粉煤灰砌块、煤矸石砌块、石渣砌块等。

砌块的规格种类繁多，按尺寸和重量的不同分为小型砌块、中型砌块和大型砌块，目前使用的基本为中小型砌块。小型砌块的常见尺寸有190mm×190mm×390mm，其辅助块尺寸为190mm×190mm×190mm、190mm×190mm×90mm。中型砌块的常见尺寸有180mm×845mm×630mm、180mm×845mm×1280mm、240mm×380mm×280mm、240mm×380mm×430mm、240mm×380mm×580mm、240mm×380mm×880mm等。蒸压加气混凝土砌块长度多为600mm，其中a系列宽度为75mm、100mm、125mm和150mm，厚度为200mm、250mm和300mm；b系列宽度为60mm、120mm和180mm等，厚度为240mm和300mm。

砌块按有无孔洞可以分为实心砌块和空心砌块。空心率小于25%或无孔洞的砌块为实心砌块，如图5-46a所示；空心率大于或等于25%的砌块为空心砌块，如图5-46b所示。

空心砌块主要有单排方孔、单排圆孔和多排扁孔三种形式，其中多排扁孔对保温较有利。除此之外，也还有其他一些孔的形式，如图5-47所示。

5.3.2　砌块墙的组砌

在砌筑砌块墙前，必须进行砌块排列设计，即按建筑物的平面尺寸、层高，对墙进行合

a) 实心砌块　　　　　　　　　　b) 空心砌块

图 5-46　实心砌块与空心砌块

a) 单排方孔　　　　　　b) 单排圆孔　　　　　　c) 多排扁孔

d) 多排圆孔　　　　　　e) 特殊孔　　　　　　f) 保温砌块

图 5-47　空心砌块

理的分块和搭接，以便正确选定砌块的规格和尺寸。设计时，必须使砌块整齐划一，并且排列规律，不仅要考虑大面积的错缝、搭接，避免通缝，还要考虑内外墙的搭接。砌块墙的搭接如图 5-48 所示。

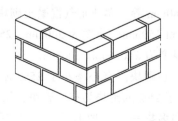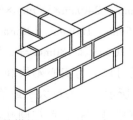

图 5-48　砌块墙的搭接

在设计砌块墙时应注意以下几点：

1）排列应力求整齐、有规律，既要考虑建筑物的立面要求，又要考虑建筑施工的要求。

2）保证纵横墙搭接牢固，以提高墙体的整体性；砌块上下搭接至少上层盖住下层砌块1/4长度。若为对缝须另加铁件，以保证墙体的强度和刚度。

3）尽可能少镶砖，必须镶砖时，则尽可能分散、对称。

4）为了充分利用吊装设备，应尽可能使用最大规格砌块，减少砌块的种类，并使每块重量尽量接近，以便减少吊次，加快施工进度。

砌筑砌块墙时必须使竖缝填灌密实，水平缝砌筑饱满，保证连接。砌块墙一般采用强度等级为 M5 的砂浆砌筑，其灰缝宽度一般为 10～15mm，当垂直灰缝大于 30mm 时，需用 C20 细石混凝土灌实，有时可以采用普通黏土砖填嵌。砌块应错缝搭接，搭接长度不得小于 150mm，当搭接长度不足时，应在水平灰缝内增设φ4 的钢筋网片。砌块墙的搭接和错缝配筋如图 5-49 所示。

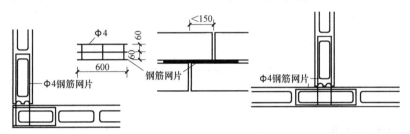

图 5-49　砌块墙的搭接和错缝配筋

5.3.3　砌块墙的细部构造

1. 构造柱

为加强砌块建筑的整体刚度和变形能力，常在外墙转角和必要的内、外墙交接处设置构造柱。多利用空心砌块上、下孔对齐，在孔内配置不少于 1φ12 的钢筋，然后用细石混凝土分层灌实，形成构造柱，使砌块在垂直方向连成一体，如图 5-50 所示。构造柱与圈梁、基础须有可靠的连接，这对提高砌块墙体的抗震能力十分有利。

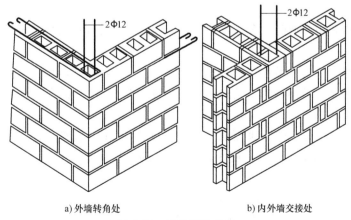

a) 外墙转角处　　　　　　　b) 内外墙交接处

图 5-50　砌块墙构造柱

2. 圈梁

为加强砌块建筑的整体性，多层砌块建筑应设置圈梁。当圈梁和过梁位置接近时，往往将圈梁和过梁一并考虑。圈梁有现浇和预制两种，现浇圈梁整体性强。为方便施工，可采用 U 形预制砌块代替模板，在凹槽内配置钢筋，再现浇混凝土砌块墙现浇圈梁如图 5-51 所示。

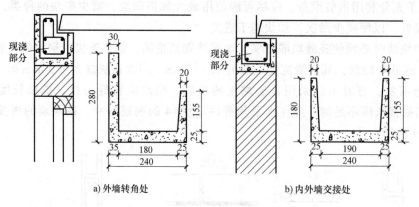

a) 外墙转角处　　　　　　　　b) 内外墙交接处

图 5-51　砌块墙现浇圈梁

5.4　隔墙与隔断

5.4.1　隔墙

非承重的内墙统称为隔墙。隔墙仅起分隔房间的作用，不承受任何外来荷载，并且其本身的重量由其他构件来支承。

隔墙要自重轻、厚度薄、隔声能力强，对一些有特殊要求的房间（如厨房、厕所等）的隔墙则应具有防火、防潮等能力。

常见的隔墙有：砌筑隔墙、立筋隔墙、条板隔墙等。

1. 砌筑隔墙

砌筑隔墙是指利用普通砖、多孔砖、空心砌体以及各种轻质砌块等砌筑形成的隔墙，也称为块材隔墙。

（1）砖砌隔墙　砖砌隔墙有半砖隔墙（120mm）、立砌多孔砖墙（90mm）、1/4 砖隔墙（60mm）以及各种空心砖隔墙等。其采用强度等级不低于 M2.5 的水泥砂浆砌筑。由于此类隔墙厚度薄、稳定性差，故需要对其进行加固。

半砖隔墙采用普通黏土砖顺砌而成，当其高度大于 3m、长度大于 5m 时，一般沿高度方向每隔 10~15 皮砖放 2Φ6 钢筋，或 5mm×20mm 的扁铁两根，并使之与承重墙连接牢固。半砖隔墙构造如图 5-52 所示。

1/4 砖隔墙采用普通黏土砖侧砌而成，一般只用于不设门、窗洞的部位，如厨房和卫生间的隔墙，应用强度等级不低于 M5 的砂浆砌筑。当其面积大或开设门、窗洞口者，须在水平方向每隔 900~1200mm 处立 C20 细石混凝土小立柱一根，沿垂直方向每隔七皮砖在灰缝中放 12 号钢丝两根或 Φ6 钢筋一根，并使之与端墙连接牢固。

多孔砖隔墙和空心砖隔墙多采用立砌，厚度为 90mm，构造加固参照以上两种隔墙。

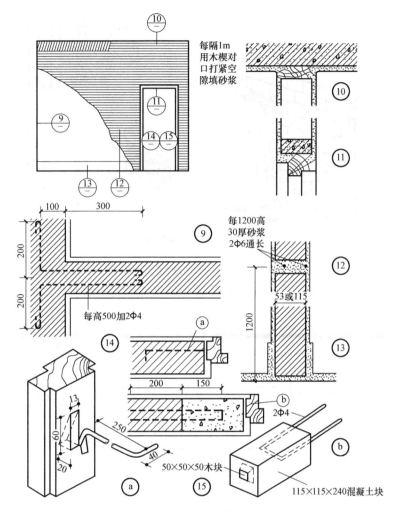

图 5-52 半砖隔墙构造

砖砌隔墙坚固耐久，有一定的隔声能力，但自重大，采用湿作业施工，较为麻烦。

此外，为了防止楼板与隔墙顶实过紧，也为了隔墙不被楼板压坏，在砖隔墙的上部与楼板或梁的交接处不宜过于填实或使砖砌体直接接触楼板或梁，应留有 30mm 的空隙，并用抹灰封口，或者用立砖斜砌，保证上部的楼板结构能产生正常的挠度。

（2）砌块隔墙 为了减轻自重，隔墙常采用比普通砖大而轻的粉煤灰硅酸盐砖、加气混凝土块、水泥炉渣空心砖等砌筑，墙厚由砌块尺寸确定，一般为 90~120mm，加固措施也可同于隔墙，有时也可以在竖向配筋。砌块隔墙构造如图 5-53 所示。

2. 立筋隔墙

立筋隔墙由骨架和面层两部分组成，通常先立墙筋（骨架），后做面层，也称为轻骨架隔墙。根据骨架材料的不同，立筋隔墙可分为木筋骨架隔墙和金属骨架隔墙。

（1）木筋骨架隔墙 木筋骨架隔墙根据饰面材料的不同可分为灰板条隔墙、装饰板隔墙和镶板隔墙等。其构造由木骨架和隔墙饰面两部分组成。木骨架又由上槛、下槛、墙筋、斜撑及横挡等构成，如图 5-54 所示。上槛钉于上一层楼板底面，下槛钉于下一层楼板顶面，

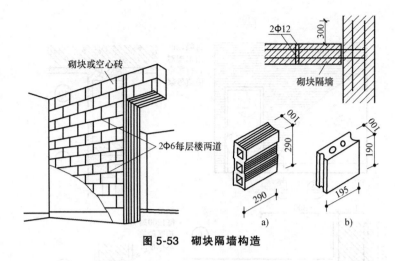

图 5-53　砌块隔墙构造

而墙筋则固定在上、下槛上，上、下槛及墙筋的断面为 50mm×70mm 或 50mm×100mm，墙筋沿高度方向每隔 1.5m 左右设斜撑或横挡一道，斜撑或横挡的断面尺寸略小于或等于墙筋的断面尺寸。

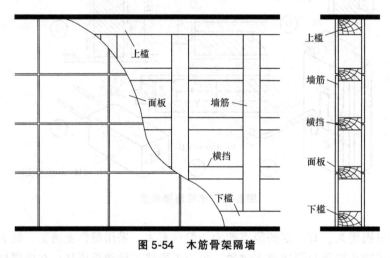

图 5-54　木筋骨架隔墙

此类隔墙饰面包括灰板条抹灰、装饰吸声板、钙塑板、纸面石膏板、水泥刨花板、水泥石膏板、纤维板以及各种胶合板等。

（2）金属骨架隔墙　金属骨架隔墙是在金属骨架外铺钉面板而制成的隔墙。金属骨架又可分为轻钢和铝合金两种，如图 5-55 所示。

金属骨架由轻钢或铝合金制成，也包含上槛、下槛、墙筋和横挡。金属骨架隔墙如图 5-56 所示。骨架与楼板、墙或柱等连接时，多采用膨胀螺栓或膨胀铆钉来固定。螺钉间距为 600~1000mm，墙筋间距多为 400~600mm。

此类面板多为胶合板、纤维板、石膏板和石棉水泥板等。面板借助于镀锌螺钉、自攻螺钉、膨胀铆钉或金属夹子固定在金属骨架上。

3. 条板隔墙

条板隔墙是指采用各种轻质材料制成的预制薄型板材安装而成的隔墙，也称为板材隔

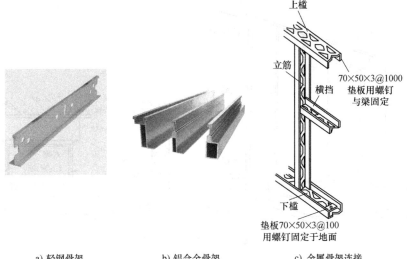

a) 轻钢骨架   b) 铝合金骨架   c) 金属骨架连接

图 5-55　金属骨架

图 5-56　金属骨架隔墙

墙，如图 5-57 所示。条板隔墙不需要设置隔墙龙骨。隔墙板材自承重，可将预制或现制的隔墙板材直接固定于建筑主体结构上。条板隔墙构造如图 5-58 所示。

图 5-57　条板隔墙

常见的板材有加气混凝土条板、石膏条板、碳化石灰板、石膏珍珠岩板、GRC 板以及各种复合板等。条板的安装主要靠砂浆或黏结剂黏合。

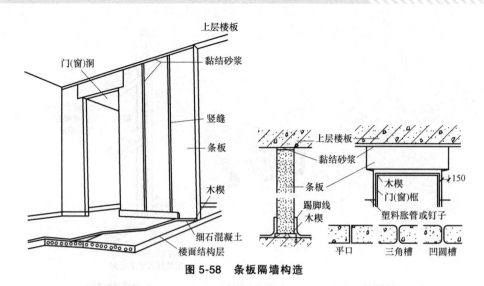

图 5-58　条板隔墙构造

5.4.2　隔断

　　隔断是分隔室内空间的装修构件，与隔墙有相似之处，但也有根本区别。隔断的作用在于空间变化或遮挡视线。利用隔断分隔空间，在空间的变化上，可以产生丰富的意境效果，增加空间的层次和深度，使空间既分、又合，且互相连通，是现今在住宅、办公室、银行、餐厅等设计中常用的一种处理手法。

　　常见的隔断有屏风式、镂空式、玻璃式、移动式和家具式等。

1. 屏风式隔断

　　屏风式隔断一般不做到顶棚，隔断与顶棚保持一段距离，起到分隔空间和遮挡视线的作用。隔断高度一般为1050~1800mm，也有高度较大的，有活动式和固定式两种，如图5-59所示。

a) 活动式

b) 固定式

图 5-59　屏风式隔断

2. 镂空式隔断

　　镂空式隔断是建筑门厅、客厅等处分隔空间常用的一种隔断。镂空式隔断材料多样，有竹、木、混凝土预制构件、不锈钢等。镂空式隔断如图5-60所示。

3. 玻璃式隔断

　　玻璃式隔断有玻璃砖式隔断和空透式隔断两种。玻璃砖式隔断由玻璃砖制成，它可以分隔空间、透光，并可以遮挡视线，如图5-61a所示。空透式隔断一般采用普通平板玻璃、磨

a) 木制

b) 不锈钢

图 5-60　镂空式隔断

砂玻璃、压花玻璃等嵌入木框或金属框骨架中，可分隔空间，具有透光性。当采用普通玻璃时，还具有可视性，如图 5-61b 所示。

a) 玻璃砖式隔断

b) 空透式隔断

图 5-61　玻璃式隔断

4. 移动式隔断

移动式隔断可以随意闭合、开启，空间分隔形式变化多样，可分为拼装式、滑动式、折叠式、悬吊式、卷帘式、起落式等多种，如图 5-62 所示。还可以将玻璃式隔断做成移动式玻璃隔断，如图 5-63 所示。

a) 折叠式

b) 悬吊式

图 5-62　移动式隔断

5. 家具式隔断

家具式隔断是利用现有的家具来分隔空间，它把空间分隔、功能使用以及家具配套巧妙地结合起来，如图 5-64 所示。

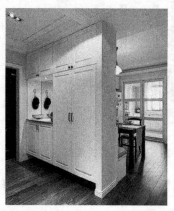

图 5-63　移动式玻璃隔断　　　　　　　　　　　图 5-64　家具式隔断

■ 5.5　墙面装修

5.5.1　墙面装修的作用

1) 墙面装修对提高建筑物的功能质量、艺术效果、美化建筑环境起重要作用，它会给人们创造一种优美、舒适的环境。

2) 对墙面进行装修处理可以使墙体结构免遭风、雨的直接袭击，提高墙体防潮、抗风化的能力，从而增强墙体的坚固性和耐久性。

3) 对墙面进行装修处理还可改善墙体的热工性能，提高墙体的保温、隔热能力；增加室内光线的反射，提高室内照度；改善室内音质效果等。

5.5.2　墙面装修的分类

墙面装修按其位置不同可分为室外墙面装修和室内墙面装修。按材料和施工方式的不同，墙面装修一般可分为抹灰类、贴面类、涂料类、裱糊类和铺钉类五大类，见表 5-5。

表 5-5　墙面装修的分类

类别	室外装修	室内装修
抹灰类	水泥砂浆、混合砂浆、拉毛、聚合物水泥砂浆、水刷石、干粘石、斩假石、假面砖、喷涂、滚涂等	纸筋灰、麻刀灰、石膏、膨胀珍珠岩灰浆、混合砂浆、拉毛、拉条等
贴面类	外墙面砖、马赛克、水磨石板、天然石板等	釉面砖、人造石板、天然石板等
涂料类	石灰浆、水泥浆、溶剂型涂料、乳液涂料、彩色胶砂涂料、彩色弹涂等	大白浆、石灰浆、油漆、乳胶漆、水溶性涂料、弹涂等
裱糊类	—	塑料墙纸、金属面墙纸、木纹壁纸、玻璃纤维布、纺织面墙纸、锦缎等
铺钉类	各种金属饰面板、石棉水泥板、玻璃等	各种木夹板、木纤维板、石膏板、各种装饰面板等

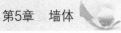

5.5.3 墙面装修构造

1. 抹灰类墙面装修

抹灰又称粉刷，是指以水泥、石灰膏为胶结料，加入砂或石渣，与水拌和成砂浆或石渣浆，然后抹在墙面上的一种操作工艺。抹灰类墙面装修是一种传统的墙面装修方式，属于湿作业的范畴，它的优点是材料来源广泛、施工方便、造价低廉；缺点是现场作业量大、易开裂、耐久性差，因多为手工操作，工效低、劳动强度大。

（1）分层构造 墙面抹灰通常由底层、中层和面层组成，如图5-65所示。

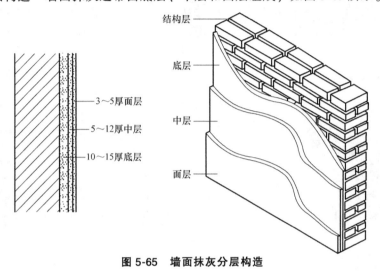

图 5-65 墙面抹灰分层构造

1）底层抹灰的作用是使面层与基层粘牢和初步找平，故称为找平层或打底层，施工中称为刮糙。底层抹灰厚度一般为10~15mm。对于普通砖墙，常采用石灰砂浆或混合砂浆打底；而对于混凝土墙体或有防潮、防水要求的墙体，要求采用混合砂浆或水泥砂浆打底。

2）中层抹灰的作用在于进一步找平，减少底层砂浆干缩导致面层开裂的可能，也作为底层与面层之间的黏结层，厚度一般为5~12mm。中间层的材料视装修要求而定。

3）面层主要起到装饰作用，对墙体的使用质量和美观起到重要作用。作为面层，要求表面平整无裂痕、颜色均匀，厚度一般为3~5mm。依据所处部位和装修质量要求不同，面层的材料有纸筋灰、麻刀灰、砂浆或石渣浆等。

（2）抹灰种类

1）清水墙勾缝。此种做法一般用于清水墙。砌墙时要求砂浆饱满、灰缝横平竖直，砌墙完成后清扫墙面，表面不进行抹灰处理，然后用1:1水泥砂浆勾缝，如图5-66所示。

图 5-66 清水墙勾缝

2）外墙面抹灰。外墙面粉刷主要包括混合砂浆抹面、水泥砂浆抹面、水刷石饰面、干粘石饰面、斩假石饰面等，如图 5-67 所示。抹灰总厚度一般为 20~25mm。

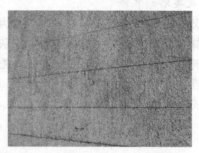

a) 水泥砂浆抹面

b) 水刷石饰面

c) 干粘石饰面

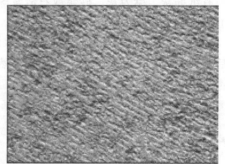

d) 斩假石饰面

图 5-67　外墙面抹灰

3）内墙面抹灰。内墙面粉刷主要包括纸筋石灰粉刷、水泥砂浆粉刷、水磨石饰面等。抹灰总厚度一般为 15~20mm。

（3）抹灰等级 根据抹灰的质量要求的不同，抹灰等级有普通抹灰、中级抹灰和高级抹灰三种。

普通抹灰构造做法为一层底层、一层面层，无中层；中级抹灰构造做法为一层底层、一层中层、一层面层；高级抹灰构造做法为一层底层、多层中层、一层面层。

（4）细部构造

1）引条线。引条线也称为分格线。由于有温度热胀冷缩的影响，大面积的外墙表面容易产生龟裂，故采用引条线将外墙粉刷作分格处理，以减少温度对其产生的影响，如图 5-68 所示。为防止雨水通过引条线渗透至室内，必须做好防水处理，通常利用防水砂浆勾缝或用油膏嵌缝，引条线构造如图 5-69 所示。

图 5-68 引条线

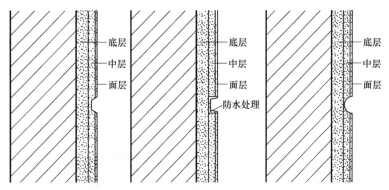

图 5-69 引条线构造

2）墙裙。墙裙也称为台度，它是指为保护墙身，常对那些易受碰撞或易受潮的墙面如门厅、公共走廊、厨房、浴室、厕所等处做保护处理。墙裙的高度一般为 1.0~1.8m。

3）阳角线。阳角线也称为护角线。在室内易碰到的内墙凸出的转角处或门洞两侧，应以水泥砂浆做护角处理，如图 5-70 所示。阳角线的高度一般为 1.5m 左右。

2. 贴面类墙面装修

贴面类墙面装修是指利用各种天然的或人造的板、块，对墙面进行的装修。贴面类墙面具有耐久性强、施工方便、质量高、装饰效果好等特点，多用于外墙和潮湿度较大、有特殊要求的内墙。贴面材料包括陶瓷面砖、锦砖、天然石板、人造石板等。

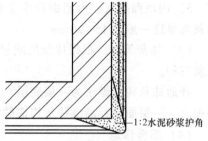

图 5-70　阳角线

（1）陶瓷面砖、锦砖　陶瓷面砖、锦砖是以陶土或瓷土为原料，经加工成型、煅烧而成的产品。根据是否上釉可分为陶土釉面砖、陶土无釉面砖、瓷土釉面砖、瓷土无釉面砖等。

作为外墙面贴面时，其构造多采用 10~15mm 厚的 1:3 水泥砂浆打底，5mm 厚的 1:1 水泥砂浆或纯水泥浆粘贴层，然后贴各类面砖（图 5-71）。在外墙面砖之间粘贴时留出约 10mm 的缝隙，以增加材料的透气性。面砖间的缝隙一般应采用 1:1 的砂浆勾缝。

图 5-71　外墙面砖

作为内墙面贴面时，其构造多采用 10~15mm 厚的 1:3 水泥砂浆或 1:3:9 混合砂浆打底，8~10mm 厚的 1:0.3:3 混合砂浆粘贴层，然后贴瓷砖。内墙面砖如图 5-72 所示。

图 5-72　内墙面砖

陶瓷（玻璃）锦砖俗称马赛克（玻璃马赛克），是瓷土无釉砖，由各种颜色的方形或多种几何形状的小瓷片拼制而成。生产时，小瓷片拼贴在 300mm×300mm 或 400mm×400mm 的牛皮纸上；施工时，纸面向外，瓷片向内贴于粘贴层上，待砂浆半凝，用水将牛皮纸湿润、揭去，然后校正瓷片形成饰面，如图 5-73 所示。它质地坚固、耐磨、耐酸碱、防冻、不打滑，价格也相对便宜，但容易脱落。

图 5-73 墙面马赛克

（2）天然石板、人造石板　天然石板的种类主要有大理石板和花岗岩板，属于高级装修饰面，如图 5-74 所示。人造石板常见的种类有水磨石板、大理石板、水刷石板、斩假石板等，属于复合装饰材料，其色泽纹理不及天然石板，但可人为控制，造价低。

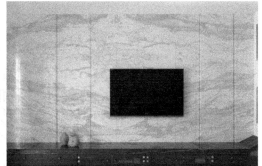

图 5-74 墙面贴石板

大理石、花岗岩石板的常见尺寸有：600mm×600mm、600mm×800mm、800mm×800mm、800mm×1000mm 等，厚度为 20～50mm。其安装的方法一般分为湿挂法或干挂法。

1）湿挂法。湿挂法的安装方法：墙中预留外露 50mm 以上并弯钩的φ6 钢筋，插入主筋和水平钢筋并固定牢固，在墙面上形成一层钢筋网，石料用金刚钻钻洞，用铜丝或钢丝挂在钢筋网上，再用细石混凝土或水泥砂浆填缝。石板湿挂法构造如图 5-75 所示。

人造大理石板、人造水磨石板等构造与天然石板相同，只是不用在石上钻孔，而在制作时露出背面的钢筋网，再

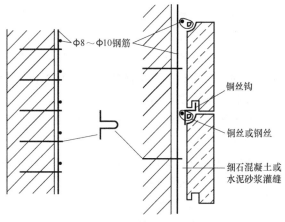

图 5-75 石板湿挂法构造

用铅丝绑于钢筋网上。

2）干挂法。由于在湿挂法中石板与墙体之间的缝隙中要填细石混凝土或水泥砂浆，石板容易从灌缝材料中吸色，从而导致石板面颜色变深。因此，颜色较浅的高档石板一般不采用湿挂的方式，而改用干挂的方式来安装。

干挂法又名空挂法，这种方法利用耐腐蚀螺栓和耐腐蚀的柔性连接件将饰面石材直接吊挂于墙面或空挂于钢架之上，如图 5-76 所示。干挂法不需要灌浆粘贴，其构造如图 5-77 所示。

图 5-76　墙面干挂石板

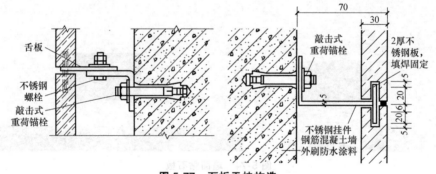

图 5-77　石板干挂构造

3. 涂料类墙面装修

涂料是涂敷于物体表面后，能与基层很好地黏结，从而形成完整而牢固的保护膜的面层物质，此物质对被涂物有保护、装饰的作用。涂料类墙面如图 5-78 所示。

常用的涂料主要有石灰浆涂料、大白浆涂料、106 涂料、各种乳胶漆等，按其成膜物的不同可分为有机涂料、无机涂料、有机和无机复合涂料。常用有机涂料按分散介质又可分为溶剂型涂料、水溶型涂料、水乳型涂料等。

涂料成膜厚度较薄，故一般用于已做好的墙面基层上，经局部或满刮腻子处理，使墙面平整，再涂刷涂料。

涂料作为墙面装修材料，具有装饰效果好，造价低，操作简单，工期短、工效高，自重轻，维修、更新方便等特点。

4. 裱糊类墙面装修

裱糊类墙面装修是将各种装饰性的墙纸、墙布等卷材类的装饰材料裱糊在墙面上的装修

图 5-78 涂料类墙面

饰面。裱糊类墙面如图 5-79 所示。

图 5-79 裱糊类墙面

墙纸和墙布的裱糊是在抹灰的基层上进行的，它要求基层平整、致密，对不平的基层需进行修补，可以用腻子刮平。在平整的基层上，用黏合剂或纸胶等物将布或墙纸贴平整。

墙纸通常有 PVC 塑料墙纸、纺织物面墙纸、金属面墙纸以及天然木纹面墙纸等。墙布有玻璃纤维装饰墙布、织锦墙布等。

墙纸或墙布在裱糊施工中有对花和不对花之分。对花工艺形成的图案较为美观，没有明显的接缝，但墙纸或墙布消耗略多；不对花工艺会有明显的接缝，局部图案不完整，但墙纸或墙布消耗略少。

5. 铺钉类墙面装修

铺钉类墙面装修是指利用天然木板或各种人造薄板借助于钉、胶等固定方式对墙面进行的装修处理，如图 5-80 所示。

图 5-80 铺钉类墙面

铺钉类墙面装修的构造为：在墙基层上，借助预埋在墙上的木砖钉墙筋和横挡，在墙筋和横挡上钉各种板，类似于立筋隔墙做法。墙筋和横挡称为骨架，其有木骨架和金属骨架之分。木墙筋截面尺寸一般为 50mm×50mm，横挡截面为 50mm×50mm 或 50mm×40mm，其骨架的中距应与板的长度尺寸相配合。金属骨架多采用冷轧槽形截面钢。

面板有硬木条、石膏板、胶合板（三夹板、五夹板）、纤维板、甘蔗板、装饰吸声板、穿孔吸声板等。

此类板材多为一大张，铺钉时将其截成小张进行施工，由于裁切板材的边缘会有毛刺，故需要对板头进行处理，即在外边加压板条。

思考题与习题

1. 墙体按照本身的方向可以分为_____和_____；按受力性质分为_____和_____；按构造和施工方式分为_____、_____和_____。

2. 墙体设计应满足哪些要求？

3. 墙体的布置方案有哪几种？各有何优缺点？

4. 砖墙常见的组砌形式有哪些？

5. 什么是过梁？常见的过梁有哪几种？

6. 墙体的水平防潮层有哪几种？各有何优缺点？垂直防潮层一般何时采用？

7. 什么是散水？绘制混凝土散水的构造做法。

8. 墙身加固的主要措施有哪些？

9. 什么是构造柱？构造柱的构造要求有哪些？构造柱应该如何设置？

10. 什么是圈梁？圈梁的构造要求有哪些？圈梁应该如何设置？

11. 常见的隔墙有_____、_____和_____三种。

12. 常见的隔断有哪些种类？

13. 墙面装修有何作用？

14. 因材料和施工方式的不同，墙面装修可分为哪五种？

15. 根据抹灰质量要求的不同，抹灰等级有_____、_____和_____三种。

16. 什么叫引条线？什么叫墙裙？什么叫阳角线？

第6章 基础与地下室

本章知识要点与学习要求

序号	知识要点	学习要求
1	地基和基础的概念	掌握
2	基础的常见类型	熟悉
3	基础埋深的定义及影响因素	掌握
4	地下室和半地下室的概念	熟悉
5	地下室防潮	了解
6	地下室防水	熟悉

■ 6.1 基础

6.1.1 地基与基础

1. 地基的概念

地基是指基础下面受上部荷载作用影响的那一部分土层。它承受着由基础传来的建筑荷载。

2. 地基的分类

地基分为天然地基和人工地基两种。天然土层具有足够的强度，能直接承受建筑荷载的地基称为天然地基；天然土层本身承载力弱或上部荷载较大，须用人工方法加工或加固处理后才能承受建筑荷载的地基称为人工地基。人工加固地基的方法有：压实法、打桩法、换土法和深层搅拌法等。

3. 基础的概念

基础是建筑下面埋入土层中的承重构件，是建筑与土壤直接接触的部分，它承受着建筑的自重及其上部荷载，并连同自重一起传给它下面的地基。

6.1.2 基础的类型

基础的类型较多，按不同的划分方式，基础可以分为不同的类型。

1. 按基础所用的材料及受力特点分类

（1）刚性基础 刚性基础是指用刚性材料制作的基础。所谓刚性材料，一般是指抗压强度高，而抗拉强度、抗剪强度低的材料，如砖、石、混凝土等材料。砖砌基础、石砌基础、混凝土基础均称为刚性基础。

从受力和传力角度考虑，由于地基单位面积的承载能力小，上部结构通过基础将其荷载传给地基时，只有将基础底面积扩大，才能适应地基受力的要求，如图6-1所示。

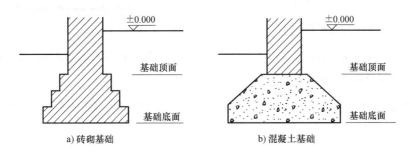

a) 砖砌基础　　　　　　　　　　b) 混凝土基础

图6-1 基础底面扩大示意

基础顶面承受荷载后，会沿基础内部向下进行荷载传递，而此向下的荷载传递是沿一定角度分布和发散的，这个传力和发散的角度称为刚性角，以 α 表示，如图6-2所示。

由于刚性材料抗压能力强、抗拉能力差，因此刚性角只能在基础的抗压范围内控制。如果基础底面的宽度超过了刚性角的控制范围，基础底面会因地基反力的原因遭受拉应力而破坏，所以基础底面的有效宽度受刚性角的限制，如图6-3所示。

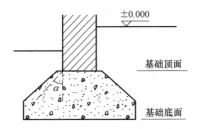 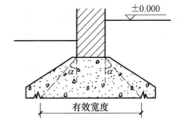

图6-2 刚性基础的刚性角示意图　　**图6-3 刚性基础底面的有效宽度受刚性角的限制**

基础的材料不同，刚性角也是不同的，通常砖石砌体基础刚性角为 $26° \sim 33°$，混凝土基础的刚性角在 $45°$ 以内。

因为刚性基础的有效宽度受到明显的限制，因此刚性基础主要适用于上部建筑荷载小、地基承载力较好的中小型建筑。当上部荷载增大时，可通过增加基础高度的方式来增大基础底面的有效宽度，如图6-4所示。但此种做法会增加基础的材料用量，同时施工时挖土的深度也会加大，会明显增加建筑的工程造价。

（2）非刚性基础 非刚性基础又称为柔性基础，一般指钢筋混凝土基础，它不受刚性角的限制，既能承受大的压力，也能承受拉力和弯矩。因此，柔性基础底面的有效宽度不受刚性角的限制，底面有效宽度明显较大，如图6-5所示。柔性基础适用于上荷载大、地基承载力较小的各类建筑。

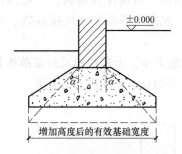

图 6-4 通过增加基础高度的方式来增大基础底面的有效宽度

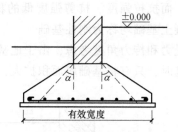

图 6-5 柔性基础底面的有效宽度

为了使基础底面能够传力均匀和便于配置钢筋，基础下面一般设置垫层，材料可以是碎石、碎砖或 C10 素混凝土。

2. 按基础的构造形式分类

基础的构造形式由建筑物上部的结构形式、荷载大小及地基土质情况而定。民用建筑中常见的基础构造形式有：条形基础、独立基础、联合基础、井格式条形基础、筏板基础、箱形基础、桩基础等。

（1）条形基础 当建筑的上部结构采用砖墙或石墙承重时，墙下的基础通常沿墙身连续设置，呈长条形，故称墙下条形基础，又称为带形基础，如图 6-6a 所示；当上部结构采用钢筋混凝土柱承重时，下面也可设条形基础，称为柱下条形基础，如图 6-6b 所示。

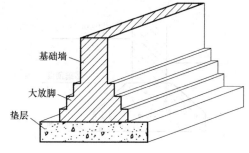

a) 墙下条形基础

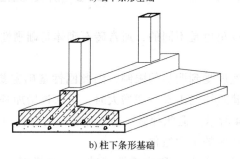

b) 柱下条形基础

图 6-6 条形基础

1）砖砌条形基础。条形基础采用砖砌的称为砖砌条形基础，它一般用于砖墙下。为了增大基础底面宽度,砖砌条形基础多采用大放脚,其形式有多种,如图 6-7 所示。

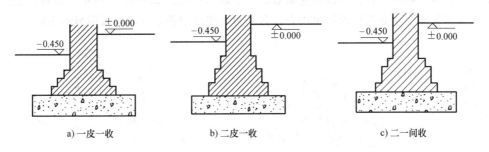

a) 一皮一收   b) 二皮一收   c) 二一间收

图 6-7 砖砌大放脚的形式

2) 钢筋混凝土条形基础。条形基础采用钢筋混凝土浇筑而成的称为钢筋混凝土条形基础,它可以用于砖墙下,也可以用于柱下。钢筋混凝土条形基础可分为无梁式和有梁式两类,如图 6-8 所示。

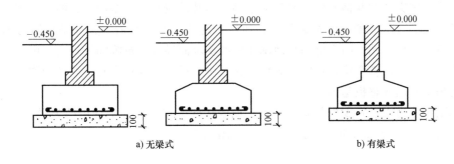

a) 无梁式   b) 有梁式

图 6-8 钢筋混凝土条形基础断面形式

(2) 独立基础　当建筑上部结构采用柱承重时,承重柱下的基础通常采用方形或矩形的单独基础,称为独立基础或单独基础。独立基础的常见形式如图 6-9 所示。独立基础的优点是土方工程量小,便于地下管道穿越,节约基础材料,但基础之间没有联系,整体性较差,因此适用于地质均匀、荷载均匀的骨架结构中。

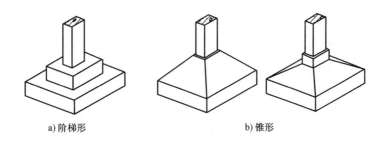

a) 阶梯形   b) 锥形

图 6-9 独立基础的常见形式

当上部结构采用预制排架结构时,柱一般采用的是预制构件,为了便于预制柱与独立基础能较好地连接,可将独立基础做成杯口形,便于预制柱的插入和嵌固,此种独立基础称为杯形基础或杯口基础,如图 6-10 所示。

（3）联合基础　当建筑上部结构采用柱承重而某两个柱位置比较近时，如果分成两个独立基础来做，就会相互干扰，可以合起来做成一个联合基础，如图 6-11 所示。值得注意的是，联合基础并不是两个独立基础的简单拼合，其受力与变形和独立基础有着明显的不同。

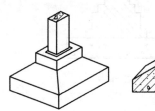 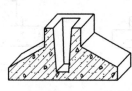

图 6-10　杯形基础

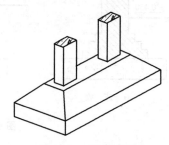

图 6-11　联合基础

（4）井格式条形基础　当上部结构采用框架结构承重、地基条件较差或地基不均匀时，为提高建筑物的整体性，避免各个柱之间产生不均匀沉降，常将柱下的独立基础沿纵横向连接起来，做成十字交叉的井格基础，又称为十字条形基础或井格式基础，如图 6-12 所示。

（5）筏板基础　当建筑上部荷载较大，而所在地的地基又较弱时，如果采用简单的条形基础或井格式条形基础，则不能满足地基变形的要求而导致建筑沉降量较大，可将墙或柱下的基础连成一片，使整个建筑物的荷载承受在一块整板上。这种满堂式的基础称为筏板基础，又称为满堂基础或整板基础。

筏板基础可分为梁板式筏板基础和平板式筏板基础，实际工程中常用的为梁板式筏板，如图 6-13 所示，此种基础又常被形象地称为"倒楼盖"。

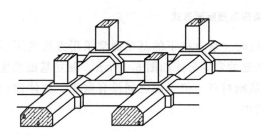

图 6-12　井格式基础

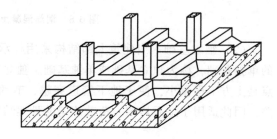

图 6-13　梁板式筏板基础

筏板基础由整片混凝土板组成，直接作用在地基上，整体性好，可以跨越局部地基较差的部分，抵抗地基的不均匀沉降，适用于较弱或不均匀的地基。当上部建筑荷载较大、地基土较为软弱时，筏板基础的底板可以比较厚，此时混凝土用量较大，自重较大，成本较高。若施工时需要考虑消除大体积混凝土水化热等问题，则可选择其他的基础类型。

（6）箱形基础　当建筑上部荷载很大或地基情况较差时，为了提高建筑的整体性，此时基础也需要做得很深，常将基础做成箱形基础。箱形基础是由混凝土底板、顶板和若干纵横墙组成的，板与墙形成空心箱体结构，共同承担上部荷载，如图 6-14 所示。基础中空的部分可以作为地下室。

箱形基础整体空间刚度大，对抗抗地基的不均匀沉降有利。其一般适用于高层建筑物或软弱地基上的重型建筑。

（7）桩基础　当建筑上部结构荷载较大、地基的软弱土层较厚（4m以上）时，常用桩基础，顶部设承台，如图6-15所示。桩的作用是将建筑物的荷载通过桩端传给较深的坚硬土层或通过桩与周围土层的摩擦力传给地基。

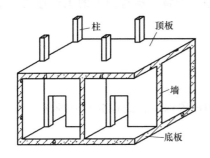

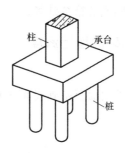

图6-14　箱形基础　　　　　　　　　　　　图6-15　桩基础

桩基础按照传力形式，可分为端承桩和摩擦桩两种。通过桩端将建筑物的荷载传给较深的坚硬土层的桩称为端承桩；通过桩身与周围土层的摩擦力将建筑物的荷载传给地基土的桩称为摩擦桩。

桩基础常用的材料为钢筋混凝土，按照施工情况可分为预制桩和灌注桩。预制桩按截面形状可分为方桩、管桩等，如图6-16所示；灌注桩按成孔方式可分为钻孔灌注桩、打孔灌注桩（也称沉管灌注桩）、人工挖孔灌注桩等，如图6-17所示。

图6-16　预制桩

a) 钻孔灌注桩　　　　　　b) 打孔灌注桩　　　　　　c) 人工挖孔灌注桩

图6-17　灌注桩

桩基础的优点是承载力高、沉降量小，能承受竖向荷载和水平荷载等作用，并且可以减少挖填土方的工作量，但桩本身的施工成本较高。桩基础适用于不允许有较大沉降量和不均匀沉降的高层建筑和重要建筑。

在实际工程中，应根据建筑荷载、地基情况和建筑性质综合选用各种类型的基础。此外，有一些建筑将上述部分基础形式结合在一起运用，如将所有桩顶上的承台连成一整片，形成桩筏基础或桩箱基础等。

6.1.3 基础的埋置深度

1. 定义

设计室外地面至基础底面的垂直距离称为基础的埋置深度，简称为基础埋深，如图6-18所示。

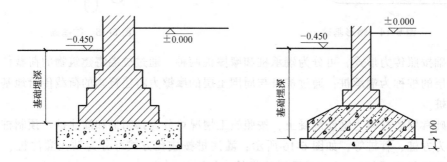

图 6-18 基础的埋置深度

基础按其埋置深度的不同可分为深基础和浅基础。一般说来，基础埋深超过 4m 时为深基础，埋深小于 4m 时为浅基础。从经济的角度看，基础埋深越小，土方开挖量越小，基础材料用量也越少，工程造价越低。但基础埋深也不宜过浅，避免基础不稳定或遭受破坏。

2. 基础埋深的影响因素

基础埋深关系到基础是否可靠、施工难易、造价高低。影响基础埋深的因素有很多，在设计时，需要从实际出发，抓住主要因素进行考虑。基础埋深的影响因素主要有以下几方面：

（1）建筑的类型及基础的形式和构造 建筑层数及总高度、有无地下室、有无设备基础等因素是确定基础埋深的重要依据。一般高层建筑的基础埋深较大，有地下室时基础埋深也明显加大。

选择不同的基础形式也会影响基础埋深。有些基础本身属于浅基础，如条形基础、独立基础等；有些基础本身属于深基础，如箱形基础、桩基础等。

（2）建筑上部荷载的大小和性质 一般情况下，地基从地表往下，承载力越来越高。因此，建筑上部荷载越大，基础埋深就越大；上部荷载较小，基础就可以浅埋。此外，承受较大水平荷载的建筑，建筑应有足够的埋深以保证有足够的稳定性。

（3）地基承载力的大小 基础应设计在坚实的土层上，要保证地基不会承受建筑的上部荷载而产生破坏。因此，在确定基础埋深时，应该选择承载力合适的土层来承受上部荷载，一旦选定持力层，则基础底面的位置就应落于该持力层内。

（4）地下水位的高低 地下水对某些土层的承载力有很大影响，因此基础埋深应尽量在最高地下水位以上，以减少施工时的排水处理，也可以防止基础底部的冰胀。

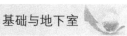

当地下水位较高，基础无法埋于地下水位之上时，宜将基础埋置在最低地下水位以下200mm的位置，如图6-19所示，以防止地下水变化对持力层的影响。

（5）土壤冰冻深度 冬季低温时，地表土会冻结，冻结土和非冻结土的分界线为冰冻线，冰冻线距地表的深度为土壤的冰冻深度。我国各地区的冰冻深度不尽相同，如南京地区土壤的冰冻深度为150mm，北方有的地区为1~2m。

基础埋深应尽可能大于土壤冰冻深度，以避免持力层由于冻胀融沉对基础产生影响。

（6）新旧建筑物基础的影响（相邻建筑） 当存在相邻建筑时，拟建建筑的基础埋深一般不宜深于相邻既有建筑的基础埋深，以避免施工期间影响既有建筑的安全；当拟建建筑的基础埋深较大，无法浅于相邻既有建筑的基础埋深时，两建筑的基础间应保持一定的净距L，其数值应根据既有建筑的荷载大小、基础形式和土质情况来确定，一般取相邻两基础底面高差的两倍（见图6-20）。当上述要求不能满足时，拟建建筑施工时应采取必要的措施对既有建筑的基础进行保护，如钢板桩、地下连续墙等。

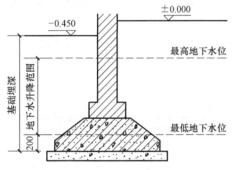

图6-19 地下水对基础埋深的影响

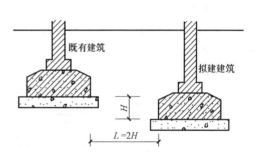

图6-20 相邻建筑对基础埋深的影响

（7）地下管线、地沟的影响 建筑所在的场地下，尤其是在城市中，常常会有许多的地下管线和地沟，在基础埋深确定时，也应考虑地下管线和地沟的影响。如图6-21a所示的钢筋混凝土条形基础与地下管线交叉冲突，混凝土条形基础部分不能被管线穿过，若无法将管线改道，那可以减小基础埋深，抬高基础，使管线从基础底面以下通过，如图6-21b所示，但此时必须要注意不能让基础直接挤压管线上方的土层，否则管线有可能会被压坏，可以采用过桥的方式，让管线上方留空以避免被压坏；也可以增大基础埋深，下降基础，在基础墙上的相应位置开洞，让管线通过，如图6-21c所示，但同时也应注意管线上方留出足够的空隙，避免基础墙下沉导致管线破坏。

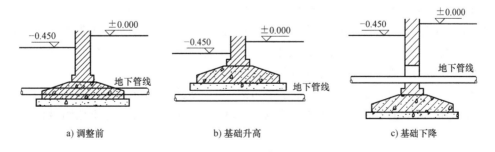

a) 调整前　　　　　　　　b) 基础升高　　　　　　　c) 基础下降

图6-21 地下管线对基础埋深的影响

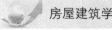

6.2 地下室

地下室是建筑处于室外地面以下的房间或建筑底层下面的房间。当建筑较高时,基础的埋深很大,利用这个埋深设置地下室,既可以在有限的占地面积中争取更多的使用空间,提高建设用地的利用率,又不需要增加太多投资,有较好的实用和经济意义。

由于地下室位于室外地面以下,因此地下室的外墙、底板可能会受到地潮或地下水的侵蚀,因此须对地下室进行必要的防潮或防水处理。常用的防潮和防水的材料有沥青、卷材、防水砂浆、防水混凝土、801防水剂、氯丁橡胶等。

6.2.1 地下室的相关概念

1. 地下室

房间地坪面低于室外地面的高度超过该房间净高的1/2者为地下室,如图6-22所示。

2. 半地下室

房间地坪面低于室外地面的高度超过该房间净高的1/3且不超过1/2者为半地下室,如图6-23所示。

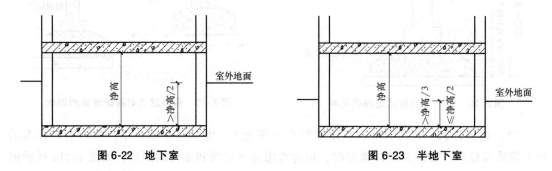

图 6-22　地下室　　　　　　　　　　　　图 6-23　半地下室

6.2.2 地下室的防潮

当地下水的常年水位和最高水位都在地下室地坪以下时,地下水不能直接侵入室内,地下室的墙和地坪仅受到土层中地潮的影响。所谓地潮,是指土层中的毛细管水和地面水下渗而造成的无压水。这时地下室只需做防潮处理。

地下室防潮一般是在地下室外墙外侧设置防潮层。其做法是:地下室外墙必须采用水泥砂浆砌筑,灰缝必须饱满;在外墙外侧先抹一层20mm厚1:2.5水泥砂浆找平层(高出散水面300mm以上),再刷一道冷底子油和两道热沥青,防潮层须刷至室外散水坡处。在防潮层外侧回填低渗性土壤,如:黏土、灰土等,并逐层夯实,土层宽度不小于500mm,使其防止被地表水影响。地下室防潮构造如图6-24所示。

地下室所有的墙体都必须设置两道水平防潮层,一道设置在地底层地坪附近,一般在结构层之间;另一道设置在室外地面散水坡以上150~200mm的位置,防止地潮沿地下墙身或勒脚外墙身侵入室内。

地下室采用现浇钢筋混凝土墙时,一般不用设置防潮构造。

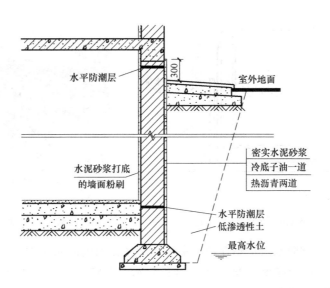

图 6-24　地下室防潮构造

6.2.3　地下室的防水

当最高地下水位高于地下室地坪时，地下室的外墙和地坪受到地下水的侵袭，地下室外墙受到水的侧压力影响，地坪受到地下水浮力影响。因此必须对地下室外墙做垂直防水和对地下室地坪做水平防水处理。

1. 地下室墙体采用砖墙

当地下室墙体采用砖墙时，常采用卷材防水，根据卷材防水所设置的位置，又可分为外防水和内防水。

（1）外防水　卷材防水层铺贴在地下室墙体和底板外侧的做法称为外防水或外包防水，如图 6-25 所示。

外防水的具体做法是：在土层上先浇混凝土垫层，约 100mm 厚，将卷材防水层铺满整个地下室底板，然后在防水层上抹 20mm 厚水泥砂浆保护层，其上浇钢筋混凝土地坪。在地坪上砌筑地下室外墙，在外墙外表面抹 20mm 厚水泥砂浆找平层，然后刷冷底子油一道，粘贴卷材防水层，粘贴高度应至少高于最高水位以上 300mm，一般做 500~1000mm。其上部做防潮处理，最后

图 6-25　地下室砖墙外包防水

在防水层外面抹 15mm 厚水泥砂浆保护层和砌半砖墙保护层墙下一般干铺一层油毡。地下室砖墙外包防水构造如图 6-26 所示。

为保证地坪防水层连接垂直防水层，地坪防水层须留出足够的长度，以便能反卷上墙身，与垂直防水层搭接，同时须做好防水层搭接的保护工作。地下室地坪防水如图 6-27 所示。

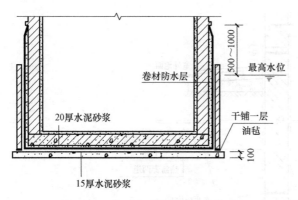

图 6-26　地下室砖墙外包防水构造　　　　图 6-27　地下室地坪防水

（2）内防水　卷材防水层铺贴在地下室墙体和底板内侧的做法称为内防水或内包防水。地下室砖墙内包防水构造如图 6-28 所示。这种防水方案施工方便，易于维修，但防水效果比较差，一般多用于修缮工程。

2. 地下室墙体采用钢筋混凝土墙

为了满足结构和防水的需要，地下室的地坪和墙体一般采用钢筋混凝土材料，可采取在普通混凝土中掺加防水剂等方法来提高混凝土的抗渗性能，这时地下室就无须专门设置防水层，这种方法称为钢筋混凝土自防水，其构造如图 6-29 所示。为防止地下水侵蚀混凝土，在墙外侧应抹水泥砂浆，然后涂抹冷底子油及热沥青。

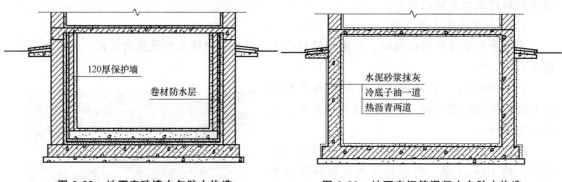

图 6-28　地下室砖墙内包防水构造　　　　图 6-29　地下室钢筋混凝土自防水构造

需要注意的是，防水混凝土外墙和底板都不宜太薄，否则会影响防水效果，一般外墙厚度应大于 200mm，底板厚度应大于 150mm。

有时为了增强地下室外墙防水的效果，在采用防水混凝土自防水的基础上，再在地下室钢筋混凝土墙外外侧增设一道涂膜或卷材防水层，如图 6-30 所示。

3. 人工降水、排水

当地下水位高出地下室地面时，一般要对地下室采取防水构造，有时也可以采用人工降水、排水的办法消除地下水对地下室的影响。降水、排水方法按做法的不同可以分为外排法和内排法。

（1）外排法　外排法是当地下水位高出地下室地面时，在建筑物的四周设置永久性降水、排水设施，通常采用盲沟排水，如图 6-31 所示。盲沟内的水积聚后排至城市排水总管；

图 6-30 地下室钢筋混凝土墙外侧增设一道防水层

当盲沟位置低于城市排水总管时，可采用排水泵将积水排出到城市排水总管。

这种方法只在防水设计有困难的情况或经济条件较为有利的情况下采用。

（2）内排法 内排法是将渗入地下室内的水通过永久性自流排水系统排至低洼处，再用水泵排除。在构造上常将地下室地坪架空，或设置隔水间层，以保持内墙面和地坪干燥，然后通过集水沟让水排至积水井，再用泵排除。

这种方法适用于常年地下水位低于地下室地坪，而最高水位高于地下室地坪的情况。

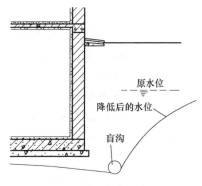

图 6-31 盲沟排水

思考题与习题

1. 什么叫地基？什么叫基础？
2. 刚性基础和柔性基础有何区别？
3. 什么是条形基础、独立基础、井格式基础、整板基础、箱形基础？
4. 什么是杯形基础？
5. 桩基础按传力形式分为_____和_____；按施工情况分为_____和_____。
6. 什么是基础埋深？影响基础埋深的因素有哪些？
7. 什么是地下室？什么是半地下室？
8. 地下室防水有哪些常见的做法？

第 7 章 楼 地 层

本章知识要点与学习要求

序号	知 识 要 点	学 习 要 求
1	楼板层的作用及设计要求	熟悉
2	楼板层的基本组成	掌握
3	楼板的类型	了解
4	现浇整体式、预制装配式钢筋混凝土楼板的构造	掌握
5	楼板层的细部构造	熟悉
6	地坪构造	熟悉
7	地面构造	掌握
8	阳台及雨篷构造	熟悉

7.1 楼板层概述

7.1.1 楼板层的作用及其设计要求

1. 作用

楼板层是多层建筑中沿水平方向分隔上、下空间的水平受力构件。它不仅承担着自重和楼板上的全部荷载，并把荷载传递给墙或柱，还对墙体起水平支撑作用，增加建筑的整体刚度。此外，楼板层还起到一定的隔声、防火、防水、防潮的作用。

2. 设计要求

（1）必须具有足够的强度和刚度　楼板层必须具有足够的强度，能承受自重和各种使用荷载而不破坏，保证结构安全；必须具有足够的刚度，能在自重和各种使用荷载作用下不会产生较大挠度，不影响人们的正常使用。

（2）必须具有一定的隔声能力　为了防止噪声通过楼板传到上下层相邻房间，楼板层应具有一定的阻隔空气传声和撞击传声的能力。

（3）必须具有一定的防火能力　从防火和安全角度出发，一般楼板层承重构件应采用耐火与半耐火材料制造，具有一定的防火能力，保证人身及财产的安全。

（4）具有防潮、防水的能力　对于有水侵袭的楼板层，须具有防潮、防水的能力，以防水的渗漏影响建筑的正常使用。

（5）考虑各种设备管线的敷设要求　在现代建筑中，由于各种服务设施日趋完善，电器、电话、计算机等更加普及，有更多的管道、线路要借楼板层来敷设，如图7-1所示。因此，在楼板层设计时，应考虑各种设备管线的走向，要保证楼板的厚度能满足管线敷设的要求。

图 7-1　楼板内敷设管线

7.1.2　楼板层的基本组成

楼板层通常由面层、结构层、顶棚层组成，为了使楼板具有某些特殊的功能，还可设置附加层，如图7-2所示。

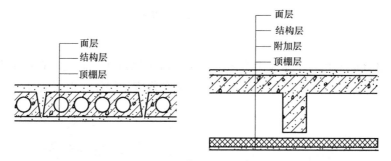

图 7-2　楼板层的组成

1. 面层

楼板的面层又称为楼面或地面，位于楼板的最上层。面层保护楼板层、承受并传递荷载，也对室内装修起到重要作用，要求平整、光滑。

2. 结构层

楼板结构层是楼板层的承重部分，一般包括板和梁。它承受楼板上的荷载，并将这些荷载传递给墙或柱；它还对墙身起着水平支撑的作用，帮助墙身抵抗由风或地震作用等产生的水平荷载，提高建筑物的整体刚度。

3. 顶棚层

顶棚层是楼板结构层的最下层，主要用来保护楼板、遮掩各种水平的管线、改善室内光照条件、美观，构造上一般可分为直接式顶棚和吊式顶棚。

4. 附加层

附加层又称为功能层，根据使用功能的不同而设置。它是楼板面层和结构层之间的部分，有时也可设置于结构层与顶棚层之间，主要用来保温、隔热、隔声、防水等。

7.1.3　楼板的类型

楼板按照结构层所用材料的不同，可分为钢筋混凝土楼板、压型钢板组合楼板、木楼板和砖拱楼板等。

1. 钢筋混凝土楼板

钢筋混凝土楼板的强度高，刚度大，耐久性和耐火性好，具有良好的可塑性，便于工业化生产和机械化施工，是目前我国工业与民用建筑中使用最广泛的楼板类型，如图 7-3 所示。

图 7-3　钢筋混凝土楼板

2. 压型钢板组合楼板

压型钢板组合楼板是利用压型钢板做衬板与混凝土浇筑在一起支承在钢梁上，也叫钢衬板楼板，如图 7-4 所示。其刚度大，整体性好，可简化施工程序，但需要经常维护。

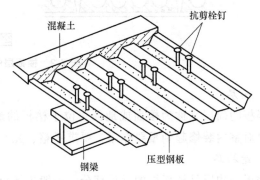

图 7-4　压型钢板组合楼板

压型钢板的形式有很多种，不同生产厂家生产的型号也都有一些区别，如图 7-5 所示。

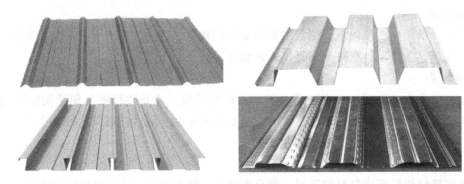

图 7-5　压型钢板的形式

3. 木楼板

木楼板是指利用木格栅和木板而形成的楼板，如图7-6所示。木楼板构造简单、自重轻，导热系数小，但耐久性和耐火性差，容易腐烂、变形和被虫蛀。

图 7-6 木楼板

4. 砖拱楼板

砖拱楼板是指利用砖拱上部浇筑混凝土而形成的楼板，如图7-7所示。砖拱楼板自重大、承载力差，对抗震不利，施工复杂，故基本上已不采用。

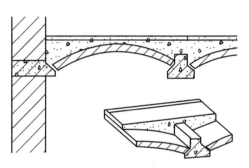

图 7-7 砖拱楼板

■ 7.2 钢筋混凝土楼板层构造

钢筋混凝土楼板按其施工方式的不同分为现浇整体式、预制装配式和装配整体式三种类型。

7.2.1 现浇整体式钢筋混凝土楼板

现浇整体式钢筋混凝土楼板是在施工现场支模板、绑扎钢筋，然后浇捣混凝土而成的，简称为现浇板，如图7-8所示。其整体性良好、刚度大、利于抗震，适合整体性要求较高的建筑物、形状不规则或尺度不符合模数要求的房间、有管道穿过的楼板、楼面经常有水的楼板等。

此种楼板的施工为湿作业，工序繁多，需养护，施工工期长，以前在我国采用不多，而现在采用较多。

图 7-8　现浇整体式钢筋混凝土楼板

现浇钢筋混凝土楼板根据其受力和传力情况，分为板式楼板、梁板式楼板和无梁楼板等几种。

1. 板式楼板

在墙体承重的建筑中，当房间的尺度较小时，楼板下不设梁，板直接搁置在墙上，楼板上的荷载直接传给墙体，此种楼板称为板式楼板，又称为平板，如图 7-9 所示。

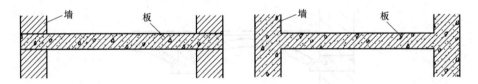

图 7-9　板式楼板示意图

现浇楼板依据其受力特点和支承情况，有单向板和双向板之分。在板的受力和传力过程中，板的长边尺寸 L_2 和短边尺寸 L_1 的比值对板的受力方式影响极大。

（1）单向板　四边支承的现浇板，当 $L_2/L_1 \geqslant 3$ 时，在荷载作用下，板基本上只在 L_1 方向上挠曲，这表明荷载主要沿短边 L_1 方向传递，如图 7-10 所示，故称为单向板。

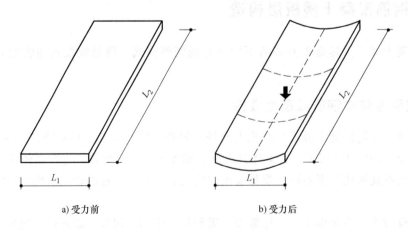

a)受力前　　　　　　　　b)受力后

图 7-10　单向板示意图

（2）双向板 四边支承的现浇板，当 $L_2/L_1 \le 2$ 时，在荷载作用下，板沿两个方向都有挠曲，这说明板的两个方向都传递荷载，如图 7-11 所示，故称为双向板。双向板的受力和传力比单向板合理，材料更能充分发挥作用。

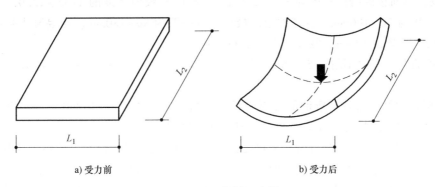

a) 受力前　　　　　　　　b) 受力后

图 7-11　双向板示意图

GB 50010—2010《混凝土结构设计规范（2015 年版）》中规定：当板的长边与短边之比 $2 < L_2/L_1 < 3$ 时，宜按双向板计算；当按沿短边方向受力的单向板计算时，应沿长边方向布置足够数量的构造钢筋。

2. 梁板式楼板

当房间的空间尺度较大时，为了使楼板结构的受力和传力较为合理，常在板下设梁，以增加板的支点，减小板的跨度，此种楼板称为梁板式楼板，又称为有梁板，如图 7-12 所示。

图 7-12　梁板式楼板

有梁板下的梁有主梁和次梁之分，次梁截面尺寸比主梁尺寸小。有梁板的荷载传递方式通常是由板受力后传递给次梁，然后由次梁传递给主梁，再由主梁传递给墙或柱，如图 7-13 所示。

（1）楼板结构的经济尺度 为了充分发挥楼板结构的效力，合理选择构件的尺度是至关重要的。

1）主梁。主梁的经济跨度一般为 6~9m，截面高度一般是跨度的 1/12~1/8，截面宽度一般是截面高度

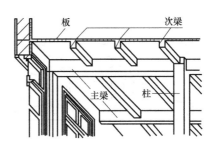

图 7-13　梁板式楼板主、次梁示意图

的 1/3~1/2，通常采用 250mm、300mm、350mm。

2）次梁。次梁的经济跨度一般为 4~6m，截面高度一般是跨度的 1/18~1/12，截面宽度一般是截面高度的 1/3~1/2，通常采用 200mm、250mm。次梁的跨度一般就是主梁的间距。

3）板。单向板的跨度一般为 1.7~2.5m，其厚度一般为跨度的 1/35~1/30，民用建筑楼板厚度一般为 70~100mm，生产性建筑楼板厚度一般为 80~180mm。当混凝土强度等级 ≥ C20 时，板厚可减少 10mm，但最薄不少于 60mm。

双向板的跨度一般不超过 5m×5m，其厚度一般为跨度（短跨）的 1/40~1/35，一般取 80~160mm。

（2）楼板的结构布置　所谓的楼板的结构布置，是指在设计过程中，对楼板的承重构件做合理的安排，使其受力合理，并与建筑设计相协调。

在结构布置时，应考虑构件的经济尺度，以确保构件受力的合理性；另外，应根据建筑物平面设计的尺寸，使主梁尽量沿支点的短跨方向布置，次梁则与主梁方向垂直。当房间的尺度超出构件经济尺度时，可在室内增设柱子作为主梁的支点，使其尺度在经济跨度范围以内。

对于一些公共建筑的门厅或大厅，当其形状近似正方形且跨度在 10m 或以上时，可采用井格式梁板结构，即沿两个方向等尺寸地布置构件，不分主梁和次梁，梁的截面高度相同。这种楼板又称为井式楼板或密肋楼板，如图 7-14 所示。

图 7-14　井式楼板

3. 无梁楼板

无梁楼板又称为无梁板，是将板直接支承在柱子上，不设置梁的楼板，楼板受力后直接传递给柱，如图 7-15 所示。

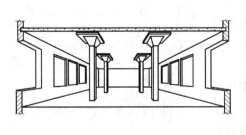

图 7-15　无梁楼板

为了增大柱子的支承面积和减小板的跨度，可在柱的顶部、楼板的下面设置柱帽和托板，如图 7-16 所示。

a) 带托板   b) 带柱帽

图 7-16　带托板或柱帽的无梁楼板

无梁楼板的柱应尽量按矩形网格布置，间距为 6m 左右较为经济，板厚 $\delta \geqslant 120mm$。此楼板顶棚平整，室内净空大，采光、通风好，施工简单。

7.2.2　预制装配式钢筋混凝土楼板

预制装配式钢筋混凝土楼板是指在构件预制加工厂或施工现场外预先制作，然后运到施工现场进行安装的钢筋混凝土楼板，如图 7-17 所示。使用这种楼板不用在施工现场直接浇筑混凝土，大大提高了现场施工机械化水平，工期大为缩短。因此，凡形状规则、尺寸符合模数要求的建筑，都可采用预制楼板。

图 7-17　预制装配式钢筋混凝土楼板

1. 类型

预制装配式钢筋混凝土楼板按施工方式不同分为预应力楼板和非预应力楼板两种。其中，预应力楼板刚度好、自重轻、节约材料、造价经济。

预制装配式钢筋混凝土楼板按构造方式与受力特点不同分为实心平板、槽形板和空心板等，如图 7-18 所示。

（1）实心平板　实心平板的跨度一般在 2.5m 以内，板厚为跨度的 1/30，一般为 50～80mm，板宽为 600～900mm，如图 7-19 所示。实心平板上下板面平整，制作简单，但自重

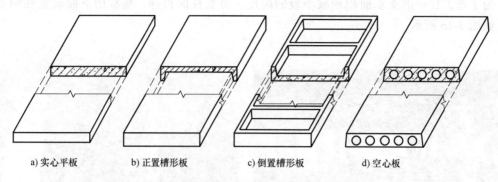

a) 实心平板   b) 正置槽形板   c) 倒置槽形板   d) 空心板

图 7-18 预制装配式钢筋混凝土楼板的类型

较大、隔声效果差。

实心平板的跨度较小，故只适用于走道或小开间房间的楼板，也可用作搁板或管道盖板。

（2）槽形板 槽形板是一种梁板结合的构件，即在实心平板的两侧设有纵肋，构成槽形截面。板的跨度一般为 3~6m，板宽为 500~1200mm，板厚为 30mm 左右，肋高为 150~300mm。

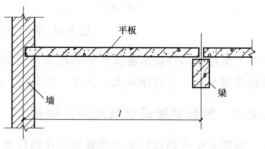

图 7-19 实心平板

为了提高刚度，便于搁置，槽形板常以端肋封闭。当板跨达到 6m 时，应在板的中部每隔 500~700mm 增设横肋一道。

槽形板在搁置时有正置（肋向下）和倒置（肋向上）两种，如图 7-20 所示。槽内可填轻质材料，起保温、隔声的作用。

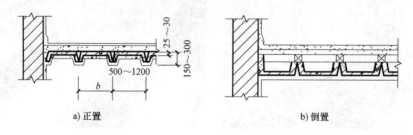

a) 正置   b) 倒置

图 7-20 槽形板

（3）空心板 空心板也称为多孔板，是将预制板沿长度方向内部抽孔形成的。孔洞的形状有方孔、椭圆孔和圆孔。方孔板经济，但抽孔不易，目前基本不采用；椭圆孔板抽孔也不易，目前也很少使用；圆孔板刚度较好，制作也较方便，因此使用最为广泛。

空心板有中型板和大型板之分，中型板板跨多为 4.5m 以下，常见的板宽为 500~1200mm，板厚一般为 120mm 左右；大型板板跨一般为 4.5~7.2m，板宽为 900~1500mm，板厚一般为 180~240mm。

目前，江苏省常用的预应力混凝土空心板有 120mm 厚预应力混凝土空心板和 180mm 厚预应力混凝土空心板两类,如图 7-21 所示。

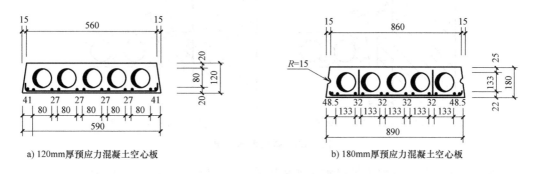

a) 120mm厚预应力混凝土空心板　　　　　　b) 180mm厚预应力混凝土空心板

图 7-21　江苏省常用的预应力混凝土空心板

120mm 厚预应力混凝土空心板板厚 δ 为 120mm,跨度有 2400mm、2700mm、3000mm、3300mm、3400mm、3600mm、3900mm、4000mm、4200mm、4500mm 等多种,其宽度有 500mm、600mm 和 900mm 三种。

180mm 厚预应力混凝土空心板板厚为 180mm,跨度有 4500mm、5100mm、6000mm 和 6600mm 四种,板宽有 600mm 和 900mm 两种。

2. 预制板的结构布置和细部处理

(1) 板的布置　预制板的布置,首先根据房间的开间、进深尺寸确定板的支承方式,然后依据现有板的规格进行合理布置。板的支承方式有板式和梁板式两种,如图 7-22 所示。

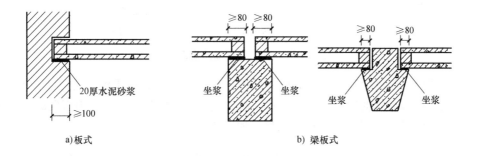

a)板式　　　　　　　　　　　b) 梁板式

图 7-22　预制板的布置

在进行预制板的结构布置时,要求预制板的规格、类型越少越好,因为板的规格多,不仅制作麻烦,而且施工也较为复杂,有时甚至出错。布置预制板时,只能将两个端部支承于墙上或梁上,长边方向不能搁在墙或梁上,以免产生破坏。

在排板过程中,板的横向尺寸(板宽方向)与房间平面尺寸出现的差值称为板缝差。当板缝差在 60mm 以内时,可调整板缝宽度,当两块板之间的缝大于 30mm 时,可用细石混凝土填缝;当板缝差在 60~120mm 时,可用墙边挑砖来填充;当板缝差在 120~200mm 时,则可用现浇板带来填充;若板缝差超过 200mm,则宜重新选板。板缝差的处理,如图 7-23 所示。

(2) 板的搁置及板缝处理　为保证楼板安放平整,且与墙或梁有很好的连接,预制板要有足够的搁置宽度。板在墙上搁置宽度不应小于 100mm,在梁上的搁置宽度不应小于

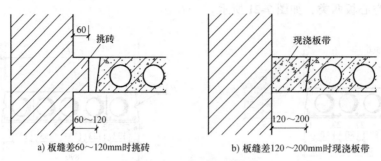

a) 板缝差60～120mm时挑砖　　　　b) 板缝差120～200mm时现浇板带

图 7-23　板缝差的处理

80mm，搁板时要在墙上或梁上铺以水泥砂浆找平，俗称坐浆，其厚度一般为20mm。

为加强楼板的整体性，可在多孔板上做30mm厚无筋细石混凝土现浇层或40mm厚有筋细石混凝土现浇层，楼板与楼板，以及楼板与墙体间的连接可用锚固钢筋加以锚固。预制板的锚固如图7-24所示。

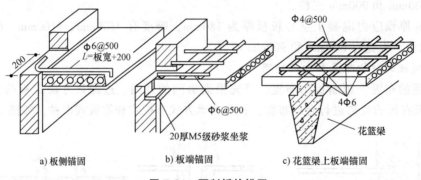

a) 板侧锚固　　　　　b) 板端锚固　　　　　c) 花篮梁上板端锚固

图 7-24　预制板的锚固

板缝有端缝和侧缝两种。端缝有两种处理方法：一种是直接用细石混凝土或砂浆灌缝；另一种可先将板端露出的钢筋交错搭接在一起，或加钢筋网片，然后用细石混凝土灌缝。侧缝的形式有 V 形缝、U 形缝和凹槽缝三种，如图 7-25 所示。

图 7-25　预制板的侧缝形式

7.2.3　装配整体式钢筋混凝土楼板

装配整体式钢筋混凝土楼板是先预制部分构件，然后在现场安装，再以整体浇筑的方法使其连成一体的楼板。它克服了现浇板消耗模板量大、预制板整体性差的缺点，兼有了现浇板整体性好和预制板施工简单、工期短的优点。装配整体式钢筋混凝土楼板按结构及构造方式可分为密肋填充块楼板和预制薄板叠合楼板两类。

1. 密肋填充块楼板

密肋填充块楼板的密肋有现浇和预制两种。现浇密肋填充块楼板是以陶土空心砖、矿渣空心砖等作为肋间填充块，现浇密肋和面板而成，如图 7-26a 所示；预制密肋填充块楼板是

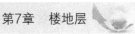

在预制小梁间填充陶土空心砖、矿渣空心砖，上面现浇面层而成，如图 7-26b 所示。

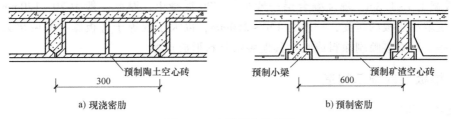

a) 现浇密肋   b) 预制密肋

图 7-26　密肋填充块楼板

　　密肋填充块楼板板底平整，有较好的隔声、保温、隔热效果，在施工中，空心砖还可以起到模板的作用，也有利于管线的敷设。

　　2. 预制薄板叠合楼板

　　预制薄板叠合楼板是由预制薄板和现浇钢筋混凝土层叠合而成的装配整体式楼板，其构造如图 7-27 所示。

　　预制薄板既是叠合楼板结构的组成部分，又是现浇钢筋混凝土叠合层的永久性模板，如图 7-28 所示，它可分为普通钢筋混凝土薄板和预应力钢筋混凝土薄板两种；现浇叠合层内可敷设水平管线。

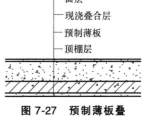

图 7-27　预制薄板叠合楼板构造

图 7-28　预制薄板

　　为了保证预制薄板与现浇混凝土叠合层有较好的连接，薄板上表面需做处理，如将薄板表面进行刻槽处理，如图 7-29a 所示，或板面露出较规则的三角形的结合钢筋，如图 7-29b 所示。

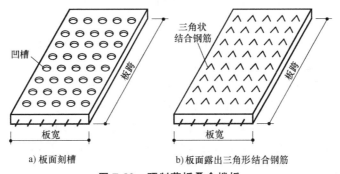

a) 板面刻槽   b) 板面露出三角形结合钢筋

图 7-29　预制薄板叠合楼板

预制薄板的跨度一般为 4~6m，最大可达 9m，以 5.4m 以内较为经济，厚度一般为 50~70mm，板宽 1.1~1.8m。现浇叠合层一般采用 C20 混凝土，厚度一般为 70~120mm。叠合楼板总厚度取决于板的跨度，一般为 150~250mm，以大于或等于薄板厚度的两倍为宜。预制板底平整，可直接喷刷涂料或粘贴其他装饰材料形成顶棚。

7.2.4 楼板层的细部构造

1. 楼板与隔墙

当房间中设置隔墙，而且隔墙重量由楼板承担时，应优先考虑采用轻质隔墙，其次隔墙下设梁，或将墙体搁在板的纵肋上，或在板缝中配筋，墙搁在板缝上，如图 7-30 所示。

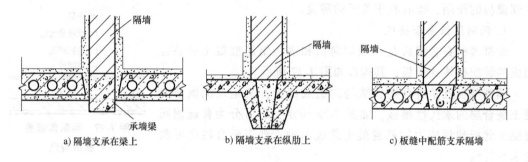

a) 隔墙支承在梁上　　　　b) 隔墙支承在纵肋上　　　　c) 板缝中配筋支承隔墙

图 7-30　隔墙在楼板上的搁置

2. 楼板层防水

对于有水侵蚀的房间，如厕所、盥洗室、沐浴室等，由于卫生设备水管较多，用水频繁，室内积水的机会较多，容易发生渗漏现象。因此需对这些房间的楼板层和墙体采取有效的防潮、防水措施。

（1）楼面排水　有水房间的楼面须有一定的坡度，以利排水，并在楼面最低处设置地漏，排水坡度一般为 1%~1.5%。为防止积水外溢，有水房间的楼面或地面应比其他房间或走廊低 20~30mm，或在门口做 20~30mm 高的门槛。

（2）楼板防水　楼板防水以现浇为佳。对防水质量要求较高的地方，可在楼板与面层之间加设防水层，如卷材防水层、防水砂浆防水层或涂料防水层，并应将防水层反卷至墙身约 150mm 高处，如图 7-31 所示。

图 7-31　楼板防水

（3）穿楼板立管的防水处理　对于楼板上有立管穿过的，穿过处的防水一般有两种做法：对于普通管道，可在其周围用 C20 干硬性细石混凝土捣固密实，再以"两布两油"橡胶酸性沥青防水涂料进行密封处理，如图 7-32a 所示；对于某些暖气管、热水管等，为防止温度变化出现胀缩变形，致使管壁周围漏水，常在楼板穿管的位置埋设一个比热水管径大的套管，以保证热水管能自由伸缩，而不致使混凝土开裂，套管应比楼面高出 30mm 左右，如图 7-32b 和图 7-32c 所示。

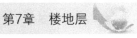

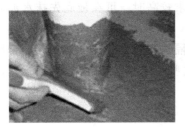  

a) 普通立管防水 　　　　　　　 b) 套管 　　　　　　　 c) 加套管防水

图 7-32　穿楼板立管的防水处理

3. 顶棚构造

顶棚又称平顶或天花，是指楼板层的最下面部分，也是室内装修部分之一。顶棚要求表面光洁、美观，且能反射光照，改善室内的亮度，如图 7-33 所示。

图 7-33　顶棚

一般顶棚多为水平式，也可做成弧形、凹凸形、高低形、折线形等，依构造方式不同，有直接式顶棚和悬吊式顶棚之分。

（1）直接式顶棚　直接式顶棚是指直接在钢筋混凝土楼板下喷、刷、粘贴装修材料的构造做法，如图 7-34 所示。

图 7-34　直接式顶棚

直接式顶棚有以下几种常见的处理方式：

1）直接喷刷涂料。当楼板底面平整时，可以用腻子嵌平板缝，然后直接在板底喷或刷装饰涂料。

2）抹灰装修。当楼板底面不够平整，或室内装修要求较高时，可在板底先抹水泥砂浆或纸筋灰等，然后再用腻子刮平，再喷或刷装饰涂料。

3）贴面式装修。对某些装修要求较高，或有保温、隔热、吸声要求的建筑，可于楼板底面直接粘贴墙纸、装饰吸声板以及泡沫塑胶板等。这些装修材料一般均借助于黏合剂粘贴。

（2）悬吊式顶棚　悬吊式顶棚又称为吊天花或吊顶，如图 7-35 所示。

图 7-35　悬吊式顶棚

依据所用材料、装修标准以及防火要求的不同，吊顶可采用木龙骨和金属龙骨，如图 7-36 所示。

a) 木龙骨　　　　　　　　　　　　　　　　b) 金属龙骨

图 7-36　吊顶龙骨

1）木龙骨吊顶。木龙骨吊顶中龙骨主要为主龙骨和次龙骨，根据情况，有时也会用到小龙骨，如图 7-37 所示。当主龙骨与次龙骨位于同一标高范围内时，一般不需要小龙骨；当次龙骨位于主龙骨下方，且面板尺寸较小时，一般需要使用小龙骨。

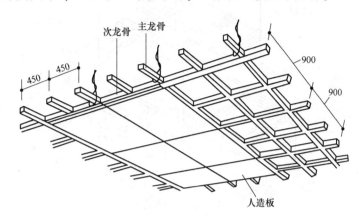

图 7-37　木龙骨吊顶

木龙骨吊顶中面板一般可使用灰板条平顶（木板条抹灰）或一些人造板，如纤维板、装饰吸声板、岩棉板、三夹板、石膏板、玻璃、有机玻璃板等。

木龙骨承载较小，适合于面积较小的吊顶，一般在家居建筑中运用较多。

2）金属龙骨吊顶。金属龙骨吊顶中龙骨可以为铝合金龙骨或轻钢龙骨，如图 7-38 所示。龙骨也分为主龙骨和次龙骨，较多情况下会使用小龙骨。

金属龙骨吊顶中的面板一般为金属板或其他人造板，如铝板、铝合金型板、不锈钢薄板、石膏板、矿棉吸声板等。

金属龙骨承载较大，适合于面积较大的吊顶，一般在公共建筑中运用较多。

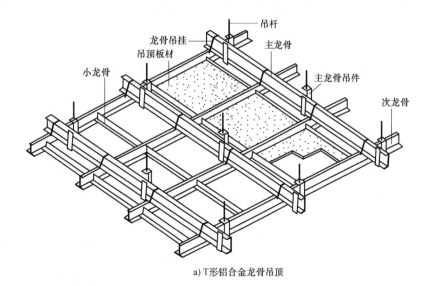

a）T形铝合金龙骨吊顶

图 7-38　金属龙骨吊顶

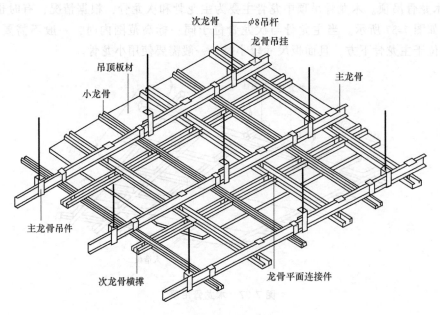

b) U形轻钢龙骨吊顶

图 7-38　金属龙骨吊顶（续）

7.3　地坪与地面构造

7.3.1　地坪构造

1. 地坪的作用

地坪是指建筑物底层与土壤接触的结构构件，它承受着其上的荷载，并把它均匀地传递给地基。

2. 地坪的组成

地坪由面层、结构层和垫层组成，有特殊要求的地坪还需要设置附加层。地坪的组成如图 7-39 所示。

（1）面层　地坪的面层又称为地面，是地坪最上层的部分，也是人们经常接触的部分，同时起到室内装饰的作用。

（2）结构层　地坪的结构层是地坪的承重和传力部分，通常采用 C10 素混凝土制作，厚度为 80mm 左右。

（3）垫层　地坪的垫层是结构层与地基之间的找平层或填充层，主要起加强地基、帮助传递荷载的作用。地基条件较好且室内荷载不大的建筑一般可不设垫层；

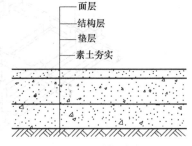

图 7-39　地坪的组成

而室内荷载较大且地基又较差的建筑一般都设置垫层。垫层一般采用碎石、碎砖、道砟制作，也可采用三合土。

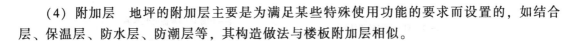

（4）附加层　地坪的附加层主要是为满足某些特殊使用功能的要求而设置的，如结合层、保温层、防水层、防潮层等，其构造做法与楼板附加层相似。

7.3.2　地面构造

楼板的面层和地坪的面层构造一致，统称为地面。有时为了区分，也可以把楼板的面层称为楼面，把地坪的面层称为地面。

1. 地面的要求

地面是人们日常工作、生活、学习和生产时必须接触的部分，也是建筑直接承受荷载、经常受到摩擦的部分，因此对它应有一定的要求，具体如下：

（1）具有足够的坚固性　地面应具有足够的坚固性，即要求在各种外力作用下不易被磨损、破坏，表面应平整、光洁、易清洁、不起灰。

（2）保温性能好　作为人们经常接触的地面，材料导热系数要小，应给人们以温暖舒适的感觉，保证寒冷季节脚部舒适。

（3）应具有一定的弹性　地面应具有一定的弹性，当人们行走时不致感觉过硬，利于脚部舒适，同时有弹性的地面有利于减少噪声。

（4）满足隔声的要求　隔声要求主要针对楼面，可通过选择楼面垫层的厚度与材料类型来满足隔声的要求。

（5）满足美观要求　地面是建筑内部空间的重要组成部分，应具有与功能相适应的外观形象。

（6）满足其他特殊要求　对于有某些特殊功能要求的建筑，其地面还应具有一些特殊的要求，如防水、防火、耐燃、防腐蚀等。这些特殊要求一般可通过增加附加层来解决。

2. 地面类型

地面类型的名称一般是以面层的材料来命名的。按面层所用材料和施工方式的不同，地面可分为：

（1）整体类地面　整体类地面面层没有缝隙，整体效果好，一般是整片施工，也可分区分块施工。包括水泥砂浆地面、细石混凝土地面、水磨石地面和菱苦土地面等。

（2）镶铺类地面　镶铺类地面也称为块材地面，是利用各种人造或天然的板材、块材（包括黏土砖、大阶砖、水泥花砖、陶瓷地砖、马赛克、人造石板、天然石板及木地板等）铺在基层上的地面。

（3）粘贴类地面　粘贴类地面是将卷材粘贴在基层上。包括橡胶地毡、塑料地毡、地毯等。

（4）涂料类地面　涂料类地面是利用涂料涂刷或涂刮而成的，主要包括各种高分子合成涂料地面。

3. 地面构造

（1）水泥砂浆地面　水泥砂浆地面简称水泥地面，是整体类地面的一种。其构造简单、坚固耐磨、造价低廉，但易起灰、结露，一般适用于标准较低的建筑中。

水泥砂浆地面构造上常以 15～20mm 厚 1：3 水泥砂浆打底、找平，再以 5～10mm 厚 1：2.5 或 1：2 的水泥砂浆抹面，如图 7-40 所示。

（2）细石混凝土地面　细石混凝土地面的刚性好、强度高，且不易起尘，如图 7-41 所

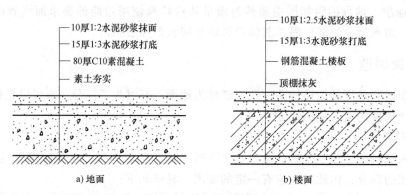

10厚1:2水泥砂浆抹面
15厚1:3水泥砂浆打底
80厚C10素混凝土
素土夯实

10厚1:2.5水泥砂浆抹面
15厚1:3水泥砂浆打底
钢筋混凝土楼板
顶棚抹灰

a) 地面   b) 楼面

图 7-40   水泥砂浆地面

示。其做法是在基层上浇筑 30～40mm 厚 C20 细石混凝土，在初凝前用铁滚滚压出浆水并抹平，待其终凝前再用钢板压光。

图 7-41   细石混凝土地面

（3）水磨石地面   水磨石地面又称磨石子地面，如图 7-42 所示。水磨石地面表面光洁、美观，不易起灰，其造价较水泥地面高，易返潮。

图 7-42   水磨石地面

图 7-42　水磨石地面（续）

水磨石地面构造上常用 10~15mm 厚 1∶3 水泥砂浆打底，在其上嵌固玻璃条（也可嵌铜条或铝条）进行分格，如图 7-43a 所示，再在每分格中浇入 10mm 厚 1∶1.5 或 1∶2 的水泥、石渣粉面。浇水养护 6~7d 后用磨光机磨光，最后打蜡保护，如图 7-43b 所示。

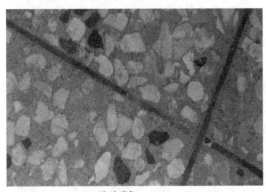

a) 嵌玻璃条

b) 磨光

图 7-43　水磨石地面工艺

嵌条的作用，一是划分出小块，防止面层开裂；二是按设计图案分区，增添美观。

（4）黏土砖地面　黏土砖地面是由普通黏土砖或大阶砖铺砌而成的地面，如图 7-44 所

a) 普通黏土砖

b) 大阶砖

图 7-44　黏土砖地面

示。其铺设的方法有两种：干铺和湿铺。干铺是在基层上铺一层 20~40mm 厚的砂子，将砖块直接铺在其上，校正平整后用砂或砂浆填缝。湿铺是在基层上抹 10~20mm 厚 1∶3 的水泥砂浆，再将砖块铺平压实，最后用 1∶1 的水泥砂浆灌缝。

（5）缸砖地面　缸砖为陶土烧制而成，颜色为红棕色，尺寸一般为 100mm×100mm、150mm×150mm，厚度一般为 10~15mm，如图 7-45 所示。缸砖质地坚硬、耐磨、防水、耐腐蚀，易于清洁。

图 7-45　缸砖地面

缸砖的铺贴方式一般是在结构层找平的基础上，用 5~8mm 厚 1∶1 的水泥砂浆粘贴。缸砖间应留有一定的缝隙，以增强材料的透气性，缝隙的宽度一般为 5mm 左右。

（6）马赛克地面　马赛克地面是将马赛克粘贴在地面基层上形成的，如图 7-46 所示，其构造做法与墙面贴马赛克相似。

图 7-46　马赛克地面

（7）人造石板和天然石板地面　人造石板主要有人造大理石、人造花岗岩、水磨石板等；天然石板主要有大理石、花岗石石板，如图 7-47 所示。天然石板具有质地坚硬、色泽艳丽的特点，多用于高标准的建筑中。石板的尺寸有很多种，常见的有 600mm×600mm、800mm×800mm 等，厚度一般为 20~50mm。

a) 大理石地面

b) 花岗岩地面

图 7-47　天然石板地面

　　石板地面的构造做法是先在基层上铺一层 30mm 厚 1∶4 的干硬性水泥砂浆，再用 10～15mm 厚 1∶1 的水泥砂浆或水泥净浆贴石板，石板间一般留 1mm 左右的缝隙，如图 7-48 所示。

　　（8）地砖地面　地砖的种类很多，如釉面地砖、通体地砖（即同质地砖）、抛光地砖、玻化地砖等，地砖地面如图 7-49 所示。地砖常见的尺寸有 300mm × 300mm、450mm × 450mm、600mm × 600mm、800mm × 800mm、1000mm × 1000mm、1200mm×1200mm 等，厚度一般为 9～15mm。地砖地面的构造做法一般与天然石板或人造石板地面相似。

```
10～15厚1:1水泥砂浆贴石板，缝宽1
30厚1:4干硬性水泥砂浆找平
80厚C10素混凝土垫层
素土夯实
```

图 7-48　天然或人造石板地面构造

　　（9）木地面　木地面是指把木板或木条铺贴在地面基层上形成的地面面层，其弹性好、导热系数小、不起尘、易清洁，但造价较高。按其构造形式不同有空铺木地面、实铺木地面和粘贴木地面三种。

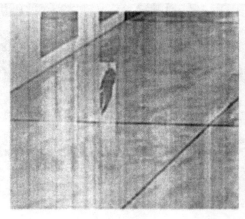

图 7-49　地砖地面

空铺木地面常用于底层地面，其做法是砌筑地垄墙，在地垄墙上搁置木搁栅，上面再铺钉木地板，如图 7-50 所示。此种做法耗用木材较多，而且占用净高较大，现在很少采用。

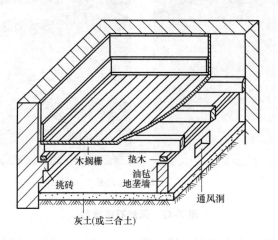

图 7-50　空铺木地面示意图

实铺木地面是在地面基层上直接钉铺小型木搁栅，再在上面铺钉实木地板，如图 7-51 所示。还有一种实铺木地面，是将复合地板直接铺设在地面上，如图 7-52 所示。

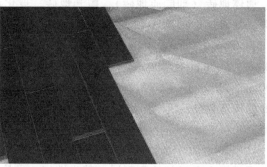

图 7-51　实铺实木地面

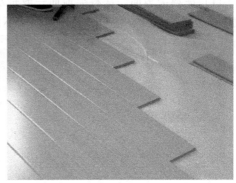

图 7-52　实铺复合地板

粘贴木地面是将木地板用沥青胶、环氧树脂或乳胶等黏结材料直接粘贴在地面基层上，如图 7-53 所示，此种木地面应注意防潮。

图 7-53　粘贴木地面

（10）塑料地毡或地毯地面　塑料地毡或地毯地面是将塑料地毡或地毯直接铺贴于地面基层上，可干铺，也可用黏结剂粘贴，如图 7-54 所示。

a) 塑料地毡地面　　　　　　　　　　　b) 地毯地面

图 7-54　塑料地毡或地毯地面

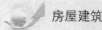

（11）涂料类地面　涂料类地面一般是水泥砂浆或混凝土地面的一种表面处理形式，用以改善水泥砂浆地面在使用和装饰方面的不足，如图 7-55 所示。

图 7-55　涂料类地面

4. 踢脚线构造

在室内墙面接近地面的位置，通常按地面的做法进行处理，将其作为地面的延伸部分，这部分称为踢脚线，也称踢脚板，如图 7-56 所示。

图 7-56　踢脚线

踢脚线的主要功能是保护墙面，防止因受外界碰撞而破坏或在清洗地面时脏污墙面。踢脚线的高度一般为 100~150mm，其材料基本与地面一致，通常比墙面抹灰突出 4~6mm。

■ 7.4　阳台与雨篷

7.4.1　阳台

阳台是楼房建筑中多层房间与室外接触的平台，它给居住在建筑里的人提供舒适的室外活动空间，是多层住宅、高层住宅及旅馆建筑中不可缺少的组成部分。阳台有挑阳台、凹阳台、半挑半凹阳台，阳台形式如图 7-57 所示。

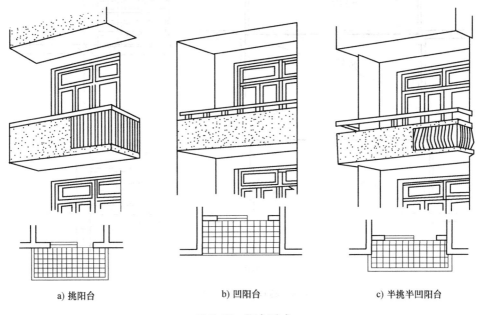

a) 挑阳台   b) 凹阳台   c) 半挑半凹阳台

图 7-57　阳台形式

1. 阳台的结构布置

阳台的结构形式与布置一般与建筑物的楼板结构布置统一考虑，要么都为现浇，要么都为预制。

（1）凹阳台　凹阳台一般是将板直接支承在墙上，形成墙承式结构，如图 7-58a 所示。

（2）挑阳台

1）板悬挑。采用现浇板出挑，出挑长度一般在 1.2m 以内，如图 7-58b 所示。由于板悬挑阳台容易因施工问题造成阳台断落，产生较大的危害，故目前很多地方已经限制使用。

2）梁悬挑。梁悬挑是指将横墙内的梁外伸，形成挑梁，在其上做现浇板或放置预制板，如图 7-58c 所示。两根挑梁端部一般以梁连接，称为台口梁或面梁，它既可以遮挡挑梁头，又可以承受阳台栏杆的重量，还可以加强阳台的整体性。

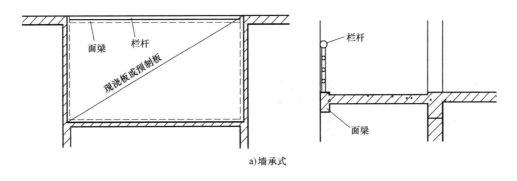

a) 墙承式

图 7-58　阳台的结构布置

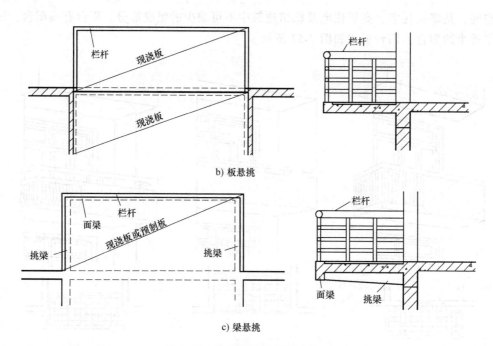

b) 板悬挑

c) 梁悬挑

图 7-58 阳台的结构布置（续）

为了防止挑梁根部破坏，挑梁根部截面高度一般为出挑距离的 $1/6\sim1/5$，也可稍大；为了防止阳台以外墙外边为支点发生倾覆，挑梁压入墙身的长度一般为出挑距离的 $1\sim1.5$ 倍，如图 7-59 所示。

2. 阳台的细部构造

（1）栏杆形式　阳台栏杆是在阳台外围设置的垂直构件，主要承担人们倚扶的侧推力，防止人们跌出，因此栏杆高度不应小于 1.1m，但一般也不大于 1.2m。

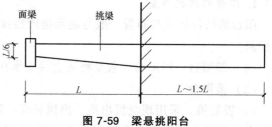

图 7-59 梁悬挑阳台

阳台栏杆形式有实体栏板和镂空栏杆两种，实体栏板有砖砌栏板、钢筋混凝土栏板等种类，镂空栏杆主要为金属栏杆，如图 7-60 所示。

a) 金属栏杆

b) 钢筋混凝土栏板

c) 玻璃栏板

图 7-60 阳台栏杆形式

（2）栏杆与阳台的连接

1）金属栏杆。在台口梁上表面每隔一段距离埋入预埋件（40mm×40mm×5mm、40mm×40mm×6mm、45mm×45mm×5mm 等），并以 φ6 钢筋锚固，然后在预埋件上焊上通长钢板，最后将立管和立杆焊接在钢板上。金属栏杆与阳台的连接如图 7-61 所示。

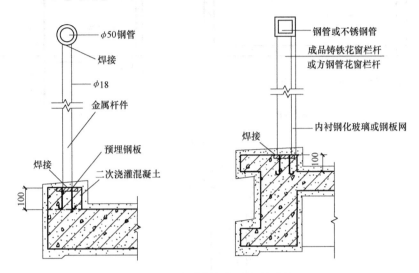

图 7-61　金属栏杆与阳台的连接

2）钢筋混凝土栏板。采用混凝土栏板时，一般栏板与底板及台口梁钢筋搭接，混凝土也连成一个整体。钢筋混凝土栏板与阳台的连接如图 7-62 所示。

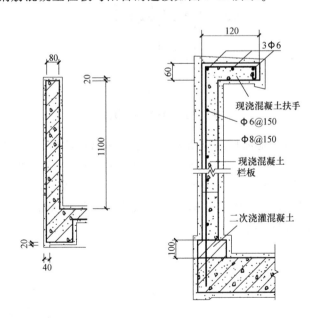

图 7-62　钢筋混凝土栏板与阳台的连接

3）砖砌栏板。砖砌栏板一般为 120mm 厚的砖墙，为保证其稳定和安全，一般需采用钢筋混凝土小立柱、拉结筋和压顶等构造措施进行加强。砖砌栏板构造如图 7-63 所示。

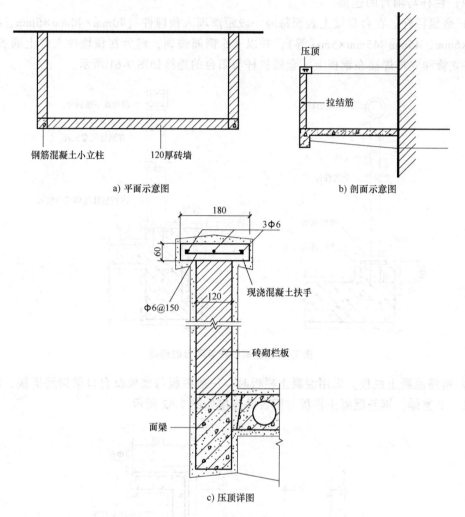

a) 平面示意图   b) 剖面示意图

图 7-63 砖砌栏板构造

（3）阳台排水　阳台的地面标高应低于室内地面 30mm 以上，并设置一定的排水坡度，将水导向排水孔，孔内埋设 $\phi40$mm 或 $\phi50$mm 钢管或塑料管，管口伸出，挑出至少 80mm，形成水舌。水舌排水如图 7-64 所示。在现代的建筑中，为了保证阳台的使用，可将水舌伸入雨水管，或设置地漏，将水有组织地排放进雨水管。地漏排水如图 7-65 所示。但须注意应尽量使生活污水与雨水分开排放。

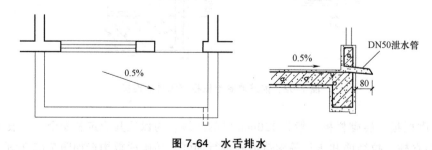

图 7-64 水舌排水

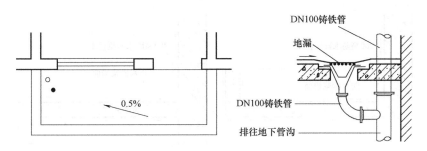

图 7-65　地漏排水

7.4.2　雨篷

雨篷是建筑物入口处位于外门上部用以遮挡雨水、保护外门免受雨水侵害的水平构件，如图 7-66 所示。

图 7-66　雨篷

1. 雨篷的形式

常见的雨篷形式有无柱（悬挑）雨篷、有柱雨篷，无柱雨篷又分为悬板式雨篷和梁板式雨篷两种。

（1）无柱雨篷

1）悬板式雨篷。悬板式雨篷外挑长度一般为 0.9~1.5m，板根部厚度一般不小于挑出长度的 1/12，如图 7-67 所示。此种雨篷由于尺寸较小，故一般常用于上人屋面入口处。

2）梁板式雨篷。梁板式雨篷挑出尺寸可较大，其结构与梁悬挑阳台相似，如图 7-68 所示。

（2）有柱雨篷　当雨篷出挑尺寸很大时，为避免雨篷梁扭矩过大，可采用外部设柱的方式来支撑，形成有柱雨篷，如图 7-69 所示。

除了上述的钢筋混凝土雨篷以外，还可以采用钢结

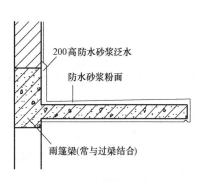

图 7-67　悬板式雨篷

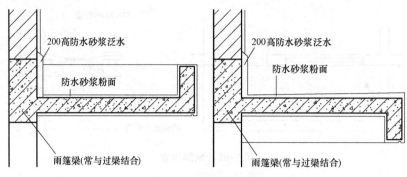

图 7-68 梁板式雨篷

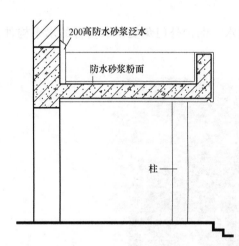

图 7-69 有柱雨篷

构上面铺设玻璃形成雨篷,如图 7-70 所示。

图 7-70 其他形式雨篷

2. 雨篷防水和排水

雨篷顶面应做好防水和排水处理。雨篷排水方式可采用无组织排水和有组织排水两种,外墙与雨篷顶面接触的一定高度范围内应做泛水,泛水高一般为 200~250mm。

雨篷顶面需设置 1%的排水坡,以便将雨篷上的雨水顺利排除,有时可采用水舌排水,也可将雨水排入相连的雨水管内。

思考题与习题

1. 楼板层有何作用？

2. 楼板层的设计要求有哪些？

3. 楼板层通常由_____、_____和_____组成，特殊情况下还应设置_____。

4. 钢筋混凝土楼板按施工方式可以分为哪几种？

5. 现浇钢筋混凝土楼板按受力和传力情况一般分为_____、_____和_____三种。

6. 什么是板式楼板、梁板式楼板和无梁楼板？三者有何区别？

7. 何为单向板？何为双向板？

8. 预制板的常见类型有哪几种？

9. 预制板布板时产生的板缝差该如何处理？

10. 楼板防水以_____为佳。有水房间一般设置_____%的坡度，以利于排水；为防止积水外溢，有水房间的地面一般比其他房间或走廊低_____。

11. 顶棚按构造方式的不同，一般有_____和_____两种。

12. 地坪层一般由哪些构造层组成？

13. 地面的设计要求有哪些？

14. 常见的地面做法有哪几种？

15. 绘制水泥砂浆地面（楼面）的构造做法。

16. 什么是踢脚线？其有何作用？

17. 阳台有哪些种类？其结构布置如何？

18. 雨篷有哪些常见的形式？

第8章 屋 顶

本章知识要点与学习要求

序号	知识要点	学习要求
1	屋顶的功能和设计要求	熟悉
2	屋顶的组成与形式	掌握
3	屋顶的坡度及防水等级	了解
4	平屋顶的排水坡度及方式	掌握
5	平屋顶的刚性、柔性和涂膜防水	掌握
6	坡屋顶的形式及构造	了解
7	屋顶的保温与隔热	熟悉

■ 8.1 概述

8.1.1 屋顶的功能和设计要求

1. 功能

屋顶是建筑最上层覆盖的外围护结构,其主要是用以抵御风霜雨雪、太阳辐射、气温变化和其他因素,使屋顶覆盖下的空间有良好的环境。因此,要求屋顶具有防水、保温、隔热、隔声、防火等功能。

在结构上,屋顶是房屋上层的承重结构,它主要支承自重和作用在屋顶上的各种荷载,同时对房屋上部还有水平支撑作用。因此,要求屋顶具有良好的强度、刚度和整体稳定性等功能。

2. 设计要求

(1)结构安全要求(承重要求) 屋顶应能够承受各种荷载和屋面自重,并顺利地传递给墙、柱等构件,应具有足够的强度、刚度和稳定性。

(2)排水防水要求 屋顶积水(积雪)以后,应能够尽快排除,以防渗漏。在处理屋面防水问题时,应兼顾"导"和"堵"两个方面。

(3)保温隔热要求 屋顶作为围护结构,应具有一定的热阻能力,以防止热量从屋面过分散失。

8.1.2　屋顶的组成与形式

　　屋顶主要由屋面和支承结构所组成，有的还有顶棚以及其他功能层，如保温层、隔热层、隔声层和防火层等。

　　屋顶的形式与建筑的使用功能、屋面盖料、结构选型及建筑造型等要求有关。屋顶的支承结构一般有平面结构和空间结构之分，平面结构有平屋顶（梁板）和坡屋顶（屋架），空间结构有折板、壳体、网架、悬索等，如图8-1所示。

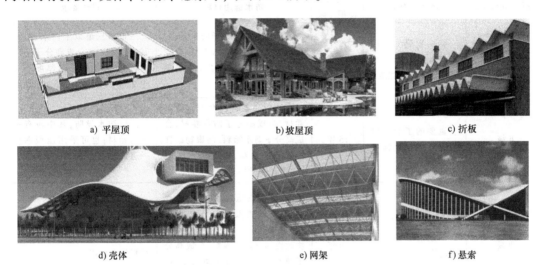

a) 平屋顶　　　　　　　　b) 坡屋顶　　　　　　　　c) 折板

d) 壳体　　　　　　　　e) 网架　　　　　　　　f) 悬索

图 8-1　屋顶的支承结构

8.1.3　屋顶的坡度

　　屋顶坡度的表示方法有三种：斜率比、角度和百分比。斜率比表示法是用屋顶的高度与水平投影长度的比值来表示，如1∶3、1∶5等；角度表示法是以屋顶坡面与水平面所构成的夹角来表示，如35°、45°等，在坡度较大时采用；百分比表示法是用屋顶高度与水平投影长度的百分比来表示，如1%、2%等，在坡度较小时采用。

　　一般平屋顶的坡度常采用百分比，如坡度≤10%；坡屋顶的坡度常采用斜率比或角度，如坡度>10%。常用屋面的坡度范围如图8-2所示。

　　屋顶坡度的确定与屋顶防水材料、地区降雨量、屋顶结构形式、建筑造型要求以及经济条件等因素有关。一般民用建筑中，防水材料和地区降雨量对屋顶的坡度

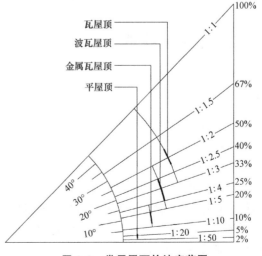

图 8-2　常用屋面的坡度范围

影响最大。防水材料性能越好,屋顶排水可越缓,坡度可越小;防水材料性能越差,屋顶排水须越迅速,坡度越大。地区降雨量越大,屋顶排水应越迅速,坡度也越大;地区降雨量越小,屋顶排水可越缓,坡度可越小。

8.1.4 屋顶防水等级

屋顶的防水等级一般分为四个级别,具体内容详见表8-1。

表 8-1 屋顶防水等级明细

屋顶的防水等级	建筑物类别	防水层使用年限	防水选用材料	设防要求
I 级	特别重要的民用建筑和对防水有特殊要求的工业建筑	25 年	宜选用合成高分子防水卷材、高聚物改性沥青防水卷材、合成高分子防水涂料、细石防水混凝土等材料	三道或三道以上防水设防,其中应用一道合成高分子防水卷材,且只能有一道厚度不小于2mm的合成高分子防水涂膜
II 级	重要的工业与民用建筑、高层建筑	15 年	宜选用高聚物改性沥青防水卷材、合成高分子防水卷材、合成高分子防水涂料、高聚物改性沥青防水涂料、细石防水混凝土、平瓦等材料	二道防水设防,其中应有一道为卷材;也可采用压型钢板一道设防
III 级	一般的工业与民用建筑	10 年	应选用"三毡四油"沥青防水卷材、高聚物改性沥青防水卷材、合成高分子防水卷材、高聚物改性沥青防水涂料、合成高分子防水涂料、沥青基防水涂料、刚性防水层、平瓦、油毡瓦等材料	一道防水设防,或两种防水材料复合使用
IV 级	非永久性的建筑	5 年	可选用"二毡三油"沥青防水卷材、高聚物改性沥青防水涂料、沥青基防水涂料、波形瓦等材料	一道防水设防

■ 8.2 平屋顶构造

8.2.1 平屋顶排水

为了迅速排除屋面雨水,平屋顶要进行合理的排水设计,包括屋面排水坡度、排水方式、排水组织设计等。

1. 排水坡度

若要屋顶排水通畅,首先要选择合适的屋面排水坡度。从排水效果的角度考虑,坡度越大越好;从结构、经济及上人活动等情况考虑,坡度越小越好。

平屋顶中,对于一般常见的防水卷材屋面和混凝土屋面,坡度多采用 2%~3%,对于上人屋面,坡度多采用 1%~2%。

屋面排水坡度的形式主要有搁置坡度和垫层坡度两种。

（1）搁置坡度　搁置坡度又称为结构找坡，是指将屋面板搁置在顶面倾斜的墙体或梁或屋架上，从而形成排水坡度，如图 8-3a 所示。这种找坡方式中，结构层本身带有坡度，无须做找坡层，荷载轻，施工简单。但结构下底面不平，一般宜做吊顶。适用于屋面坡度>3%的情况。

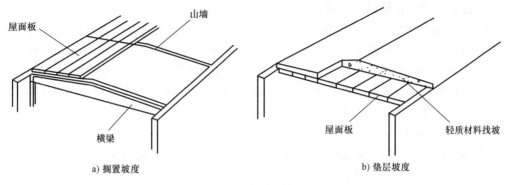

图 8-3　排水坡度的形式

（2）垫置坡度　垫置坡度又称为建筑找坡或材料找坡，是指在水平的屋面板上，采用轻质材料垫出排水坡度，如图 8-3b 所示。这种找坡方式增加了找坡荷载，故坡度一般不宜超过 3%，否则屋面荷载过大。

2. 排水方式

平屋顶的排水方式分为无组织排水和有组织排水两大类。无组织排水是指雨水不经过天沟、雨水管等排水装置导流，直接由屋面自由落下的排水方式；有组织排水是指雨水经由天沟、雨水管等排水装置导流至地面或地下管沟的排水方式。具体来说，又可分为：

（1）外檐自由落水　外檐自由落水又称为无组织排水，是指屋面伸出外墙，形成挑外檐，使雨水自屋面自由落下的排水方式，如图 8-4a 所示。这种排水方式构造简单、经济，但落水时，雨水可能会溅湿勒脚，有风时雨水还可能冲刷墙面。此种排水方式一般适用于低

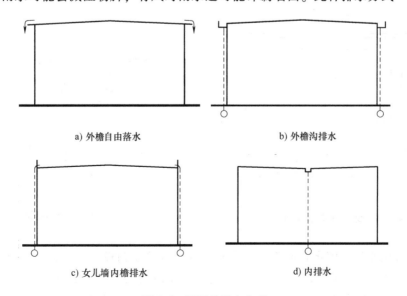

图 8-4　屋顶的排水方式

层及雨水较少地区。

（2）外檐沟排水　屋顶可做成单坡、双坡和四坡屋面排水，同时相应地在屋顶的单面、双面或四面设置排水外檐沟，如图 8-4b 所示，檐沟内也应抹出 1% 左右的排水坡。

（3）女儿墙内檐排水　设有女儿墙的建筑，可在女儿墙内设檐沟或在近外檐处垫坡，雨水口穿过女儿墙，在外设雨水管，如图 8-4c 所示。

（4）内排水　大面积、多跨和高层建筑多采用内排水的方式，雨水经雨水口流入室内雨水管，再由地下管道把雨水排至室外，如图 8-4d 所示。内排水由于雨水管在室内，构造复杂、易渗漏且维修不便，因此屋顶排水方式应综合考虑结构形式、气候条件、使用特点，并应优先选择外排水。某些大型公共建筑、高层建筑以及严寒地区为保证建筑物外观效果和防止雨水管冰冻堵塞可采用内排水方式。

3. 排水组织设计

屋顶排水组织设计的任务是把屋顶划分成若干个排水区域，将各个区域的雨水分别引向各个雨水管，使排水线路简捷，雨水管负荷均匀，排水顺畅。

（1）划分排水区域　排水区域的划分应尽可能规整，面积大小应相当，以保证每个雨水管的排水面积负荷均匀。在划分排水区域时，每块区域的面积宜小于 $200m^2$，以保证屋顶排水通畅，防止屋顶雨水积聚。

（2）确定排水坡面的数目　对于一般平屋顶，建筑物屋顶深度小于 12m 或为临街建筑时，可采用单坡排水；建筑物进深较大时，为了不使水流的路线过长，宜采用双坡排水。排水坡面示意图如图 8-5 所示。

（3）确定天沟断面的大小和天沟纵坡的坡度值　天沟即屋顶上的排水沟，位于外檐边的天沟又称檐沟。天沟的功能是汇集和迅速排除屋顶的雨水，故天沟应有适当的断面尺寸和合适的坡度。天沟的宽度不应小于 200mm，常设为 300~900mm，天沟上口距分水线的距离不应小于 120mm。檐沟断面如图 8-6 所示。沿天沟底长度方向应设纵向排水坡，简称天沟纵坡，一般采用 1%。

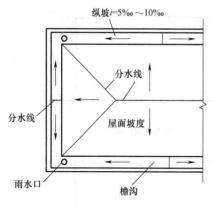

图 8-5　排水坡面示意图

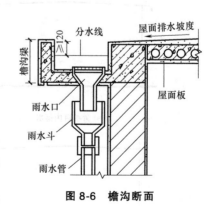

图 8-6　檐沟断面

（4）布置雨水管　雨水管的管材通常有铸铁、镀锌薄钢板、塑料、PVC 和陶瓷等。选择管材时，要结合经济要求、立面效果、当地材料供应情况和通常做法综合考虑。雨水管直径应考虑雨水量，通常为 75~150mm；雨水管的间距一般宜小于 18m，最大不超过 24m。

8.2.2 平屋顶防水

平屋顶防水可以分为刚性防水、柔性防水、涂膜防水三种常见的做法。

1. 刚性防水屋面

刚性防水屋面是指以防水砂浆或密实混凝土浇捣形成的刚性防水层的屋面。刚性防水层施工方便，节约材料，经济，维修方便；但其对温度变化和结构变形很敏感，易产生裂缝而渗漏水，需要采取预防构造措施。刚性防水屋面的分层构造如图8-7所示。

图中标注：
- 40厚C20细石混凝土Φ4@200双向配筋
- 20厚1:3石灰砂浆抹面隔离层
- 35厚C15细石混凝土找平层
- 基层

- 防水层
- 隔离层
- 找平层
- 屋面板

图 8-7 刚性防水屋面的分层构造

（1）刚性防水层的防水措施 施工时，多余水在水泥硬化过程中蒸发形成许多空隙和相互连贯的毛细管网，因此普通的混凝土或水泥砂浆须进行防水措施，才能作为防水层。

1）增加防水剂。防水剂通常为憎水性物质、无机盐或不溶解的皂类，如硅酸钠、氯化物等制成的防水粉或浆。防水剂掺入砂浆或混凝土后，能生成不溶性物质，填塞毛细管网。

2）采用微膨胀。在普通水泥中掺入少量的矾土水泥和二水石膏等配成细石混凝土，在凝结时产生微膨胀效应，抵消收缩性，提高抗裂性。

3）提高密实性。在施工中控制水灰比，加强振捣来提高密实性。细石混凝土在初凝前，用铁滚辗压，挤出余水，初凝后加少量干水泥，收水后用钢板压平，表面打毛，盖席浇水养护，提高密实性和避免龟裂。

（2）刚性防水层的变形防止措施 裂缝是刚性防水层最大的问题。导致刚性防水层开裂的原因有很多，如气候变化和太阳辐射引起的热胀冷缩；屋面板受力后的挠曲变形；墙身坐浆收缩、地基沉降、屋面板徐变以及材料收缩对防水层的影响等。

为适应防水层的变形，避免防水层产生裂缝，常采用以下几种处理方法：

1）配筋。细石混凝土屋面防水层的厚度一般为 35~40mm，为提高其抗裂性，常配 Φ3@150 或 Φ4@200 的双向钢筋网。钢筋网宜偏上，上留 15mm 保护层即可。

2）设置分仓缝。分仓缝也称为分格缝，是防止屋面不规则裂缝以适应屋面板变形而设置的人工缝，如图8-8所示。分仓缝应设置在屋面温差变形的许可范围内和结构变形敏感部位。

分仓缝服务面积在 15~25m²，间距在 3~5m。进深在 10m 以内的房屋，可在屋脊处设纵向缝，当进深超过 10m 时，则需在坡中再设一道纵向缝。

分仓缝宽为 20mm，缝内不可用砂浆填实，常用油膏嵌缝，厚 20~30mm，其下用弹性材料泡沫塑料或沥青麻丝填缝。

为避免积水，横向支座处的分仓缝可做出分水线，为防止油膏老化，可用卷材贴面，也

图 8-8　屋面分仓缝

可盖瓦；纵向分仓缝一般可用油膏或卷材处理，分仓缝防水处理如图 8-9 所示。为了增强防水效果，也可在分仓缝内卡嵌海绵条，如图 8-10 所示。

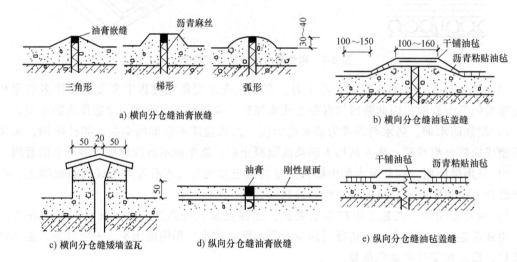

a) 横向分仓缝油膏嵌缝　　　　　　　　b) 横向分仓缝油毡盖缝

c) 横向分仓缝矮墙盖瓦　　　　d) 纵向分仓缝油膏嵌缝　　　　e) 纵向分仓缝油毡盖缝

图 8-9　分仓缝防水处理

3）设置浮筑层。浮筑层即隔离层，它可使防水层和结构层分离开来，适应各自的变形。浮筑层的厚度约 20mm，制作材料一般有废机油、沥青、油毡、石灰砂浆、纸筋石灰等。

（3）刚性防水屋面的节点构造

1）泛水构造。屋面防水层与垂直墙面交接处均须做泛水处理，其高度应大于 150mm，通常做 200~250mm。其构造做法是砖墙挑 1/4 砖（60mm），做出滴水线，细石混凝土连同钢筋网一起上弯，形成泛水，如

图 8-10　分仓缝内卡嵌海绵条

图 8-11a 所示。当上层防水层和下层结构层之间设有浮筑层时，宜采用柔性节点构造，如图 8-11b 所示。

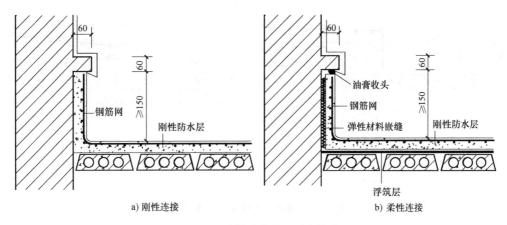

a) 刚性连接

b) 柔性连接

图 8-11　刚性防水屋面泛水构造

2）自由落水挑檐。刚性防水屋面自由落水挑檐的形成方法主要有以下两种：

① 挑梁铺屋面板，将细石混凝土防水层做到檐口，如图 8-12a 所示。

② 直接将细石混凝土防水层挑出，但需配负弯矩钢筋，设浮筑层，如图 8-12b 所示。

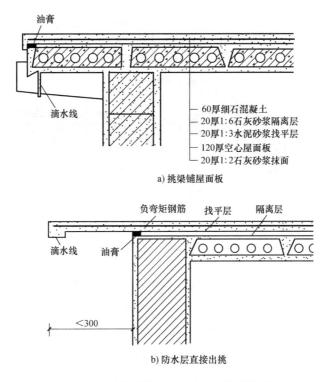

a) 挑梁铺屋面板

b) 防水层直接出挑

图 8-12　刚性防水屋面自由落水挑檐构造

3）挑檐沟。挑檐沟有现浇和预制两种，现多为现浇。应注意现浇挑檐沟与预制屋面板间变形不同可能引起裂缝而渗水，因此需采取措施。

当屋面板上无浮筑层时，可将防水层直接做到檐沟，增设构造钢筋，如图 8-13a 所示；当屋面板上设浮筑层时，防水层可挑出 50mm 左右，做滴水线，且用油膏封口，如图 8-13b 所示。

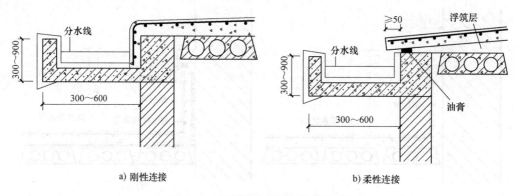

a) 刚性连接   b) 柔性连接

图 8-13　刚性防水屋面挑檐沟构造

4）女儿墙檐口。女儿墙檐口处的外排水一般采用侧向排水的雨水口，多为铸铁弯头落水口，在接缝处嵌油膏，最好上面贴一段油毡或玻璃布，刷防水涂料，铺入管内不少于50mm。也可加设外檐沟，女儿墙上开洞排水。刚性防水屋面女儿墙檐口构造如图 8-14 所示。

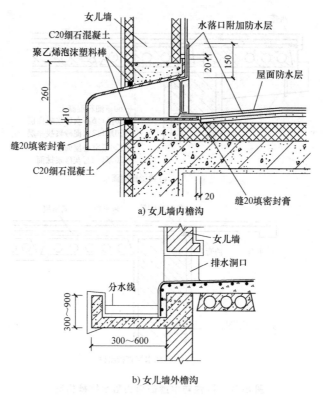

a) 女儿墙内檐沟

b) 女儿墙外檐沟

图 8-14　刚性防水屋面女儿墙檐口构造

2. 柔性防水屋面

柔性防水屋面是指将柔性的防水卷材或片材用胶结材料粘贴在屋面上，形成大面积的封闭的防水覆盖层，其有一定的延伸性，又称为卷材防水屋面，如图 8-15 所示。

图 8-15　柔性防水屋面

柔性防水屋面的材料主要有沥青类防水卷材、高聚物改性沥青防水卷材、合成高分子类防水卷材等。

（1）柔性防水屋面的分层构造　一般的柔性防水屋面从上到下构造层依次为保护层、防水层、结合层、找平层、结构层、顶棚，如图 8-16 所示。

1）保护层。传统油毡防水层的表面为沥青，呈黑色，极易吸热，在太阳照射下，夏季表面温度可达 60～80℃，容易使沥青流淌和油毡老化。因此，多在防水层表面用沥青黏着一层 3～6mm 粒径的细砂作为保护层，俗称绿豆砂或豆石。

上人屋面可在防水层上另加面层，同时也可用作油毡防水层的保护层。例如，30～40mm 厚的细石混凝土面层每 2m 设一道分仓缝。

2）防水层。由防水卷材和相应的卷材黏结剂分层黏结而成，层数或厚度由防水等级确定，具有单独防水能力的一层防水层次称为一道防水设防。

① 卷材的铺贴方法。传统的卷材防水为油毡防水屋面，多采用"三毡四油"防水，即四层沥青胶和三层油毡交错铺设。

高聚物改性沥青防水卷材的铺贴方法有冷粘法和热熔法两种，如图 8-17 所示。冷粘法

保护层
防水层
结合层
找平层
结构层
顶棚

图 8-16　柔性防水屋面的分层构造

a) 冷粘法　　　　　　　　　　b) 热熔法

图 8-17　卷材铺贴方法

是使用胶黏剂将卷材粘贴在基层上；热熔法是用火焰加热器将卷材均匀加热至表面光亮发黑，然后立即滚铺并使之平展。

高分子卷材防水层是先在基层上涂刮基层处理剂，待处理剂干燥不粘手后即可铺贴卷材。

② 卷材与基层的粘贴方式。卷材与基层的粘贴方式可分为满粘法、点粘法和条粘法。满粘法使卷材与基层粘贴密实，但基层或保温层不干燥存有水汽（如受太阳辐射，水汽会蒸发）时，卷材会形成鼓泡，产生皱褶和破裂。点粘法（也称为花油法）、条粘法使卷材与基层之间有供蒸汽扩散的场所，可以尽量避免防水卷材破裂而产生渗漏。卷材与基层的粘贴方式如图 8-18 所示。

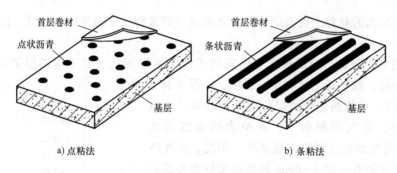

图 8-18　卷材与基层的粘贴方式

③ 卷材的铺贴方向。当屋面坡度较小时，卷材宜平行于屋脊铺贴，且应从檐口向屋脊层层向上铺贴，上下搭接 80～120mm，左右搭接 100～150mm；当屋面坡度较大或屋面受振动影响时，卷材应垂直屋脊铺贴。

3）结合层。为了使第一层热沥青能和找平层牢固地结合在一起，通常在找平层上先喷上一层冷底子油。冷底子油系稀释的沥青溶液，它能和沥青很好地黏合，又能渗入水泥砂浆。

4）找平层。卷材防水层要求铺贴在坚固而平整的基层上，以防止卷材凹陷或断裂，故铺贴卷材前，须先做找平层。找平层一般在结构上做 1:3 水泥砂浆找平层，厚 15～20mm。

（2）油毡防水屋顶的节点构造

1）泛水构造。在防水层与垂直墙交接处，一般需用砂浆在转角处做弧形或 45°斜面，卷材粘贴至垂直面至少 150mm 高，通常为 200～250mm。卷材防水屋面泛水构造如图 8-19 所示。

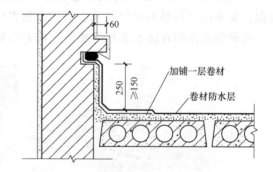

图 8-19　卷材防水屋面泛水构造

2）挑檐沟构造。卷材防水屋面的挑檐沟，屋面卷材防水层直接卷入檐沟，并在挑口顶部收头，如图 8-20 所示。卷材防水屋面挑檐沟内的雨水口构造如图 8-21 所示。

3）女儿墙内挑檐沟构造。卷材防水屋面的女儿墙内挑檐沟构造与泛水构造相似，如图

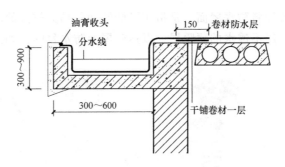

图 8-20 卷材防水屋面挑檐沟构造

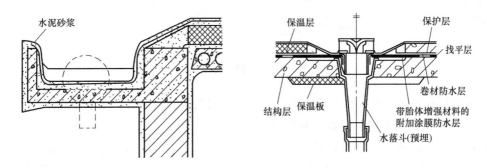

图 8-21 卷材防水屋面挑檐沟内的雨水口构造

8-22 所示，同时应注意应留侧向弯头落水口。

4）上人孔（检修孔）。对于不上人屋面，一般需设屋顶检修孔，如图 8-23 所示，检修孔的尺寸一般为 600mm×600mm。检修孔四周的孔壁可用砖立砌，在现浇屋顶板时可用混凝土上翻制成，其高度一般大于 250mm，壁外侧的防水层应做成泛水并将卷材用镀锌薄钢板盖缝钉压牢固。

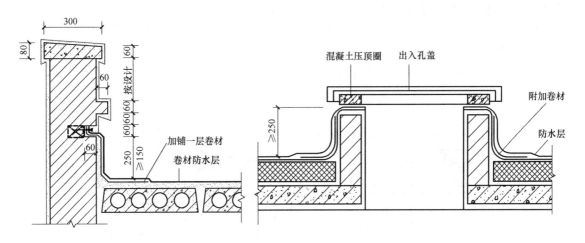

图 8-22 卷材防水屋面的女儿墙 内挑檐沟构造

图 8-23 卷材防水屋面检修孔

3. 涂膜防水屋面

涂膜防水屋面又称涂料防水屋面，是指用可塑性和黏结力较强的高分子防水涂料直接涂刷在屋面基层上形成一层不透水的薄膜层，以达到屋面防水目的，如图 8-24 所示。

图 8-24　涂膜防水屋面

防水涂料有塑料、橡胶和改性沥青三大类，常用的有塑料油膏、氯丁胶乳沥青涂料和聚氨酯防水涂膜等。这些材料多数具有防水性好、黏结力强、延伸性大、耐腐蚀、不易老化、施工方便等优点，近年来应用较为广泛。

涂膜防水屋面的分层构造与卷材防水屋面相似，也由结构层、找平层（或找坡层）、防水层和保护层组成，如图 8-25 所示。

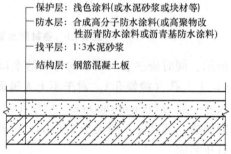

保护层：浅色涂料(或水泥砂浆或块材等)
防水层：合成高分子防水涂料(或高聚物改性沥青防水涂料或沥青基防水涂料)
找平层：1:3 水泥砂浆
结构层：钢筋混凝土板

图 8-25　涂膜防水屋面的分层构造

涂膜防水通常适用于不设保温层的预制屋面板结构，在有较大振动的建筑中或寒冷地区不宜采用。涂膜防水屋面的细部构造要求及做法类似于卷材防水屋面，在预制屋顶板或大面积钢筋混凝土现浇屋顶基层中，仍需设分仓缝。涂膜防水屋面分仓缝构造如图 8-26 所示。

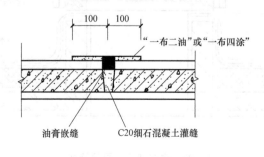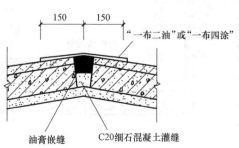

100　100
"一布二油"或"一布四涂"
油膏嵌缝　　C20细石混凝土灌缝

150　150
"一布二油"或"一布四涂"
油膏嵌缝　　C20细石混凝土灌缝

图 8-26　涂膜防水屋面分仓缝构造

■ 8.3 坡屋顶构造

8.3.1 坡屋顶的形式

坡屋顶是排水坡度较大的屋顶，多采用块状防水材料覆盖屋面，在我国沿用很久，是我国古代建筑中最基本的屋顶形式。根据坡面组织的不同，坡屋顶主要有双坡屋顶、四坡屋顶和其他形式屋顶等。

1. 双坡屋顶

双坡屋顶是屋顶中间沿建筑纵向设置屋脊线，由屋脊往两侧檐口设置排水坡度。根据檐口和山墙处理的不同，可分为悬山屋顶、硬山屋顶、出山屋顶、卷棚屋顶等，如图 8-27 所示。

a) 悬山屋顶

b) 硬山屋顶

c) 出山屋顶

图 8-27　双坡屋顶

d) 卷棚屋顶

图 8-27　双坡屋顶（续）

2. 四坡屋顶

四坡屋顶是在屋顶中间往四边檐口设置排水坡度，适当变化后，又可形成歇山屋顶、庑殿屋顶等，如图 8-28 所示。

a) 四坡屋顶

b) 歇山屋顶

c) 庑殿屋顶

图 8-28　四坡屋顶

d) 重檐庑殿屋顶

图 8-28 四坡屋顶（续）

3. 其他形式屋顶

坡屋顶中除了有双坡屋顶和四坡屋顶外，还有一些其他形式的屋顶，如单坡屋顶、攒尖屋顶、盝山屋顶等，如图 8-29 所示。

a) 单坡屋顶 b) 攒尖屋顶（圆形）

c) 攒尖屋顶(方形) d) 盝山屋顶

图 8-29 其他形式屋顶

8.3.2 坡屋顶的组成

在坡面组织中，由于屋顶坡面交接的不同而形成各种构件，如正脊、斜脊、斜沟、檐口等，如图 8-30 所示。

坡屋顶一般由承重结构和屋面两部分组成，承重结构一般由屋架（屋面大梁）、檩条、

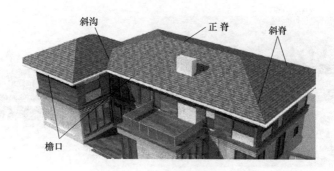

图 8-30　坡屋顶的坡面组织

椽子组成，有时还有保温层、隔热层及顶棚等。坡屋顶的承重结构如图 8-31 所示。

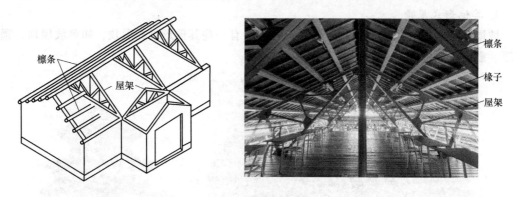

图 8-31　坡屋顶的承重结构

8.3.3　坡屋顶的承重结构系统

坡屋顶的承重结构用来承受屋面传来的荷载，并把荷载传给墙或柱。坡屋顶的承重结构系统大体上分为檩式结构、椽式结构和板式结构三种，在我国以檩式结构的使用最为广泛。

1. 檩式结构

檩式结构是以檩条作为屋面主要支承结构的屋面结构系统，又称为有檩体系。檩条又称为桁条，是房屋屋顶上纵向搁置在屋架或山墙上的屋面支承梁。檩条上一般搁椽子，椽子上铺设屋面板或用挂瓦条挂瓦，如图 8-32 所示；也可以不用椽子，在檩条上直接铺设屋面板，

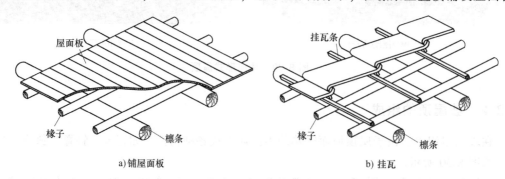

a) 铺屋面板　　　　　　　　　　　　b) 挂瓦

图 8-32　檩条上设椽子

如图 8-33 所示。

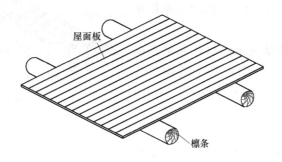

图 8-33　檩条上不设椽子

（1）檩条的类型　檩条有木檩条、钢筋混凝土檩条和钢檩条等。木檩条一般截面为圆形或矩形，钢筋混凝土檩条截面一般为矩形、L 形或 T 形，钢檩条一般截面形状为 C 形或 Z 形，如图 8-34 所示。

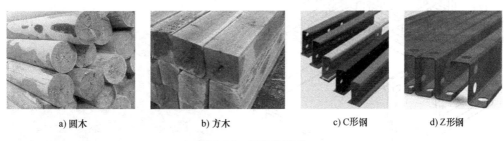

a）圆木　　　　　　　b）方木　　　　　　　c）C形钢　　　　　d）Z形钢

图 8-34　檩条的形式

（2）檩式屋顶的支承体系

1）山墙支承。利用山墙砌成尖顶形状直接搁置檩条以承载屋顶重量。这种结构形式叫山墙支承或硬山搁檩，如图 8-35 所示。

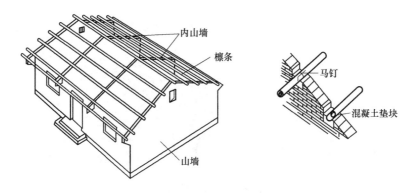

图 8-35　山墙支承檩条

2）屋架支承。在房屋的纵墙上搁置屋架，在屋架上再搁置檩条以承重。最常见的屋架形式为三角形屋架，除此之外还有芬克式屋架、拱形屋架等，制作材料可为木材、钢筋混凝土、钢或者几者的组合。

屋架支承相对于山墙支承而言，可以不设内山墙，房间的开间可以较大。屋架支承檩条如图 8-36 所示。

3）梁架支承。梁架支承是以柱和梁形成梁架来支承檩条，把房屋形成一个整体的骨架，墙体只起围护和分隔作用，不承重，如图 8-37 所示。

2. 椽式结构

椽式结构以椽架来支承屋面的承重结构形式，一般无檩条，故也称为无檩体系，如图 8-38 所示。

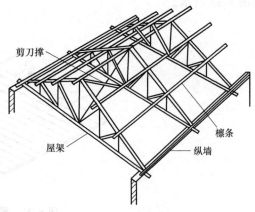

图 8-36　屋架支承檩条

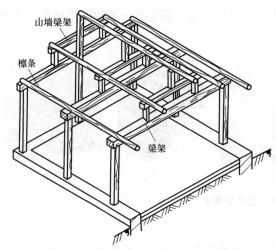

图 8-37　梁架支承檩条

图 8-38　椽式结构

3. 板式结构

板式结构是以预制钢筋混凝土屋面板为屋面基层结构的体系。在钢筋混凝土屋面板上直接铺瓦或挂瓦条挂瓦，如图 8-39 所示。

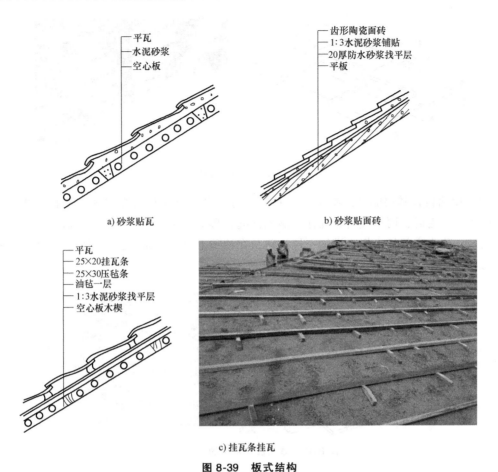

a) 砂浆贴瓦

b) 砂浆贴面砖

c) 挂瓦条挂瓦

图 8-39 板式结构

8.3.4 平瓦屋面

平瓦即黏土瓦，又称为机平瓦，是根据防水和排水需要用黏土模压制凹凸楞纹后焙烧而成的瓦片，如图 8-40 所示。

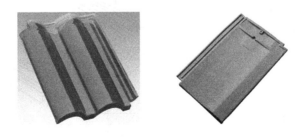

图 8-40 平瓦

1. 平瓦屋面的基层构造

（1）冷摊瓦屋面　冷摊瓦屋面是平瓦屋面最简单的做法，即在椽子上钉挂瓦条后直接挂瓦，如图 8-41 所示。此种屋面简单经济，但雨雪容易飘入，易渗水。

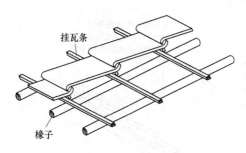

图 8-41　冷摊瓦屋面

（2）屋面板作基层的平瓦屋面　一般平瓦的防水主要靠瓦与瓦之间互相拼缝搭接，但在斜向风带雨雪时，雨水或雪花往往会飘入瓦缝，形成漏水现象。为防止这种现象，可铺一层屋面板，称为木望板，板上满铺一层油毡，在油毡上钉顺水条，上面再钉挂瓦条，此种屋面即为屋面板作基层的平瓦屋面，如图 8-42 所示。

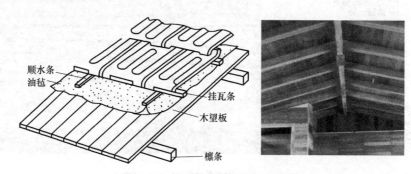

图 8-42　屋面板作基层的平瓦屋面

2. 平瓦屋面的节点构造

（1）纵墙檐口　坡屋顶的纵墙檐口有挑檐和包檐两种。

1）挑檐。挑檐是屋面挑出墙外，对外墙起保护作用的部分。常见的挑檐形式有屋面板挑板檐口、挑檩檐口和挑椽檐口，如图 8-43 所示。

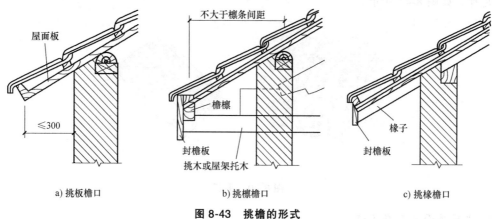

a) 挑板檐口　　　　　b) 挑檩檐口　　　　　c) 挑椽檐口

图 8-43　挑檐的形式

挑檐下可做檐口顶棚，常见的有露缝板条、硬质纤维板和板条抹灰等。纵墙挑檐处采用挑板檐口时，屋面板可能会挠曲不平，挑檩檐口或挑椽檐口会露出挑木或椽子端部，这样不仅不够美观，还容易造成屋面板、挑木或檐檩、椽子受潮，所以挑檐处通常会设置封檐板，使檐口处挺直，并可封闭檐口顶棚。

2）包檐。包檐檐口是在檐口外墙上部用砖砌出屋檐形成女儿墙，将檐口包住。在包檐内应很好地解决排水问题，一般均需做水平天沟式的檐沟。包檐檐口如图8-44所示。

包檐檐口容易损坏，保养不善将造成漏水，地震区女儿墙容易塌落，故一般不采用。

（2）山墙檐口 坡屋顶的山墙檐口有挑檐和封檐两种。

1）挑檐。挑檐也称为悬山，一般采用檩条出挑。在无檩体系中，屋面采用椽架支承时，一般也可以通过挑檐木出挑来形成挑檐。山墙檐口的做法如图8-45所示。

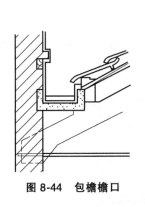

图 8-44 包檐檐口

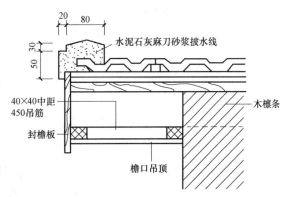

图 8-45 山墙檐口的做法

2）封檐。山墙封檐包括硬山和出山两种。硬山是屋面与山墙齐平，用水泥砂浆抹压边瓦出线。出山一般是将山墙砌出屋面，在山墙与屋面交界处做好泛水，如图8-46所示。

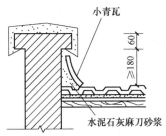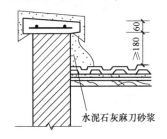

图 8-46 山墙封檐的做法

（3）天沟 天沟可用镀锌薄钢板或缸瓦制成，其构造如图8-47所示，天沟处要特别注意防水。

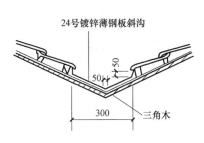

a）三角形天沟

图 8-47 天沟

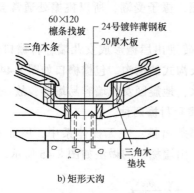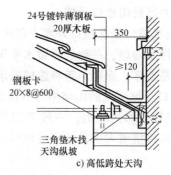

b) 矩形天沟　　　　　　　　c) 高低跨处天沟

图 8-47　天沟（续）

（4）烟囱　泛水屋面与烟囱连接处四周应做泛水，最常用的是镀锌薄钢板。上部的薄钢板应压入瓦下，而下部的薄钢板应盖在瓦上，如图 8-48 所示。

图 8-48　烟囱泛水

（5）檐沟和雨水管　瓦屋面的檐沟和雨水管一般采用镀锌薄钢板材料或其他金属板加工而成，如图 8-49 所示。

图 8-49　檐沟和雨水管

■ 8.4　屋顶的保温与隔热

屋顶属于房屋最上部的外围护构件，不但需要满足防水排水的要求，还要满足保温与隔

热的要求，强化和改善屋顶的保温隔热能力对于改善顶层房间的室内环境具有重要的意义。

8.4.1　屋顶的保温

冬季室内采暖时，气温比室外高，热量通过围护结构向外散失，为了防止室内热量散失过多、过快，须在围护结构中设置保温层。

1. 保温材料

保温材料一般是指导热系数小于或等于 0.2W/（m·K）的材料。屋顶的保温材料一般有散料类、整体类、板块类三种。

（1）散料类保温材料　散料类保温材料包括炉渣、矿渣等工业废料，以及膨胀珍珠岩陶粒、膨胀陶粒和膨胀蛭石等。

若在散料类保温层上做卷材防水，则需先做一层过渡层（通常用石灰或水泥胶结成轻质混凝土层），其上再做找平层和卷材防水层。

（2）整体类保温材料　整体类保温材料一般为轻骨料（如炉渣、矿渣、陶粒、珍珠岩等）与石灰或水泥胶结成轻质混凝土或泡沫混凝土，可以浇筑成不同的厚度。

散料类和整体类保温层均可与找坡层结合在一起设置。

（3）板块类保温材料　板块类保温材料是由工厂预制的保温板材或块材，材料一般有膨胀珍珠岩、膨胀蛭石、加气混凝土板、聚苯板、挤塑板等。

2. 屋顶的保温体系

屋顶按照结构层、防水层和保温层所处的位置不同，可分为热屋顶保温体系、冷屋顶保温体系和倒置屋面保温体系三种。

（1）热屋顶保温体系　在保温层上直接做防水层，其从上到下的构造层依次为：防水层、找平层、保温层、（找坡层）、屋面结构层、顶棚抹灰，如图 8-50 所示。此种屋面的防水层直接受室内温度的影响，故称为热屋顶保温体系。

（2）冷屋顶保温体系　在防水层与保温层之间设空气间层，其他构造层做法与热屋顶保温体系一致，如图 8-51 所示。此种屋面中由于设置了空气间层，防水层不会直接受室内温度的影响，故称为冷屋顶保温体系。

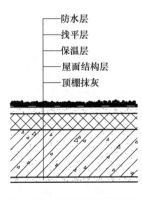

图 8-50　热屋顶保温体系

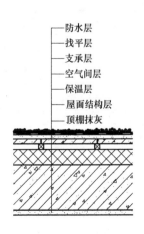

图 8-51　冷屋顶保温体系

空气间层应通风流畅，它将有助于带走穿过顶棚和保温层的蒸汽以及保温层散发出来的水蒸气；防止屋顶深部水的凝结；带走太阳辐射热通过屋面防水层传下来的部分热量。

（3）倒置屋面保温体系　不管是热屋顶保温体系还是冷屋顶保温体系，保温层都位于防水层上面，而倒置屋面保温体系与前两种保温体系有着明显的不同，其保温层设在防水层的上面。

此种体系的优点是防水层不易损伤，但是保温层却直接受室外环境的影响，故保温层需用吸湿性低、耐气候性强的材料制作。

8.4.2　屋顶的隔热与降温

夏季，我国炎热地区受到太阳的热辐射，使得屋顶的温度剧烈升高，影响室内环境。因此，要求对屋顶进行隔热与降温构造处理，以降低屋顶的热量对室内的影响。

1. 实体材料隔热屋面

利用实体材料的蓄热性能及热稳定性、传导过程中的时间延迟、材料中热量的散发等性能，将实体材料铺设在屋面上，可实现屋顶的隔热。

但需注意的是，实体材料保温屋面一般不适合晚间使用的建筑，如住宅等。因为晚间实体材料会把白天吸收的热量持续发散出来，会使晚间室内的温度大大超过室外温度。另外，实体材料一般自重较大，屋面结构层会受到较大荷载的作用。

实体材料隔热屋面一般有以下几种：

（1）大阶砖或混凝土板实铺屋面　在屋面上铺设预制大阶砖或轻质混凝土板可以起到隔热的效果。

（2）种植屋面　种植屋面是在平屋顶上种植植物，借助栽培介质隔热及植物吸收阳光进行光合作用和遮挡阳光的双重功效来达到降温隔热的目的，如图 8-52 所示。有些建筑甚至在屋顶上合理设计，形成较为美观的屋顶花园（见图 8-53），可起到隔热降温和美化环境的双重效果。

图 8-52　种植屋面

种植屋顶不但在隔热降温的效果方面有优越性，而且在净化空气、美化环境、改善城市生态、提高建筑物综合利用效益等方面都有极为重要的作用，是具有一定发展前景的屋顶形式。

图 8-53 屋顶花园

现今，种植屋面已经有了一定程度的发展，在建筑物的屋顶和外墙位置都可进行种植，形成在建筑中立体化的种植（见图 8-54），能较好地满足建筑隔热降温和节能的要求。

图 8-54 立体化种植

（3）砾石层屋面 在屋面上铺设一定厚度的砾石层，能起到一定的隔热效果。

（4）蓄水屋面　在屋面储蓄一定深度的水，形成蓄水屋面，如图8-55所示。但应注意的是，若水深较大，自重及侧压力会很大。

图 8-55　蓄水屋面

为了便于分区检修和避免水层产生过大的风浪，应将蓄水屋顶划分为若干蓄水区，每区的边长不宜超过10m。蓄水区间用混凝土做成分仓壁，壁上留过水孔，使各蓄水区的水连通蓄水屋面分区构造如图8-56所示。但在变形缝的两侧应设计成互不连通的蓄水区。当蓄水屋顶的长度超过40m时，应做一道横向伸缩缝。分仓壁也可是水泥砂浆砌筑的砖墙，并在顶部设置直径6mm或8mm的钢筋砖带。

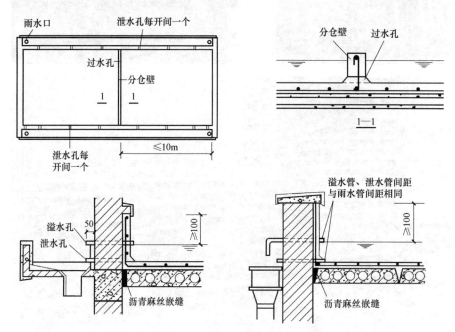

图 8-56　蓄水屋面分区构造

过厚的水体会加大屋顶荷载，过薄的水体在夏季又容易被晒干，不便于管理，比较适宜的水层深度为150~200mm。为保证屋顶蓄水深度的均匀，蓄水屋顶的坡度不宜大于0.5%。

在南方部分地区也有深蓄水屋顶，其蓄水深度可达 600~700mm，自然积蓄雨水并可进行养殖。但需要注意的是，这种屋顶的荷载很大，超过了一般屋顶板所能承受的荷载，为确保结构安全，应单独对屋顶结构进行设计。

2. 通风层降温屋顶

在屋顶中设置通风的空气间层，利用层间通风来散发热量，实现屋顶的二次传热，以降低屋顶下的温度。

（1）通风层在结构层下面　通风层设置在结构下面，一般是将通风层设在吊顶层内。在檐墙上需设置通风口，平、坡屋顶均可采用。

此种做法的优点是防水层可以直接做在结构层上面，缺点是防水层与结构层均易受气候直接影响而变形。

（2）通风层在结构层上面　这种做法一般是在防水层上面设置架空层，在架空层内的空气可以自由流通，如图 8-57 所示。

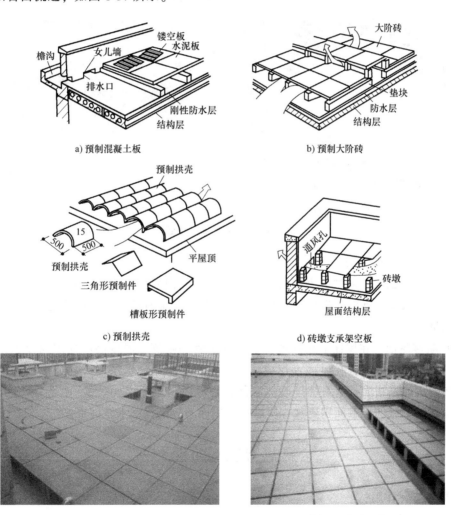

图 8-57　架空层通风降温

架空层可利用面层遮挡直射的阳光，同时架空层内被加热的空气产生流通，可将层内的热量不断地排走，从而达到减少向室内传热的目的。架空层的净空高度应随屋顶宽度和坡度的大小而变化，屋顶的宽度和坡度越大，净空越高，但不宜超过360mm，否则架空层内的风速会变小，影响降温效果。架空层的净空高度一般以180~240mm为宜。屋顶的宽度大于10m时，应在屋脊处设置通风桥以改善通风效果。

为保证架空层内的空气流通顺畅，其周边应留设一定数量的通风孔，将通风孔留设在对着风向的女儿墙上。如果在女儿墙上开孔不利于建筑立面造型，可以在离女儿墙500mm宽的范围内不铺架空板，让架空板周边开敞，以利空气对流。

3. 反射降温屋面

反射降温屋面是在屋面上刷或铺特殊的材料，利用材料颜色和光滑度对热辐射的反射作用，对屋顶的隔热与降温起到一定的作用。

具体的做法有在屋面上涂刷亮色的涂料或铺贴铝箔层，如图8-58所示。

a) 刷亮色涂料   b) 贴铝箔层

图 8-58　反射降温屋面

4. 蒸发散热降温屋面

（1）淋水屋面　在屋脊处安装淋水管，温度高时向屋面淋水，会在屋面上形成一层流水层，利用流水层的反射、吸收和蒸发来降温；受热的水通过屋面排水系统排放，也会带走大量的热量。

（2）喷雾屋面　在屋面上系统地安装排列水管和喷嘴，温度高时向屋面喷出细小水雾层，雾结成水滴后落下，在屋面上形成一层流水层，利用流水层的反射、吸收和蒸发来降温；受热的水通过屋面排水系统排放，也会带走大量的热量。

水雾层与空气的接触面积更大，所以喷雾屋面的效果比淋水屋面更好。

思考题与习题

1. 屋顶有何作用？

2. 屋顶一般由哪些构造层组成？

3. 什么是搁置坡度？什么是垫置坡度？

4. 平屋顶防水一般有_____、_____和_____三种常见的做法。

5. 什么是刚性防水屋面？什么是柔性防水屋面？

6. 刚性防水屋面的变形原因有哪些？该如何防止变形？

7. 柔性防水屋面一般包括哪些常见的构造层？

8. 绘制刚性防水屋面山墙泛水和挑檐沟的构造做法。

9. 绘制柔性防水屋面女儿墙泛水和挑檐沟的构造做法。

10. 坡屋顶常见的形式有哪些？

11. 坡屋顶的承重结构系统有哪几种？

12. 常见的屋面保温体系有哪几种？有何区别？

13. 常见的隔热与降温屋面有哪些？

第9章 楼　梯

本章知识要点与学习要求

序号	知 识 要 点	学 习 要 求
1	楼梯的组成及其一般尺度	掌握
2	楼梯的形式	了解
3	楼梯设计及图形的绘制	掌握
4	现浇钢筋混凝土楼梯的结构形式	掌握
5	预制装配式钢筋混凝土楼梯的构造	熟悉
6	踏步面层、栏杆及扶手的做法	熟悉
7	台阶的形式与构造	了解
8	坡道的种类与构造	了解

9.1　概述

在建筑中，为了解决不同楼层之间的垂直交通问题，一般采用的设施有楼梯、电梯、自动扶梯及坡道等。电梯和自动扶梯一般用于层数较多或有特殊需要的建筑中，设有电梯和自动扶梯的建筑必须设置楼梯，作为特殊情况下的安全疏散通道。

楼梯作为建筑中最重要的垂直交通设施，首要作用是联系上下交通通行，便于搬运家具物品，有足够的通行宽度和疏散能力；其次，楼梯作为建筑主体结构还起着承重作用；此外，人们对于楼梯尚有一定的美观要求。

9.1.1　楼梯的组成

楼梯主要由楼梯梯段和楼梯平台两部分组成，楼梯平台又可分为中间平台和楼层平台。此外，为保证楼梯的安全通行，楼梯中还应有栏杆及扶手。两个梯段之间的缝隙称为楼梯井。楼梯的组成如图9-1所示。

1. 楼梯梯段

楼梯梯段是联系两个不同标高平台的倾斜构件，设有踏步，供上下行走，称为梯段或梯跑，通常有板式梯段和梁板式梯段两种。

楼梯的坡度就是由踏步形成的，踏步可分为踏面和踢面。为了避免人上下梯段时过于疲劳，楼梯梯段上踏步的连续级数一般不宜超过 18 级；为了照顾到人在楼梯上行走的连续性和避免光线昏暗时忽视高差，每个梯段上踏步的级数不少于 3 级。

2. 楼梯平台

平台是指连接两个梯段之间的水平部分，它主要用来供楼梯段转向，并使人在上下楼层时能够缓冲休息，故也称为休息平台。与楼层地面标高齐平的平台称为楼层平台，在两个楼层之间的平台称为中间平台或半层平台。

3. 栏杆及扶手

为了保证人们在楼梯上行走安全，梯段和平台的临空边缘应安装栏杆及扶手；当梯段宽度较大时，非临空面处也应加设靠墙扶手；当梯段宽度大时，则需在梯段中间加设中间栏杆及扶手，如图 9-2 所示。

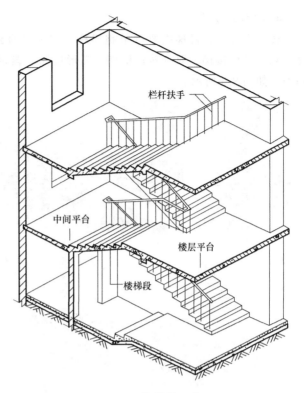

图 9-1 楼梯的组成

a) 临空侧栏杆及扶手

b) 靠墙扶手

c) 中间栏杆及扶手

图 9-2 楼梯的栏杆及扶手

9.1.2 楼梯的形式

1. 按使用性质分类

按使用性质分类，楼梯主要分为交通楼梯（主要楼梯、辅助楼梯）和安全疏散楼梯（消防楼梯）。

2. 按设置的位置分类

按设置的位置分类，楼梯主要分为室内楼梯和室外楼梯。

3. 按所使用的材料分类

按所使用的材料分类，楼梯主要分为木楼梯、钢筋混凝土楼梯、钢楼梯等。

4. 按形式分类

按形式分类，楼梯主要有单跑楼梯、双梯段直跑楼梯、转角楼梯、双跑楼梯、三跑楼梯、双分平行楼梯、双分转角楼梯、弧形楼梯、螺旋楼梯、圆形楼梯、剪刀式楼梯、交叉楼梯等，如图 9-3 所示。

a) 单跑楼梯

b) 双梯段直跑楼梯

c) 转角楼梯

d) 双跑楼梯

e) 三跑楼梯

f) 双分平行楼梯

g) 双分转角楼梯

h) 弧形楼梯

i) 螺旋楼梯

j) 圆形楼梯

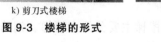
k) 剪刀式楼梯

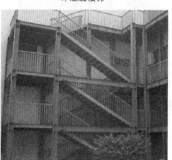
l) 交叉楼梯

图 9-3 楼梯的形式

9.1.3 楼梯的一般尺度

1. 梯段的宽度

梯段的净宽度是指墙面至扶手边之间的水平距离，如图9-4所示。

《建筑设计资料集》（第二版第一册）中指出，梯段净宽度应根据楼梯使用过程中人流股数来确定，一般按每股人流宽度为0.55m+（0~0.15）m，其中0.55m为正常人体的宽度，0~0.15m为人行走时的摆幅。一般建筑应不少于两股人流；仅供单人通行的楼梯的梯段净宽度不应小于900mm。

GB 50096—2011《住宅设计规范》中规定，梯段净宽度不应小于1100mm，对于不超过6层的住宅，一边设有栏杆的梯段净宽度不应小于1000mm。

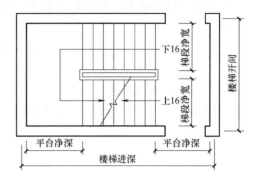

图9-4 梯段净宽度和平台净深度

2. 平台的深度

中间平台的净深度不应小于梯段的净宽度，有搬运家具、大型物品需要的楼梯，中间平台的净深度可按 $100+\sqrt{\left(\dfrac{b}{2}\right)^2+a^2}$ 计算。

式中　100——家具与建筑之间的间隙距离；

　　　a——家具宽度；

　　　b——家具长度。

对于楼层平台，除开放楼梯外，封闭楼梯和防火楼梯的楼层平台深度的要求应与中间平台深度一致。直跑楼梯的中间平台深度，以及通向走廊的开敞式楼梯楼层平台深度可不受此限制，如图9-5所示。

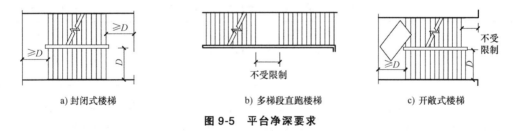

a) 封闭式楼梯　　　　　　b) 多梯段直跑楼梯　　　　　　c) 开敞式楼梯

图9-5 平台净深要求

3. 楼梯的坡度

楼梯的坡度是指梯段的坡度，即楼梯梯段的倾斜角度。一般地说，楼梯的坡度越小，行走就越舒适，但楼梯间的进深就会增大，这会增加建筑面积和造价；楼梯的坡度越大，梯段的水平投影长度越短，楼梯占地面积就越小，越经济，但行走就会越吃力。

楼梯的坡度范围在23°~45°，以30°左右最为适宜。当坡度小于23°时，一般做成台阶或坡道；当坡度大于45°时，可做成爬梯。楼梯的坡度适用范围如图9-6所示。

楼梯坡度的选择要从攀登效率、节省空间、便于人流疏散等方面考虑。一般在人流量较大、安全标准较高或面积较充裕的公共建筑，楼梯的坡度应较平缓，常用的坡度约 26°34′；仅供少数人使用或不经常使用的辅助楼梯则允许坡度较陡，但一般也不宜超过 38°。住宅中的公用楼梯常用的坡度约为 33°42′。

4. 踏步尺寸

踏步尺寸包括踏面宽度和踢面高度，如图 9-7 所示。计算踏步的尺寸一般采用经验公式，即

$$2h+b = 600 \sim 630\text{mm}$$

式中　　　h——踏面高度；

　　　　　b——踏面宽度；

$600 \sim 630\text{mm}$——一般人行走时的平均步距。

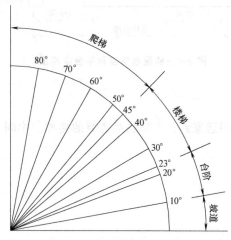

图 9-6　楼梯的坡度适用范围

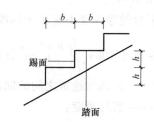

图 9-7　踏步尺寸

b—踏面宽度　h—踏面高度

在民用建筑中，常见楼梯踏步尺寸的取定范围见表 9-1。

表 9-1　常见楼梯踏步尺寸的取定范围　（单位：mm）

名称	住宅	学校、办公楼	剧院、会堂	医院（病人用）	幼儿园
踢面高度	156~175	140~160	120~150	150	120~150
踏面宽度	250~300	280~340	300~350	300	266~300

踏面和踢面组成踏步，为适应行走，应将踏步适当放宽，可将踢面倾斜或将踏面悬挑出 20~40mm（见图 9-8），这样可以确保在梯段总长度不变的情况下增长踏面宽度。

5. 栏杆及扶手

梯段的高度超过 1000mm 时，一般宜设栏杆。梯段净宽可容纳两股人流及以下的，应在一侧设置扶手；梯段净宽度可容纳三股人流时，应在两侧设置扶手；梯段净宽度可容纳四股人流时，应加设中间扶手。

扶手的高度是指踏步前沿至扶手顶面的垂直距离，一般室内楼梯扶手高不宜小于 900mm，儿童扶手高一般为 600mm。靠梯井一侧水平栏杆长度大于 500mm 时，其高度不应小于 1000mm。室外楼梯栏杆高度不应小于 1100mm，高层建筑的栏杆高度应再适当提高，

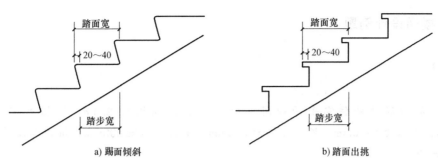

图 9-8 增长踏面宽度的方法

但不宜超过 1200mm。

6. 净高度

楼梯的净高度包括梯段净高和平台净高两部分。梯段净高是指踏步前沿至其正上方梯段下底面间的垂直距离，平台净高是指平台地面至上部结构最低点（通常为平台梁）的垂直距离。

考虑行人肩扛物品的实际需要，为防止行进中碰头或产生压抑感，梯段净高一般应不小于 2.2m，平台净高应不小于 2m，如图 9-9 所示，公共建筑中还应适当增大。

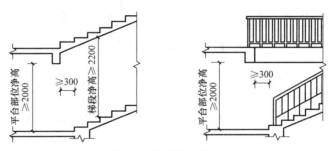

图 9-9 楼梯的净高要求

7. 其他尺寸

（1）梯井宽度 考虑施工方便及经济的要求，梯井宽度一般不宜小于 60mm，且不宜大于 200mm；当然，如果有利用梯井采光等特殊要求的除外。

（2）踏步的级数 为了适用和安全，每个梯段的踏步级数不应大于 18 级，也不应小于 3 级。

（3）梯段水平投影长度 梯段的水平投影长度是指该梯段两端平台梁间的净水平投影长度，如图 9-10 所示，$L=(n-1)b$，该尺寸是楼梯间进深的重要组成，一般也会影响梯段形式的选择。

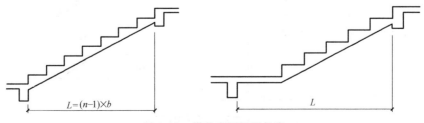

图 9-10 梯段水平投影长度

9.1.4　楼梯设计例题

例 9-1

　　某四层砖混结构住宅平面如图 9-11 所示，层高均为 2.8m。楼梯开间宽度为 2700mm，进深为 5400mm，墙体厚均为 240mm，室内外高差 600mm。请完成楼梯设计并绘制楼梯图。

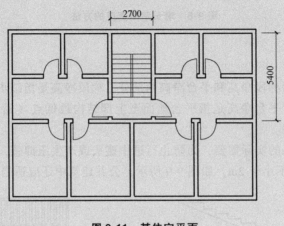

图 9-11　某住宅平面

　　(1) 假设　由于已知条件较少，故可以根据经验尺寸先选定踏步尺寸，然后验算楼梯的平面尺寸和净高。

　　假设 $b = 260$mm，$h = 170$mm，验算经验公式 $2h + b = 2 \times 170$mm $+ 260$mm $= 600$mm，满足经验公式要求。

　　每层楼的踏步总级数 $N = H/h = 2800$mm$/170$mm $= 16.5$，由于级数必须取整，故取 $N = 16$。由于级数取整，所以踢面高调整为 $h = H/N = 2800$mm$/16 = 175$mm。重新验算经验公式 $2h + b = 2 \times 175$mm $+ 260$mm $= 610$mm，满足经验公式要求。

　　(2) 剖面设计（净高验算）　下面以双跑楼梯为例来说明楼梯的设计。

　　采用双跑楼梯，每个梯段的踏步级数 $n = N/2 = 8$，剖面如图 9-12 所示，接下来即可验算净高。应注意住宅楼梯剖面中楼梯梯段的方向。

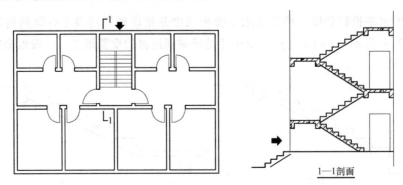

1—1剖面

图 9-12　住宅双跑楼梯剖面示意图

在图9-12所示的剖面中，除了半层平台（从底层至二层楼梯的中间平台）下的净高明显有问题，其余平台及梯段下的净高都满足要求。

1）半层平台下的净高验算。底层楼梯中，第一个梯段的级数为8级，估算平台梁的高度为 $(1/12 \sim 1/8) \times L = (1/12 \sim 1/8) \times 2700mm = 225 \sim 337.5mm$，取平台梁高为250mm，故半层平台下的净高为 $2800mm/2 - 250mm = 1150mm < 2m$，不满足净高要求，如图9-13a所示。

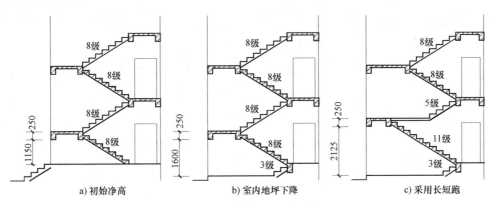

a) 初始净高   b) 室内地坪下降   c) 采用长短跑

图9-13 半层平台下的净高

因为净高不满足要求，故应采取措施增大净高。首先，降低楼梯间的室内地坪，由于室内外高差为600mm，故下降三级踏步，每级踏步高150mm，留一级踏步在外口，防止室外雨水内溢，则此时半层平台下的净高度为 $1400mm + 450mm - 250mm = 1600mm < 2m$，仍不满足要求，如图9-13b所示；其次，采用长短跑，即将8级+8级的两个梯段调整为11级+5级，此时出入口的净高为 $175mm \times 11 + 450mm - 250mm = 2125mm > 2m$，满足净高要求，如图9-13c所示。

2）半层平台上的净高。由于底层设置长短跑后，半层平台上升了，需要验算调整后半层平台上的净高是否仍满足要求。

由于半层平台通往二层的楼层平台有5级踏步，而从二层的楼层平台到上一个中间平台有8级，因此半层平台上的净高为 $175mm \times 13 - 250mm = 2025mm > 2m$，满足净高要求，如图9-14所示。

（3）平面设计（进深设计） 楼梯间的开间宽度为2700mm，取梯井宽度为100mm，扶手宽度为50mm，则梯段净宽度为 $(2700 - 240 - 200)mm/2 = 1130mm$，满足梯段净宽度要求。因此，平面设计主要就对进深进行验算。

1）非底层。非底层楼梯中，每一梯段的踏步数都为8级，梯段水平投影长度 $L = (n-1) \times b = (8-1) \times 260mm = 1820mm$。住宅的楼梯为封闭楼梯，中间平台和楼层平台的

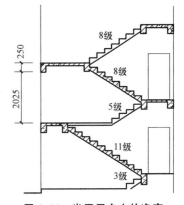

图9-14 半层平台上的净高

净宽度一致，故平台净宽度为 $(5400 - 240 - 1820)mm/2 = 1670mm > 1130mm$，故满足要求。

2）底层。底层楼梯采用了长短跑，长跑梯段水平投影长度 $L = (11-1) \times 260mm = 2600mm$，则平台净宽度为 $(5400 - 240 - 2600)mm/2 = 1280mm > 1130mm$，故满足要求。

注意，如果进深不满足要求，则可以适当减小踏步宽度，再将踏面出挑或踢面倾斜，或者直接调整楼梯间的进深尺寸，将楼梯间从外墙往外伸一定的尺寸。

（4）楼梯图的绘制　根据楼梯剖面及平面设计，绘制出楼梯平面图及剖面图。该住宅楼梯图如图 9-15 所示。

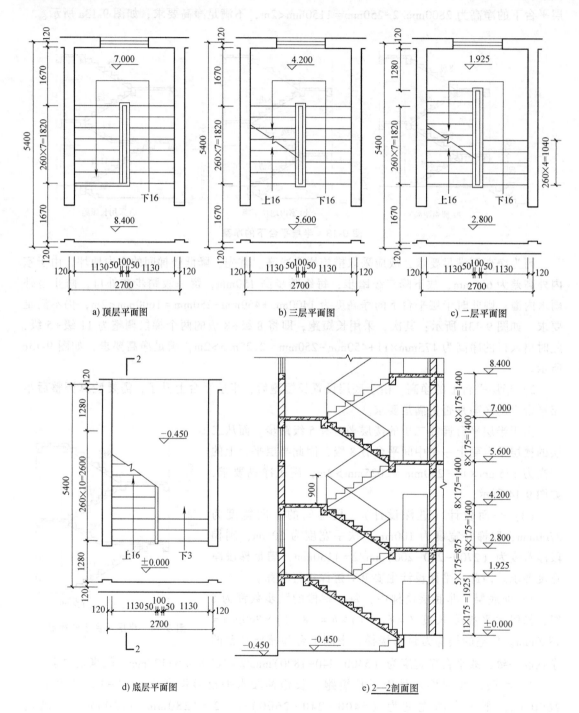

图 9-15　某住宅楼梯图

■ 9.2 钢筋混凝土楼梯构造

构成楼梯的材料有木材、钢筋混凝土和钢材等，但由于木材的防火性能较差，故在现代建筑中使用较少，一般只在跃层式住宅或别墅中使用；钢材受热后易变形，一般要经过特殊的防火处理，才能用于制作楼梯。钢筋混凝土的耐火性能和耐久性能均较好，因此在民用建筑的楼梯中大量使用。

钢筋混凝土楼梯按施工方式分为现浇式钢筋混凝土楼梯和预制装配式钢筋混凝土楼梯两大类。

9.2.1 现浇式钢筋混凝土楼梯

现浇式钢筋混凝土楼梯是把楼梯梯段和平台整体浇筑在一起的楼梯，其整体性好，刚度大，利于抗震，施工时无须大型起重设备，但施工程序多、施工速度慢，模板的消耗量较大。

现浇式钢筋混凝土楼梯按其结构形式可分为板式楼梯和梁板式楼梯。

1. 板式楼梯

板式楼梯是指将梯段作为一整块斜板，分别支承在上、下两根平台梁上，如图 9-16 所示。板式楼梯中，梯段板上的荷载传递给平台梁，再由平台梁传递给墙或柱。梯段板内的受力钢筋沿梯段的长向布置，平台梁的间距即为梯段板的跨度。

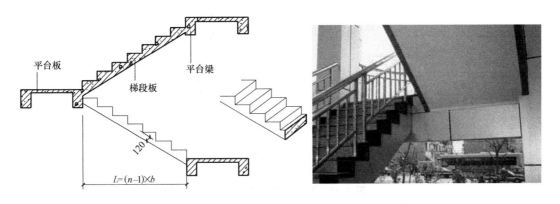

图 9-16 板式楼梯

板式楼梯适用于梯段水平投影长度≤3000mm 的楼梯，此时梯段板的厚度一般不会太大（通常为 100~120mm），自重不会太大，经济上也较为合理。但是梯段板的跨度大或梯段上荷载大，将导致梯段板的截面高度加大，所以板式楼梯适用于荷载较小、建筑层高较小的情况，如住宅、宿舍等。板式楼梯梯段板的底面平整、美观，也便于装饰。

2. 梁板式楼梯

当梯段水平投影长度大于 3000mm 时，如果仍然采用板式楼梯，梯段板的厚度较大，自重较大，也不经济，此种情况下采用梁板式楼梯更为合理。梁板式楼梯是指在梯段两侧设有斜梁，斜梁支承在平台梁上，如图 9-17 所示。在梁板式楼梯中，梯段板的荷载传递给斜梁，再通过斜梁传递给平台梁，最终传递给墙或柱。

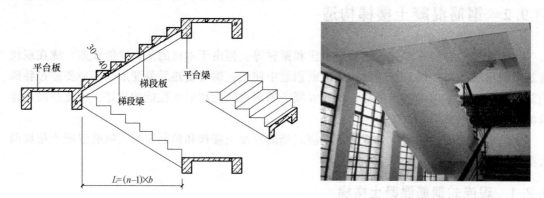

图 9-17　梁板式楼梯

　　梁板式楼梯梯段两侧设有斜梁，梯段板的跨度为两根斜梁间的距离，故梯段板厚较薄，通常为 30~40mm。其自重较轻，材料使用较少，结构更合理，适用于荷载较大、层高较高的建筑。但梯段板底不平整，影响装饰。

　　楼梯段由踏步板和斜梁组成，斜梁一般设两根，位于踏步板两侧的下部，这时踏步外露，称为明步，如图 9-18a 所示。斜梁也可以位于踏步板两侧的上部，这时踏步被斜梁包在里面，称为暗步，如图 9-18b 所示。

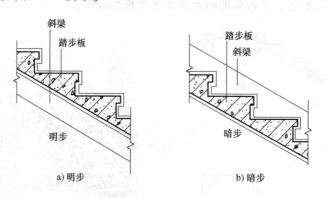

a) 明步　　　　　　　　　　　b) 暗步

图 9-18　明步楼梯和暗步楼梯

　　斜梁也可只设一根，通常有两种形式：一种是在踏步板的一侧设斜梁，将踏步板的另一侧搁置在楼梯间墙上，如图 9-19a 所示；另一种是将斜梁布置在踏步板的中间，踏步板向两侧悬挑，如图 9-19b 所示。单梁式楼梯受力较复杂，但外形轻巧、美观，多用于对空间造型有较高要求的建筑。

　　3. 其他形式的楼梯

　　除了有标准的板式楼梯和梁板式楼梯外，还有其他受力和传力形式的楼梯。

　　（1）挑板楼梯　挑板楼梯的梯段板不由两端的平台梁支承，而由侧边的支座出挑，这时梯段板相当于倾斜或受扭的挑板。挑板楼梯如图 9-20 所示。

　　（2）悬挑楼梯　采用作为空间受力构件的悬挑楼梯，取消楼梯一端的平台梁及其支座，

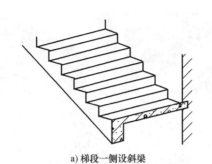

a) 梯段一侧设斜梁

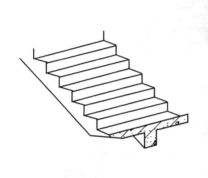

b) 梯段中间设斜梁

图 9-19 单根斜梁设置形式

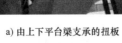

a) 由上下平台梁支承的扭板   b) 由中间钢筋混凝土筒支承的挑板

图 9-20 挑板楼梯

可取得较好的视觉效果，如图 9-21a 所示，但其受力和传力较为复杂，有时为了简化其传力，也可在其一端采用简支的做法，如图 9-21b 所示。

（3）悬挂楼梯 利用栏杆，或者另设拉杆，把整个梯段或者踏步板逐块吊挂在上方的梁或者其他的受力构件上，形成悬挂楼梯，如图 9-22 所示，悬挂楼梯一般适用于钢楼梯。

a) 悬挑楼梯   b) 简支楼梯

图 9-21   悬挑楼梯

图 9-22   悬挂楼梯

9.2.2   预制装配式钢筋混凝土楼梯

预制装配式钢筋混凝土楼梯是将梯段、平台等构件单独预制，然后在现场装配完成的楼梯。根据生产、运输、吊装和建筑体系的不同，预制装配式钢筋混凝土楼梯有许多不同的构造形式。由于构件尺度的不同，大致可分为小型构件装配式楼梯和中、大型构件装配式楼梯两大类。

1. 小型构件装配式楼梯

小型构件装配式楼梯构件较小，将踏步、平台、平台梁、斜梁分开预制，最后拼装。其特点是构件小而轻，易制作，但施工繁而慢，有些还有较多的湿作业，适用于施工条件较差的地区。

预制踏步的支承方式有梁承式、墙承式和悬臂踏步式三种。

（1）梁承式   预制踏步搁在斜梁上，斜梁搁在平台梁上，平台梁搁在墙或柱上。此种支承方式对于以下三种预制踏步均适用。

1）踏步板。

① 三角形。三角形踏步板拼装方便，踏步底面平整。但踏步尺寸难调整。为减轻自重，可抽孔，如图 9-23a 所示。

② 一字形。一字形踏步板制作方便，踏步高宽易调整。踢面可用立砖封口，也可露空。此种板需将斜梁制成锯齿形，在梁上预留插铁，并用砂浆窝牢即可，如图 9-23b 所示。

③ L 形。正 L 形踏步板肋在上，拼装后，下面的肋可作为上面板的支承，故需砂浆饱满，如图 9-23c 所示。反 L 形踏步板肋在下，简支时，踏步有如带肋的板，结构合理，如图 9-23d 所示。L 形踏步板与斜梁的连接同一字形板。

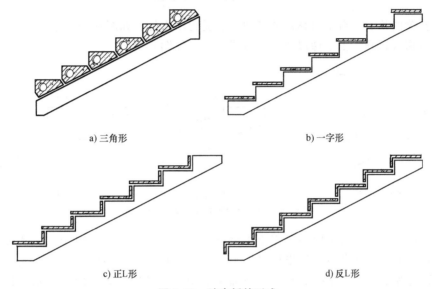

a) 三角形　　　　　　　　　　b) 一字形

c) 正L形　　　　　　　　　　d) 反L形

图 9-23　踏步板的形式

2）踏步板与斜梁的连接。梁板式梯段由踏步板和梯斜梁组成。一般在踏步板两端各设一根梯斜梁，踏步板支承在梯斜梁上，如图 9-24 所示。

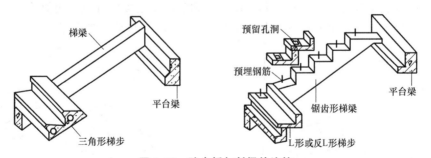

图 9-24　踏步板与斜梁的连接

3）斜梁与平台梁的连接。为了避免平台梁下降而减小净空，平台多做成 L 形，斜梁搁置在平台梁的翼缘上，如图 9-25 所示。平台梁上预留插铁，斜梁上预留插孔，拼装时，将插铁插入插孔，用砂浆窝牢。另外也可在平台梁和斜梁上预埋件，拼装时采用焊接。

4）上下梯段在平台梁处的处理。上下梯段的斜梁在同一根平台梁处的交汇不是很顺利，故必须做一定的处理，常见的方法如下：

① 平台梁下落。平台梁下落会降低净空高度，如图 9-26a 所示。

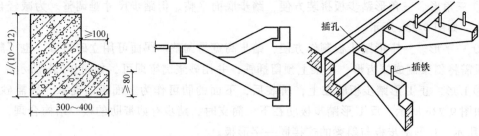

图 9-25　斜梁与平台梁的连接

② 平台梁内移。平台梁内移形成了曲梁，受力不太好，如图 9-26b 所示。

③ 上下梯段错开。上下梯段错开一步或半步，如图 9-26c 所示。

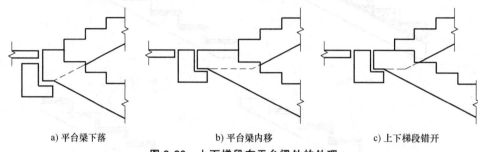

a) 平台梁下落　　　　　　b) 平台梁内移　　　　　　c) 上下梯段错开

图 9-26　上下梯段在平台梁处的处理

（2）墙承式　墙承式楼梯一般用于围绕电梯间的三折式楼梯。对于双折楼梯，则需在楼梯间的中间加上一道中墙，踏步板可支承在两边的墙上，但中墙会影响视线，可能会使上、下楼的人撞在一起，故在中墙的适当部位应留洞，另外，墙上最好装靠墙扶手，如图 9-27 所示。中墙厚一般为 120mm 左右。

这种楼梯可省平台梁，而其楼梯宽也不受限制，故经常采用。

（3）悬臂踏步式　悬臂踏步式楼梯是指预制钢筋混凝土踏步板一端嵌固于楼梯间的侧墙上，另一端凌空悬挑的楼梯形式，其与墙承式钢筋混凝土楼梯有很多相似的地方，它是小型构件装配式楼梯中构造最简单的一种，如图 9-28 所示。它是由单个踏步板组成楼梯段，

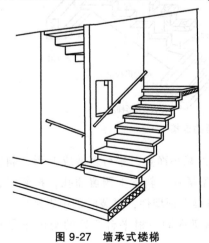

图 9-27　墙承式楼梯

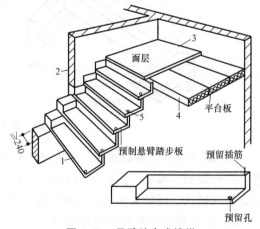

图 9-28　悬臂踏步式楼梯

1—预制悬臂踏步　2—承重墙　3—混凝土现浇板带
4—休息平台板　5—安装栏杆预留孔

由墙体承担楼梯的荷载，梯段与平台梁之间没有传力关系，因此也可以取消平台梁。与墙承式钢筋混凝土楼梯不同的是，悬臂踏步式钢筋混凝土楼梯一端嵌入墙内，另一端形成悬臂。悬臂踏步式钢筋混凝土楼梯踏步板悬挑长度一般不大于1800mm，可以满足大部分民用建筑对楼梯的要求，但在具有冲击荷载时或地震区不宜采用。

2. 中、大型构件装配式楼梯

将小型构件改变为中型或大型构件，主要可以减少预制构件的品种和数量；可以利用吊装工具进行安装，对于简化施工过程、加快施工速度、减轻劳动强度等都有很大好处。

中、大型构件装配式楼梯一般将梯段和平台各作为一个构件来装配。

（1）平台 在吊装能力小的地方，可将平台板和平台梁分开拼装；在吊装能力大的地方，可将平台板和平台梁整体预制、吊装。

（2）梯段 梯段有板式和梁式两种。

1）板式。板式梯段有实心板和空心板之分。实心板自重大，如图9-29a所示；空心板多采用横向抽孔，如图9-29b所示。

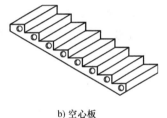

a) 实心板   b) 空心板

图 9-29 板式梯段

2）梁式。梁式梯段一般做成槽板式梯段，如图9-30所示。这种结构比板式楼梯节约材料，但其中三角形踏步的用料还是较多，可采取如下措施节省材料：

① 去角以减薄踏步板的厚度，如图9-31a所示。

② 踏步内抽孔，如图9-31b所示。

③ 做成折板式踏步，如图9-31c所示。

图 9-30 梁式梯段

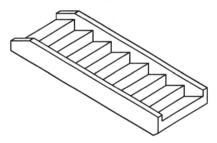

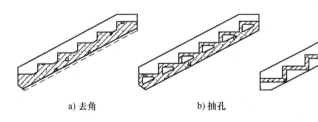

a) 去角   b) 抽孔   c) 折板

图 9-31 梁式梯段节约材料的方法

（3）梯段的搁置 为了方便梯段的搁置，平台梁可采用矩形、L形和斜面平台梁等形式，如图9-32所示。矩形截面平台梁须与平台板分开预制，这样可降低净高；L形截面平台梁，梯段节点较复杂；斜面平台梁节点简单，整体平衡。

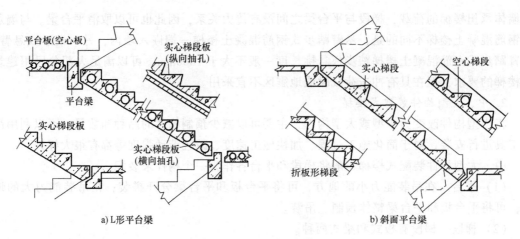

图 9-32　梯段的搁置方式

梯段的两端搁置在 L 形或斜面平台梁上，安装前应先在平台梁上坐浆，使构件间的接触面贴紧，受力均匀。也可以采用预埋件焊接或将梯段预留孔套接在平台梁的预埋件上，孔内用水泥砂浆填实的方式，将梯段与平台梁连接在一起，如图 9-33 所示。

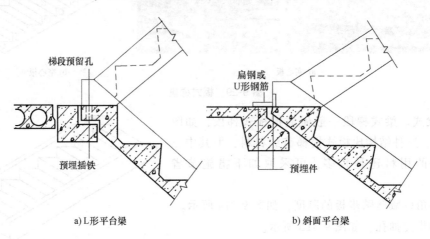

图 9-33　梯段与平台的连接

（4）梯段连平台预制楼梯　梯段可连一面平台，也可连两面平台，断面形式可做成板式、双梁式或单梁式，如图 9-34 所示。这种形式属于大型构件装配式楼梯，适用于建筑平面设计和结构布置有一定需要的场所，或运用于工业化程度高的专用体系建筑中。

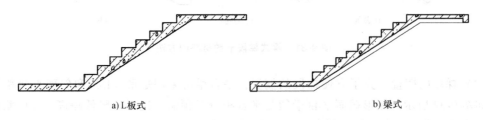

图 9-34　梯段连平台预制楼梯

9.2.3　踏步面层、栏杆和扶手

1. 踏步面层及防滑措施

（1）面层　踏步上的面层要求耐磨，便于清洁，并应具有较强的装饰性。踏步面层材料一般与门厅或走道的地面材料一致，常用的有水泥砂浆面层、水磨石面层、地砖面层、大理石面层、花岗石面层、木板面层等，如图 9-35 所示。

a) 水泥砂浆面层

b) 水磨石面层

c) 地砖面层

d) 大理石面层

e) 花岗石面层

f) 木板面层

图 9-35　楼梯面层

（2）防滑措施　踏步面层光滑、便于清洁，行人行走时容易打滑、跌倒，因此必须采取必要的防滑措施。常见的防滑措施有：防滑凹槽、贴马赛克防滑条、金刚砂防滑条、铺防滑橡胶地板、嵌金属条、贴金属片、金属包边、橡胶（或 PVC）包边、铺专用防滑地砖等，如图 9-36 所示。

a) 防滑凹槽　　　　　　　　　　　b) 贴马赛克防滑条

c) 金刚砂防滑条　　　　　　　　　d) 铺防滑橡胶地板

e) 嵌金属条　　　　　f) 贴金属片　　　　　g) 金属包边

h) 橡胶包边　　　　　　　　　i) 铺专用防滑地砖

图 9-36　楼梯面层防滑

2. 栏杆

栏杆是梯段和平台临空一边所设的安全措施，也是一种装饰性构件，如图 9-37 所示。栏杆上为扶手，栏杆与扶手组合后应具有一定的强度，须能经受必要的冲击力。

图 9-37　楼梯栏杆及扶手

栏杆有空花栏杆、实心栏板以及二者组合的三种，与阳台栏杆相似。

（1）空花栏杆　空花栏杆多为圆钢、扁钢、方钢及钢管等焊接或用螺栓连接而成的。圆钢直径 16～25mm，方钢截面边长 15～25mm，扁钢截面长 30～50mm，截面宽 3～6mm，钢管直径 20～50mm。栏杆立杆与楼梯踏步的连接一般采用预埋件焊接或膨胀螺栓连接的方式，如图 9-38 所示。

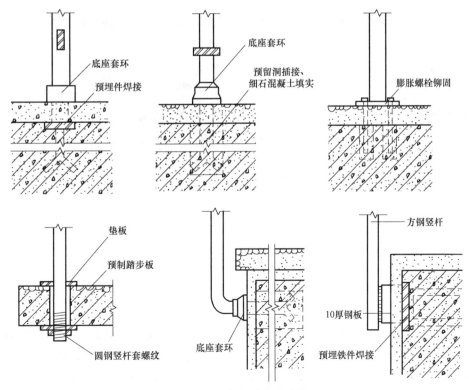

图 9-38　栏杆与梯段的连接

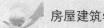
对于幼儿园、住宅等建筑，为防止儿童穿过栏杆空挡发生危险事故，栏杆垂直杆件间净距不应大于110mm，且不能采取易于攀爬的花饰。

（2）实心栏板　实心栏板是用实体构件制作的，多采用砖砌栏板、现浇钢筋混凝土板、钢化玻璃、有机玻璃等制作。

若采用砖砌栏板，当栏板厚度为60mm（标准砖侧砌）时，外侧要用钢筋网加固，再用钢筋混凝土扶手与栏板连成整体，其构造如图9-39所示。

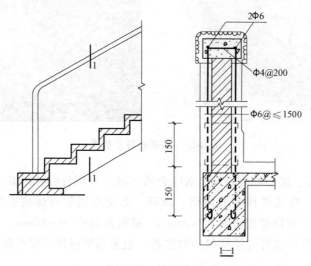

图9-39　砖砌栏板

现浇钢筋混凝土楼梯栏板经支模、扎筋后，与楼梯梯段整浇，其构造如图9-40所示。

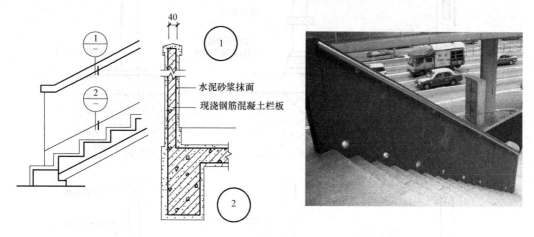

图9-40　钢筋混凝土栏板

随着建筑材料的改良和发展，有些玻璃栏板甚至可以不依赖立杆而直接作为受力的栏板来使用，将钢化玻璃直接固定在楼梯梯段上，形成全玻璃栏板，如图9-41所示。

（3）组合栏杆　组合式有部分实心栏板，也有部分空花栏杆，是将空花栏杆与实体栏板组合而成的一种栏杆形式。空花部分多用金属材料制成，栏板部分可用砖砌栏板、有机玻

图 9-41 玻璃栏板

璃、钢化玻璃等，两者共同组成组合栏杆，如图 9-42 所示。

图 9-42 组合栏杆

3. 扶手

扶手位于栏杆的顶部，一般采用硬木、塑料和金属材料等制作，有时也可用水泥砂浆、水磨石、大理石等制作，如图 9-43 所示。

a）木栏杆带扶手   b）型钢栏杆带木扶手   c）玻璃栏板带木扶手

图 9-43 栏杆带扶手

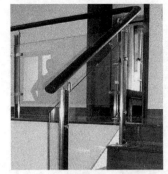

d) 金属栏杆带 PVC 扶手　　　　　　　e) 玻璃栏板带 PVC 扶手

f) 不锈钢栏杆带扶手　　　　g) 型钢栏杆带钢管扶手　　　h) 玻璃栏板带不锈钢扶手

i) 大理石栏杆带扶手　　　　　　　　j) 实体栏板带大理石扶手

图 9-43　栏杆带扶手（续）

扶手高度一般为自踏面前缘以上 0.90m。室外楼梯，特别是消防楼梯的扶手高度应不小于 1.10m。住宅楼梯栏杆水平段的长度超过 500mm 时，其高度必须不低于 1.05m。幼儿园、托儿所及小学学校等使用对象主要为儿童的建筑物中，需要在 0.60m 左右的高度再设置一道扶手，以适应儿童的身高。对于养老建筑以及需要进行无障碍设计的场所，楼梯扶手的高度应为 0.85m，而且也应在 0.65m 的高度处再安装一道扶手。

当然，也有一些特殊的楼梯设计，不安装专门的扶手，如图 9-44 所示。

各种扶手都需要和栏杆牢固连接，以保证荷载的传递及楼梯的正常使用，扶手的连接构造如图 9-45 所示。

图 9-44　不安装专门扶手的楼梯

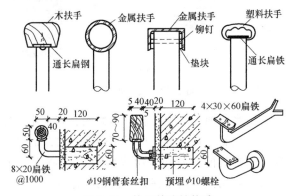

图 9-45　扶手的连接构造

9.3　台阶与坡道构造

台阶与坡道是建筑出入口的辅助配件，用于解决由于建筑室内、外地坪高差形成的出入问题，如图 9-46 所示。行人出入多采用台阶，当有车辆出入或高差较小时，可采用坡道。

a) 台阶　　　　　　　　　　　　　　　　　b) 坡道

图 9-46　台阶与坡道

9.3.1　台阶

一般建筑物的室内地面都高于室外地面，为方便出入，需要设置台阶。台阶宜平缓，每级高为 100~150mm, 宽为 300~400mm。

台阶和出入口间宜设置平台来缓冲。平台宜向外倾斜 1%~2% 来排水, 平台标高宜比室内标高低 20~30mm, 平台两侧宜做花台或挡墙, 来保证安全, 如图 9-47a 所示。当平台高度大于 1000mm 时, 宜设置护栏设施, 如图 9-47b 所示。公共建筑中, 平台可做三面台阶, 如图 9-47c 所示。

a) 侧边设花台   b) 设护栏   c) 三面台阶

图 9-47 台阶形式

台阶暴露在室外, 易受雨水侵蚀、日晒、霜冻等影响, 宜采用抗冻性能好和表面结实耐磨的材料制作, 如混凝土、天然石、缸砖等, 也可用砖砌。台阶的基础一般比较简单, 只需挖去腐殖土, 做一垫层即可, 常见的台阶构造做法如图 9-48 所示。在严寒地区, 冰冻易引起建筑物土质的破坏, 通常可采用换土法来保证台阶的稳定性。

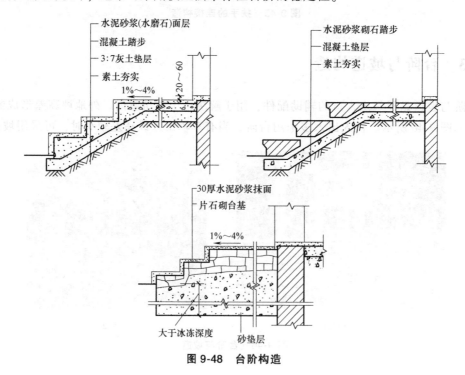

图 9-48 台阶构造

应当注意的是, 台阶与主体建筑的重量相关较大, 若施工后沉降量不一致, 可能会造成台阶破坏或平台面高于室内地面, 因此须将台阶与建筑主体结构分离, 如图 9-49 所示, 并须待主体建筑施工完成，有一定的沉降量之后，再对台阶进行施工。

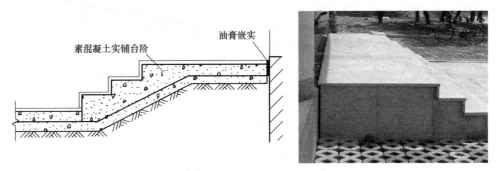

图 9-49 台阶与建筑主体结构分离

9.3.2 坡道

1. 普通坡道

为便于车辆进出，室外门前常做坡道，有时为了方便大流量的人群行走，也可设置坡道，如图 9-50 所示。

图 9-50 坡道

坡道的坡度应以有利于车辆通行为准，一般为 1:12~1:6，1:10 较为舒适。大于 1:8 者须做防滑措施，如图 9-51 所示。

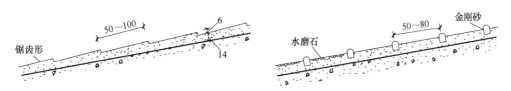

图 9-51 坡道防滑

和台阶相似，坡道也要采用抗冻性良好和表面结实的材料，一般采用混凝土制作，表面可抹水泥砂浆，其常见构造如图 9-52 所示，也可采用毛石铺设，上面用混凝土抹面。

2. 轮椅坡道

为方便残疾人使用的轮椅进入室内，我国 GB 50763—2012《无障碍设计规范》对于无

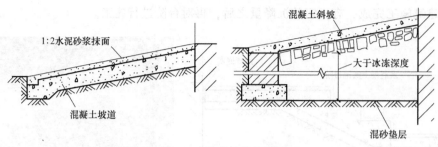

图 9-52　坡道的常见构造

障碍出入口的设计给出了明确的要求。随着时间的推移，无障碍出入口的设计也将越来越普及，而无障碍出入口设计中最常用的就是轮椅坡道，如图 9-53 所示。

　　轮椅坡道宜设计成直线形、直角形或折返形，如图 9-54 所示，其净宽度不应小于 1.0m，无障碍出入口的轮椅坡道净宽度不应小于 1.2m；轮椅坡道的最大高度和水平长度应符合表 9-2 中的规定；轮椅坡道起点、终点和中间休息平台的水平长度不应小于 1.50m。

图 9-53　轮椅坡道

a) 直线形

b) 直角形

c) 折返形

图 9-54　轮椅坡道的形式

表 9-2　轮椅坡道的最大高度和水平长度

坡度	1：20	1：16	1：12	1：10	1：8
最大高度/m	1.20	0.90	0.75	0.60	0.30
水平长度/m	24.00	14.40	9.00	6.00	2.40

　　注：其他坡度可以采用插入法进行计算。

　　轮椅坡道的高度超过 300mm 且坡度大于 1：20 时，应在两侧设置扶手，扶手高度应为 850~900mm，若做成双层扶手，下层扶手的高度应为 650~700mm。坡道与休息平台的扶手应连贯，扶手的起点和终点应水平延伸不小于 300mm。

思考题与习题

　　1. 一般楼梯主要由_____和_____两部分组成。

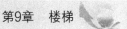

2. 楼梯的坡度有何要求？

3. 何为楼梯的踏步尺寸？其有何要求？

4. 某公建楼梯，开间宽度为 3600mm，进深为 6600mm，层高为 3.3m。墙厚均为 240mm，室内外高差 450mm，楼梯间下部要求通行。试做楼梯设计，并绘制出楼梯平面图及楼梯剖面图。

5. 现浇式钢筋混凝土楼梯按其结构形式分为几种？有何区别？

6. 室外台阶的尺寸一般为多少？

7. 坡道常见的坡度为_____；_____左右比较舒适；当坡度大于_____时，一般要做防滑措施。

第10章 门　窗

本章知识要点与学习要求

序号	知 识 要 点	学 习 要 求
1	门窗的作用、材料及开启方式	了解
2	木窗的组成及构造	熟悉
3	木门的组成及构造	掌握
4	金属和塑料门窗	熟悉
5	常见的遮阳做法	熟悉

■ 10.1　概述

10.1.1　门窗的作用

门窗是建筑中的维护及分隔构件，不承重。

门的主要功能是提供交通出入及分隔、联系建筑空间，带玻璃或亮子的门也可起到采光、通风的作用。

窗的主要功能是采光、通风及观望。

另外，门窗对建筑的外观及室内装修造型影响也很大，它们的大小、比例尺度、位置、数量、材质、形状等是决定建筑视觉效果非常重要的因素。因此，对门窗总的要求是：坚固、耐用、美观，开启方便、关闭紧密，功能合理，便于维修。

10.1.2　门窗的材料

制作门窗常用的材料有木材、钢材、铝合金、塑料、玻璃等。

1. 木门窗

木门窗的加工制作方便，价格低廉，感官效果良好，是传统建筑中一直被广泛采用的一种门窗。但木门窗因木材消耗量大，防火能力较差，遇水易发生翘曲变形而影响使用，一般多用于室内。

2. 钢门窗

钢门窗强度高，框断面小、挡光少，有一定的防火能力。普通钢门窗重量较大，易生锈而导致开启、关闭不灵活，导热系数高，不利于节能，在严寒地区易结露。而渗铝空腹钢门窗、镀塑钢门窗、彩钢门窗等大大地提高了防锈蚀性能，有一定的使用前景。

3. 铝合金门窗

铝合金门窗重量轻、挺拔精致、密闭性能好，在使用中变形小，不易锈蚀。但普通铝合金门窗导热系数大，保温较差；而阻断型铝合金门窗较好地改善了保温问题，但其造价偏高。目前，铝合金门窗使用较为普遍，铝合金门窗的加工也较为普及。

4. 塑钢门窗

塑料门窗是近几十年发展起来的，其热加工性能较好、加工精密，耐腐蚀，但其强度和刚度还有待提高，成本较大，耐火和耐高温能力相对较差。

在塑料门窗框型材内腔中加入钢或铝等加强材料，形成塑钢门窗，其强度和刚度有了明显的改善，目前使用较为广泛。

10.1.3　门窗的开启方式

1. 门的开启方式

根据开启方式的不同，门可分为平开门、弹簧门、折叠门、推拉门、转门、上翻门、升降门和卷帘门等，如图10-1所示。

a) 单扇平开门　　　　b) 双扇平开门　　　　　c) 弹簧门　　　　　d) 折叠门

e) 升降折叠门　　　　f) 墙内推拉门　　　　g) 双扇相对推拉门

图 10-1　门的开启方式

h) 转门   i) 升降门   j) 墙面推拉门

k) 上翻门   l) 卷帘门

图 10-1 门的开启方式（续）

2. 窗的开启方式

根据开启方式，窗可以分为固定窗、平开窗、推拉窗、横式旋窗、立式转窗等。

a) 固定窗   b) 平开窗   c) 左右推拉窗

d) 上下推拉窗   e) 上旋窗   f) 下旋窗

图 10-2 窗的开启方式

g) 中旋窗　　　　　　　　　　　　h) 立式转窗

图 10-2　窗的开启方式（续）

10.2　木窗的构造

10.2.1　木窗的组成及尺度

木窗中最常用的为平开窗，故本书以平开窗为例来介绍木窗的组成。

木窗一般由窗樘和窗扇两部分组成，如图 10-3 所示。木窗中窗扇一般有玻璃、纱、板、百叶窗扇等形式。在窗扇和窗樘间为了转动和启闭中的临时固定，还安装有各种铰链、风钩、插销、拉手等五金零件。

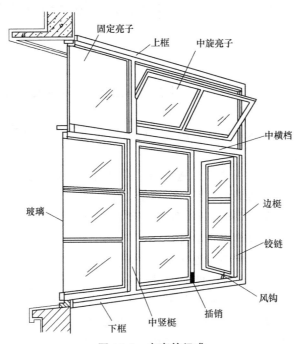

图 10-3　木窗的组成

窗樘与墙体连接处，有时还要加设窗台板、贴脸、筒子板、窗帘盒等，如图 10-4 所示。一般贴脸与筒子板合在一起称为窗套。

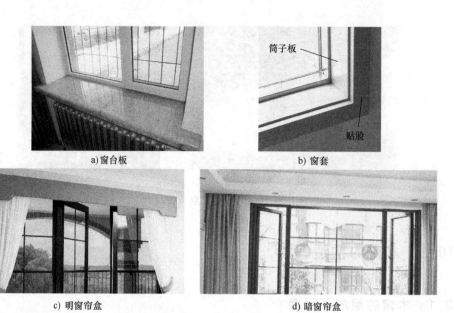

a) 窗台板   b) 窗套

c) 明窗帘盒   d) 暗窗帘盒

图 10-4　窗台板、贴脸、筒子板、窗帘盒

平开窗一般为单层玻璃窗，为防蚊蝇，可加设纱窗；为遮阳，还可设百叶窗。

窗户的大小主要取决于房间的采光、通风、构造做法和建筑造型等要求，并要符合《建筑模数协调标准》的规定。平开窗的尺度一般多以 300mm 为扩大模数序列，常用高度为 600~2400mm，宽度为 900~2100mm，具体设计时，可查用木门窗图集，图集中尺寸一般为洞口尺寸。

10.2.2　窗樘

窗樘又称窗框，一般由上槛、下槛、中横档、边竖梃、中竖梃组成，如图 10-5 所示。

1. 窗樘的安装

窗樘为窗扇与墙之间的联系构件，按施工时的安装方式有立樘子和塞樘子之分。

（1）立樘子　立樘子又称为立口，施工时，先将窗樘立好后再砌窗间墙。为加强窗樘与墙的联系，窗樘的上下框各伸出约半砖长的木段（俗称羊角），同时边框外侧每隔 500~700mm 设一木拉砖（俗称木鞠）或铁脚砌入墙身。

这种施工方法的优点是窗樘与墙连接紧密，缺点是施工不便，容易产生窗樘移位和破损，现已极少采用。

（2）塞樘子　塞樘子又称为塞口或嵌樘子，施工时先砌墙，留出洞口，后将窗樘塞入。砌墙时，洞口两侧每隔 500~

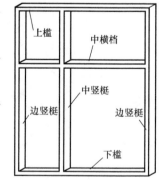

图 10-5　窗樘的组成

700mm 砌入一块防腐木砖（除了上槛和下槛处各一块之外，每侧中间不少于两块），安装时可用长钉将窗樘钉在木砖上。

2. 窗樘与墙的关系

塞樘子的窗樘每边比窗洞小 10~20mm，一般为 10mm，窗樘与墙之间的缝需进行处理。

为抗风雨，缝外侧用砂浆嵌缝，也可钉压缝条或采用油膏嵌缝。为保温防灌风，缝中应用纤维、毛毡、矿棉、麻丝或泡沫塑料绳等塞填。框靠墙一侧易受潮变形，可在外侧开槽，并做防腐处理，以减少木材伸缩变形而形成裂缝。同时为使墙面粉刷能与窗樘嵌牢，常在窗樘靠墙一侧的内外二角做灰口，如图10-6所示。

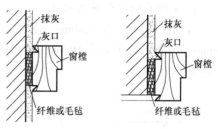

图 10-6　窗樘与墙的连接

木窗一般与内墙或外墙边缘齐平，有时也可以在墙中部，如图10-7所示。窗贴墙边齐时，一般在墙与窗接缝的面上设置贴脸；窗贴墙中间时，一般设置贴脸和筒子板，如图10-8所示。

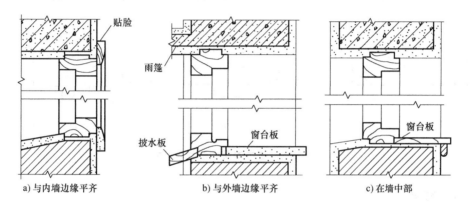

a) 与内墙边缘平齐　　　b) 与外墙边缘平齐　　　c) 在墙中部

图 10-7　窗樘在墙体中的位置

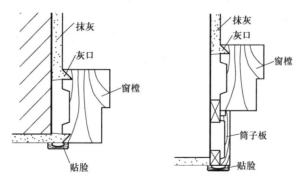

图 10-8　贴脸与筒子板

3. 窗樘与窗扇的关系

窗扇用铰链、滑轮等固定在窗樘上，既要开启方便，又要关闭紧密。通常在窗樘上做铲口，深10~12mm，为减少对窗樘的削弱，也可钉小木条形成铲口。

为了提高防风雨的能力，也可适当加大铲口深度（约15mm），或在铲口处钉银密封条，或在窗樘上留槽，形成空腔的回风槽，减弱风压，防止毛细流动，使雨水流走及沉落风沙等。

外开窗的上口和内开窗的下口都是防水的薄弱环节，故有时需做披水板及滴水槽。

4. 窗樘的断面形状及尺寸

四周窗樘厚为 40~50mm，宽为 70~95mm，因双面铲口，故中竖樘须加厚一铲口厚度 10mm。中横档也须加厚 10mm，若做披水，则需另加宽 20mm 左右。窗樘的断面形状与尺寸如图 10-9 所示。

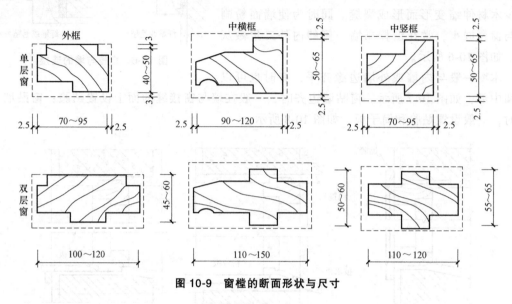

图 10-9　窗樘的断面形状与尺寸

10.2.3　窗扇

1. 平开玻璃窗扇

（1）窗扇的组成及断面形状和尺寸　玻璃窗的窗扇一般由上下冒头和左右边梃组成，有的还设窗棂（也称为窗芯），如图 10-10 所示。

窗扇的厚度约为 40mm。上、下冒头及边梃的宽度视木质和窗扇大小而定，一般为 50~60mm，窗棂的宽度为 27~40mm。若做披水板，下冒头的尺寸可适当加大，如图 10-11 所示。

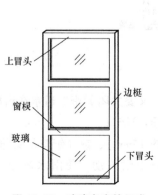

图 10-10　玻璃窗扇的组成

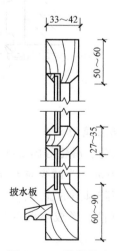

图 10-11　窗扇尺寸

为镶嵌玻璃，在冒头和边梃及窗棂上，要做宽8~12mm的铲口，如图10-12所示。铲口厚度视玻璃厚度而定，一般为12~15mm，不能超过窗扇厚的1/3，铲口多设在外侧。

为美观需要，可做线脚。线脚有多种样式，如图10-13所示。为防风雨，需在两扇窗交接处做高低缝的盖口。为加强密闭性，可在一面或两面加钉盖缝板。窗扇交接盖缝如图10-14所示。

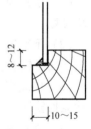

图10-12 铲口

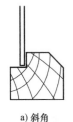

a) 斜角

b) 圆角

c) 斜线脚

图10-13 线脚

图10-14 窗扇交接盖缝

（2）玻璃的选择与镶装 普通玻璃窗扇中玻璃通常为3mm厚，若面积较大，则可采用5mm或6mm。为隔声，可做双层玻璃，也可采用磨砂玻璃、钢化玻璃或有机玻璃等。

嵌固玻璃多采用油灰（桐油石灰、俗称腻子）镶嵌成斜角形。

（3）平开窗用五金 转动五金多为铰链，为方便拆卸则可选用抽心铰链或铁摇梗。窗扇的定位五金有插销、风钩、风撑等，如图10-15所示。推拉执手一般为拉手，可用插销代替。

a) 插销

b) 风钩

c) 风撑

图10-15 窗扇的定位五金

2. 双层平开玻璃窗

双层玻璃窗常用于保温、隔热、隔声的建筑中。双层平开玻璃窗由于窗扇和窗樘的构造不同，可分为子母窗扇、内外开窗、大小扇双层内开窗和中空玻璃窗等。

3. 旋转窗

旋转窗是指窗扇围绕一根旋转轴旋转打开。根据旋转轴的方向不同，又可分为横式旋窗和立式转窗。横式旋窗的旋转轴为水平方向，又称为旋窗、悬窗或翻窗，根据水平旋转轴的位置不同，又可分为上旋窗、下旋窗、中旋窗，如图10-2e~g所示；立式转窗的旋转轴为铅垂方向，又称为立转窗，如图10-2h所示。

（1）上旋窗　水平旋转轴位于窗扇顶部。上旋窗应外开、不可内开，其通风、挡雨性能均良好。

（2）下旋窗　水平旋转轴位于窗扇底部。下旋窗应内开、不可外开，其通风性能好，但挡雨性能较差。

（3）中旋窗　中旋窗的旋转轴在窗扇中部。中旋窗应上往内、下往外开，其通风、挡雨性能均较好。

（4）立转窗　立转窗的铅垂旋转轴一般位于窗扇中间，但有时也可偏向一侧。

■ 10.3　木门构造

10.3.1　木门的组成与尺度

木门主要由门樘（门框）、门扇、腰头窗（亮子）和五金零件等组成，如图10-16所示。

门的高度为1900~2100mm，加上亮子一般可为2700mm。

单扇门窗一般为800~1000mm，双扇门为1200~1800mm，浴室厕所、储藏室的门为600~800mm，腰头窗为300~600mm。

10.3.2　平开门的构造

1. 门樘

门樘又称门框，一般由两根边梃和上槛组成，一般无下槛，如图10-17所示。

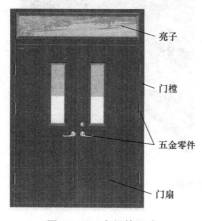

图10-16　木门的组成

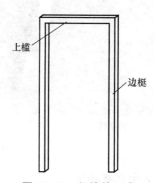

图10-17　门樘的组成

门樘的断面形式基本上与窗樘的断面形式相同，但是由于门的负荷比窗大，故门樘的断面尺寸一般比窗樘适当大一些，如图10-18所示。

门在设置时，一般内开门与墙内面抹灰平齐，外开门与墙外面抹灰平齐，这样可使门开启的角度大。

门樘与墙体的关系和窗樘类似，为美观和盖缝，门边一般也做贴脸或门套，如图10-19所示。

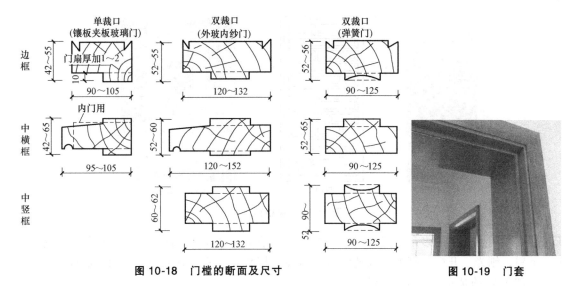

图 10-18　门樘的断面及尺寸

图 10-19　门套

2. 门扇

（1）镶板门、玻璃门、纱门和百叶门　这类门扇一般由上、下冒头和几根中冒头，以及两根边梃组成框子，中间镶门芯板、玻璃、纱或百叶板等组成，如图 10-20 所示。门芯板一般为 10~15mm 厚木板。

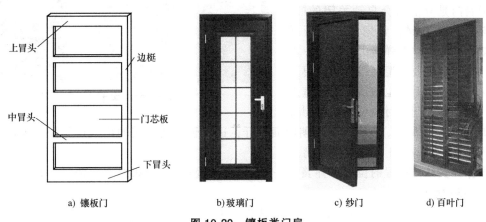

a) 镶板门　　　　b) 玻璃门　　　　c) 纱门　　　　d) 百叶门

图 10-20　镶板类门扇

一般纱门比镶板门薄 5~10mm。门扇边框厚为 40~45mm，纱门厚为 30~35mm，上冒头和两边梃的宽度为 75~120mm，普通中冒头同上冒头宽度，装锁的中冒头可适当加大宽度，也可将锁装于边梃上。

（2）夹板门　夹板门是指中间为轻型骨架，两边贴薄板的门，如图 10-21 所示。这种门用料省，重量轻，外形简洁。

1）骨架。夹板门骨架由方木制成，如图 10-21b 所示，式样非常多。框子厚 32~35mm，宽 34~60mm，肋厚为 10~25mm，宽同框子。

2）面板。一般为胶合板、硬纤维板或塑料板，由胶结材料双面胶结。

3）镶玻璃及百叶。根据使用功能的需要，夹板门也可局部镶玻璃或百叶，如图 10-21c 所示。

（3）实木门　实木门是指制作木门的材料是取自天然原木或者实木集成材，如图 10-22

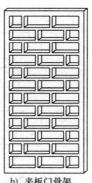

| a) 普通夹板门 | b) 夹板门骨架 | c) 夹板门镶玻璃 |

图 10-21　夹板门

所示。实木门所选用的多是名贵木材，如胡桃木、柚木、红橡、水曲柳、沙比利等，经过烘干、下料、刨光、开榫、打眼、高速铣形、组装、打磨、上油漆等工序科学加工而成。

经加工后的成品实木门具有不变形、耐腐蚀、无裂纹及隔热保温等特点，使用非常广泛。

10.3.3　弹簧门

弹簧门是开启后会自动关闭的门，一般装有弹簧铰链，常用的有单面弹簧、双面弹簧。单面弹簧门只可朝一面打开，常用于需要有温度调节及需要遮挡气味的地方，有时也常用于地下室入口处，单面弹簧门有时也可以采用闭合器，如图 10-23a 所示。双面弹簧可朝两面打开，适用于公共建筑的出入口等处，为避免人流出入碰撞，一般门上需要装设玻璃。

图 10-22　实木门

根据弹簧铰链设置的位置，弹簧门一般可分为墙面弹簧门和地面弹簧门，如图 10-23b和图 10-23c 所示。

| a) 采用闭合器弹簧门 | b) 墙面弹簧门 | c) 地面弹簧门 |

图 10-23　弹簧门

■ 10.4 金属和塑料门窗

10.4.1 钢门窗

　　钢门窗与木门窗相比，具有强度大，刚度大，耐久性、耐火性好，外形美观以及便于工厂化生产等特点。钢窗的透光系数较大，与同样大小洞口的木窗相比，其透光面积要大15%左右，但钢门窗易受酸碱和有害气体的腐蚀。由于钢门窗可以节约木材，并适用于较大面积的门窗洞口，因此在建筑中的应用较为广泛。目前钢门窗的生产已具备标准化、工厂化和商品化的特点，各地均有钢门窗的标准图供选用。钢门窗所用的钢材有门窗用型钢和薄壁空腹型钢两种。

　　钢门窗樘与墙、柱、梁的连接一般采用铆接或焊接。通常在钢门窗樘四周每隔500~700mm装铁脚，一面与门窗樘牢固连接，一面用水泥砂浆埋固在预先凿好的墙洞内，如图10-24所示。

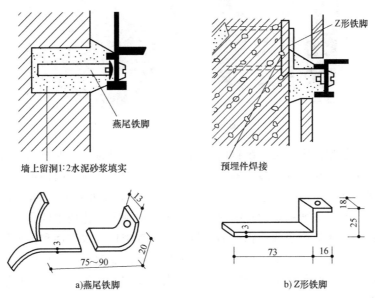

图 10-24　钢门窗与墙体的连接

　　大面积的钢门窗可用基本钢门窗来组合，组合时须插入T形钢、管钢、角钢或槽钢等联系构件，这些支承构件须和墙、柱、梁牢固连接，然后各个门窗基本单元再和联系构件连接起来。

　　在钢门窗上安装玻璃，须用钢卡或钢夹卡住，再用油灰嵌牢，也有用木条、塑料条压固的。

　　普通钢门窗，尤其是空腹钢门窗易锈蚀，需经常进行表面油漆维护。而渗铝空腹钢窗及彩钢门窗等一些新型钢门窗已广泛应用于建筑中。

　　渗铝钢窗是将普通钢门窗经表面渗铝来提高钢材的耐腐蚀性能，可使门窗寿命提高一倍以上。

彩钢门窗又称彩色涂层钢板门窗，是 20 世纪 80 年代中期由意大利引进的先进的建筑门窗产品。彩钢门窗是指以冷轧镀锌板为基板，涂敷耐候性高的抗腐蚀面层，由现代化工艺制成的彩色涂层建筑外用卷板（简称"彩板"）作为生产门窗的原材料，由于这种门窗以彩钢为原料，所以称为彩钢门窗，如图 10-25 所示。

图 10-25　彩钢门窗

彩钢门窗是节能型门窗，是传统钢门窗的换代产品，是符合行业技术政策的新型门窗产品。它与传统的钢门窗相比有许多质的变革：由于采用镀锌基板和耐蚀树脂涂层，彻底克服了普通钢窗的腐蚀问题，耐久性达到 25 年；由于采用冷弯成型咬口封闭工艺，实现了组合装配深加工艺，摆脱了普通钢窗的传统的焊接工艺，实现了工艺技术的突破；门窗结构采用全周边密封构造，彻底克服了普通钢窗的密封问题，气密性、水密性和抗风强度等基本物理性能达到了建筑门窗的先进水平；窗型可以根据使用功能变化，颜色可以根据设计选择，装饰效果好；彩钢门窗产品品种多、经济适用，能满足住宅工程配套需要；特别是抗风强度与其他门窗相比有更大的优势。

10.4.2　铝合金门窗

铝合金门窗是指采用铝合金挤压型材为框、梃、扇料制作的门窗，简称铝门窗，如图 10-26 所示。

铝合金门窗有推拉门窗、平开门窗、旋转门窗、弹簧门等，其中推拉门窗最为常用。

铝合金门窗具有自重轻、密闭性能好、耐久性好、使用维修方便、强度高、坚固耐用等优点，开闭轻便灵活，且色泽美观，在现代的建筑中使用较多。但是普通铝合金门窗的保温性能不好，易导热，不利于节能，因此可将普通铝合金门窗进行处理，形成**断桥式铝合金门窗**。

断桥式铝合金窗的原理是利用 PA66 尼龙使室内外两层铝合金形成既隔开又紧密连接的

图 10-26 铝合金门窗

一个整体，构成一种新的隔热型的铝型材，如图 10-27 所示。用这种型材做门窗，其隔热性能优越，彻底解决了铝合金传导散热快、不符合节能要求的致命问题，同时采取一些新的结构配合形式，彻底解决了"铝合金推拉窗密封不严"的老大难问题。但断桥型铝合金门窗造价较普通铝合金门窗高不少。

a) 普通铝合金型材

b) 断桥型铝合金型材

图 10-27 门窗用铝合金型材

10.4.3 塑料门窗

塑料门窗，即采用 U-PVC 塑料型材制作而成的门窗，按材质可分为 PVC 塑料门窗和玻璃纤维增强塑料（玻璃钢）门窗。塑料门窗抗风压性能好，水密性、气密性好，具有良好的保温性能，导热系数小。塑料门窗的防火性能略差，燃烧时会有毒排放，在防火要求条件比较高的情况下推荐使用铝合金材料。另外，塑料脆性大，相比铝合金要重些。

普通塑料门窗的刚性不好，抗弯曲变形能力较差，因此需要在内部附加钢条来增加门窗的刚度，这就形成了塑钢门窗，如图 10-28 所示。

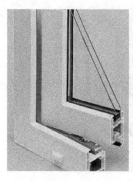  

图 10-28　塑钢门窗

10.5　遮阳构造

10.5.1　遮阳的作用

在炎热的夏季，阳光直射室内，使室内过热并产生眩光，影响人们的正常工作和生活。因此，设置一定的遮阳设施是非常必要的，遮阳设施可以减少室内的太阳辐射热量，避免局部过热，避免产生眩光，以及保护室内物品不受阳光直射。

遮阳的方法有很多，在窗口悬挂窗帘、设置百叶窗，或者利用门窗构件自身的遮光性以及调节窗扇开启方式，利用窗前绿化、雨篷、挑檐、外廊、阳台、花格等简易遮阳，均可以达到一定的遮阳效果。简易遮阳的类型如图 10-29 所示。本书主要介绍通过建筑构造来遮阳的方法，也就是在窗户处设置遮阳板。

a) 芦席遮阳　　　　　b) 布篷遮阳　　　　　c) 金属遮阳棚　　　　　d) 绿化遮阳

图 10-29　简易遮阳的类型

对于一般建筑，有以下情况的应采用遮阳措施：室内气温在 29℃ 以上；太阳辐射强度大于 $1005kJ/m^2$；阳光照射室内超过 1h；照射深度超过 0.5m。标准较高的建筑只要具备前两条即应考虑设置遮阳设施。

在窗前设置遮阳板进行遮阳，对采光、通风都会带来不利影响。因此，设计遮阳设施时，应对采光、通风、日照、经济、美观等全面考虑，以达到功能、技术和艺术的统一。

10.5.2　窗户遮阳板的基本形式

窗户遮阳板的基本形式按其形状和效果，可以分为水平遮阳、垂直遮阳、挡板遮阳及综合遮阳四种，如图 10-30 所示。

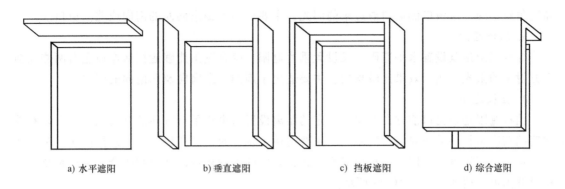

a) 水平遮阳　　　　b) 垂直遮阳　　　　c) 挡板遮阳　　　　d) 综合遮阳

图 10-30　遮阳板的基本形式

1. 水平遮阳

水平遮阳是在窗上方设置一定宽度的水平方向的遮阳板，能够遮挡高度角较大的，从窗口上方照射下来的阳光，适用于南向及北回归线以南低纬度地区的北向窗口。水平遮阳板可做成实心板，也可做成百叶板，较高大的窗口可在不同高度设置双层或多层水平遮阳板，以减小板的出挑宽度，如图 10-31 所示。

 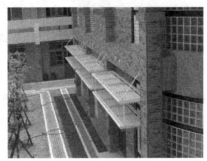

a) 水平百叶遮阳板　　　　　　b) 双层水平遮阳板

图 10-31　水平遮阳板

2. 垂直遮阳

垂直遮阳是在窗口两侧设置垂直方向的遮阳板，如图 10-32 所示。垂直遮阳板能够遮挡

图 10-32　垂直遮阳板

高度角较小的，从窗口侧边斜射过来的阳光，主要适用于偏东偏西的南向或北向窗口。

3. 综合遮阳

综合遮阳是既设置水平遮阳，又设置垂直遮阳。综合遮阳能够遮挡从窗口左右两侧及前上方射来的阳光，遮阳效果比较均匀，主要适用于南向、东南向及西南向的窗口。

4. 挡板遮阳

挡板遮阳是在窗口前方离开窗口一定的距离设置与窗户平行方向的垂直挡板，可以有效地遮挡高度角较小的正射窗口的阳光，主要适用于东、西向的窗口。为了遮挡阳光，利于通风，且不遮挡视线，可以将挡板做成百叶式，其中的百叶还可以开启和闭合，甚至将整个挡板设置为可开启式，如图 10-33 所示。

图 10-33　挡板遮阳

根据上述四种基本形式，可以组合演变出各种各样的遮阳形式。这些遮阳板可以是固定的，也可以是活动的。固定的遮阳坚固、耐用且较为经济；活动的遮阳可以灵活调节，遮阳、采光、通风效果好，但构造较复杂，需经常维护。

当然，目前建筑中也有采用窗户外侧做室外卷帘来遮阳的，如图 10-34 所示。

图 10-34　室外卷帘遮阳

思考题与习题

1. 窗樘的安装方式有哪两种？有何区别？

2. 试述木窗樘与墙体该如何连接。

3. 一般木门是由_____、_____、_____和_____组成的。

4. 钢门窗有何优缺点？

5. 普通铝合金门窗与断桥式铝合金门窗有何区别？

6. 窗户遮阳板按其形状和效果而言，可以分为_____、_____、_____和_____四种形式。

第11章 变 形 缝

本章知识要点与学习要求

序号	知 识 要 点	学 习 要 求
1	变形缝的概念及种类	掌握
2	伸缩缝的概念及设置	掌握
3	伸缩缝的结构处理和节点构造	熟悉
4	沉降缝的概念及设置	掌握
5	沉降缝的结构处理和节点构造	熟悉
6	防震缝的概念及设置	掌握
7	防震缝的缝宽、结构处理和节点构造	熟悉

由于外界温度变化、地基不均匀沉降以及地震效应等因素的影响,建筑物结构内部会产生附加应力和变形,若处理不当,将会造成建筑物的破坏,产生裂缝甚至倒塌,影响使用甚至危及安全。

解决上述问题的办法一般有以下两种:

(1) 加强整体性　加强建筑物的整体性,使之具有足够的强度和刚度来克服破坏应力,使建筑物不产生破裂或倒塌。

(2) 设置变形缝　预先在变形敏感部位将结构断开,留出一定的缝隙,以保证各部分建筑物在这些缝隙中有足够的变形宽度而不造成建筑物的破损。这种将建筑物垂直分割开来的预留缝隙称为变形缝。

变形缝有三种,即伸缩缝、沉降缝和防震缝。

■ 11.1　伸缩缝

11.1.1　伸缩缝的设置

1. 设置原理

建筑物因受温度变化的影响而产生热胀冷缩,在结构内部产生温度应力,当建筑物的长度超过一定的限度、建筑平面变化较多或结构类型变化较大时,建筑物会因热胀冷缩变形而发生开裂。因此，常在建筑物长度方向每隔一定距离或结构变化较大处预留缝隙，将其分隔成独立的区段，使各个区段有伸缩的余地。这种因温度变化而设置的缝隙就称为伸缩缝，又称温度缝。

2. 设置依据

伸缩缝的设置需要根据建筑物的长度、结构类型和屋面是否设置保温或隔热层来综合考虑。

结构设计规范对砌体结构建筑和钢筋混凝土结构建筑的伸缩缝最大间距所做的规定见表11-1和表11-2。

表11-1　砌体结构建筑伸缩缝的最大间距　　　　　　　　　　　（单位：m）

砌体类别	屋盖或楼盖的类别		间距
各类砌体	整体式或装配整体式钢筋混凝土结构	有保温层或隔热层的屋盖、楼盖	50
		无保温层或隔热层的屋盖	40
	装配式无檩条体系钢筋混凝土结构	有保温层或隔热层的屋盖、楼盖	60
		无保温层或隔热层的屋盖	50
	装配式有檩条体系钢筋混凝土结构	有保温层或隔热层的屋盖	75
		无保温层或隔热层的屋盖	60
黏土砖/空心砖	黏土瓦或石棉水泥瓦屋面		100
石和硅酸盐砌体	木屋盖或楼盖		80
混凝土砌块砌体	砖石屋盖和楼盖		75

注：1. 对于烧结普通砖、多孔砖、配筋砌块砌体房屋，取表中数值；对于石砌体、蒸压灰砂砖、蒸压粉煤灰砖和混凝土砌块房屋，取表中数值乘以0.8的系数。当有实践经验并采取有效措施时，可不遵守本表规定。

2. 在钢筋混凝土屋面上挂瓦的屋盖应按钢筋混凝土屋盖采用。

3. 按本表设置的墙体伸缩缝一般不能同时防止由钢筋混凝土屋盖的温度变形和砌体干缩变形引起的墙体局部裂缝。

4. 对于层高大于5m的烧结普通砖、多孔砖、配筋砌块砌体结构单层房屋，其伸缩缝间距可按表中数值乘以1.3。

5. 温差较大且变化频繁地区和严寒地区不采暖的房屋及构筑物墙体的伸缩缝的最大间距应按表中数值予以适当减小。

6. 墙体的伸缩缝应与结构的其他变形缝相重合，在进行立面处理时，必须保证缝隙的伸缩作用。

表11-2　钢筋混凝土结构建筑伸缩缝的最大间距　　　　　　　　（单位：m）

结构类型		室内或土中	露天
排架结构	装配式	100	70
框架结构	装配式	75	50
	现浇式	55	35
剪力墙结构	装配式	65	40
	现浇式	45	30
挡土墙、地下室墙壁等类结构	装配式	40	30
	现浇式	30	20

注：1. 装配式整体结构房屋的伸缩缝间距宜按表中现浇式的数值取用。

2. 框架剪力墙结构或框架核心筒结构房屋的伸缩缝间距可根据结构的具体布置情况取表中框架结构与剪力墙结构之间的数值。

3. 当屋面无保温或隔热措施时，框架结构、剪力墙结构的伸缩缝间距宜按表中露天栏的数值取用。

4. 现浇挑檐、雨罩等外露结构的局部伸缩缝间距不宜大于12m。

11.1.2 伸缩缝的构造

建筑物因温度变化引起的温度应力影响最大的部位是屋顶，越往下影响越小，建筑物的基础埋在地表以下，温度较恒定，基本不受温度变化的影响。因此，在设置伸缩缝时，地面以上的墙体、楼地层、屋顶全部断开，而基础不用断开。伸缩缝的宽度一般为 20~40mm。

1. 伸缩缝的结构处理

（1）砖混结构　砖混结构的屋顶、楼板和墙体的伸缩缝结构布置可采用单墙承重方案，如图 11-1 所示，也可采用双墙承重方案，如图 11-2 所示。

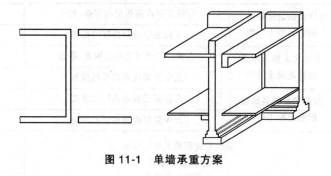

图 11-1　单墙承重方案

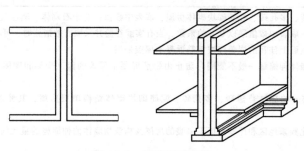

图 11-2　双墙承重方案

（2）框架结构　框架结构的伸缩缝结构可采用悬臂梁承重方案，如图 11-3 所示，也可采用双梁双柱承重方案，如图 11-4 所示。

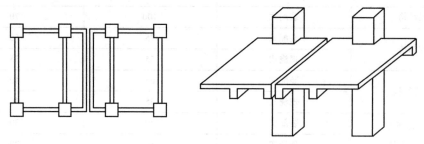

图 11-3　悬臂梁承重方案

2. 伸缩缝节点构造

（1）墙体伸缩缝的构造　墙体伸缩缝一般做成平缝、错口缝或凹凸缝（也叫企口缝）等截面形式，如图 11-5 所示，主要视墙体材料、厚度及施工条件而定。

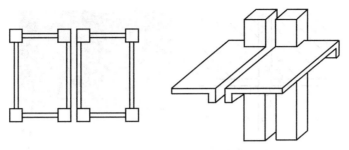

图 11-4 双梁双柱承重方案

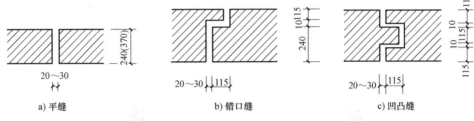

a) 平缝   b) 错口缝   c) 凹凸缝

图 11-5 墙体伸缩缝截面形式

为防止自然条件对墙体及室内环境的侵袭，伸缩缝外墙一侧常以浸沥青的麻丝或木丝板及泡沫塑料条、橡胶条、油膏等有弹性的防水材料塞缝；缝隙较宽时，可用镀锌薄钢板、彩色薄金刚板、铝皮等金属调节片做盖缝处理，如图 11-6 所示。内墙可用具有一定装饰效果的金属片、塑料片或木盖缝条覆盖，如图 11-7 所示。

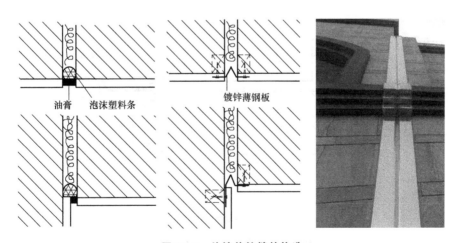

图 11-6 外墙伸缩缝的构造

所有填缝及盖缝材料及其构造应保证结构在水平方向自由伸缩而不产生破裂。

（2）楼地板层伸缩缝的构造 楼地板层伸缩缝的位置、缝宽应与墙体、屋顶变形缝一致，缝内常以可压缩变形的油膏、沥青麻丝、橡胶、金属或塑料调节片等做封缝处理，上铺活动盖板或橡皮、塑料地板等地面材料（见图 11-8），以满足地面平整、光洁、防滑、防水、防落灰等功能，用水的地方需做泛水处理。

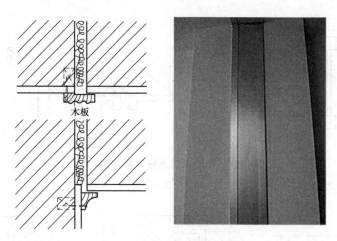

图 11-7 内墙伸缩缝的构造

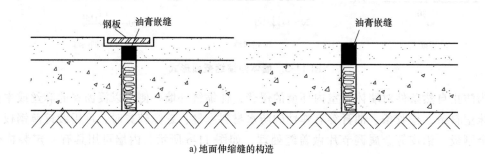

a) 地面伸缩缝的构造

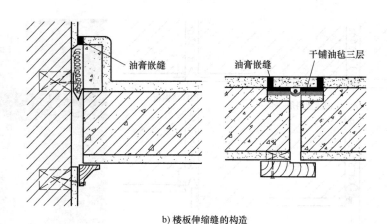

b) 楼板伸缩缝的构造

图 11-8 楼地板层伸缩缝的构造

顶棚的盖缝条只能固定于一端（在墙顶交接处应固定于墙体上），以保证两端构件能自由伸缩变形而不产生破裂。

（3）屋顶伸缩缝的构造　屋顶伸缩缝的构造处理既不能影响屋面的变形，又要防止雨水从伸缩缝处渗入室内。屋顶伸缩缝常见的位置有同一标高的屋顶或墙与屋顶高低错落处两种，还要注意区分上人和不上人两种屋顶。

对于不上人屋顶，一般可在伸缩缝两侧加砌矮墙，并做好屋顶防水和泛水处理，其基本要求与屋顶泛水构造大致相同，不同之处在于盖缝处的钢板或瓦片应能允许自由伸缩变形而不造成渗漏，不上人屋顶伸缩缝的构造如图11-9~图11-11所示。

对于上人屋顶，则用嵌缝油膏嵌缝，并做好防水处理，如图11-12所示。

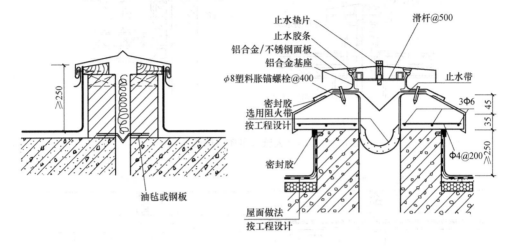

a) 平接处

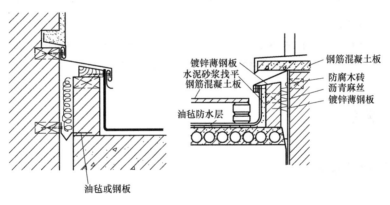

b) 高低错落处

图11-9　不上人卷材防水屋顶伸缩缝的构造

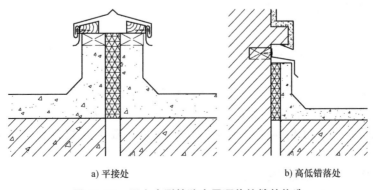

a) 平接处　　　　　　　　　　b) 高低错落处

图11-10　不上人刚性防水屋顶伸缩缝的构造

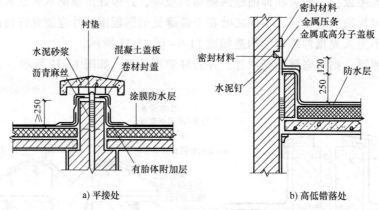

图 11-11　不上人涂膜屋顶伸缩缝的构造

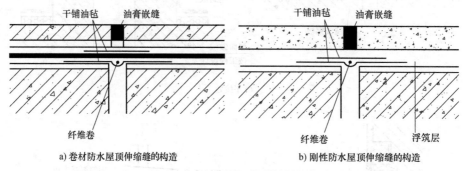

图 11-12　上人屋顶伸缩缝的构造

11.2　沉降缝

11.2.1　沉降缝的设置

1. 设置原理

由于地基不均匀沉降，建筑物结构内部会产生附加应力，以致发生开裂破坏。因此，通常在建筑物变形敏感部位设置贯通的垂直缝隙，将其划分成若干个可以自由沉降的独立部分。这种因不均匀沉降而设置的缝隙称为沉降缝。

2. 设置依据

沉降缝是为了避免建筑物各个部分由于不均匀沉降引起的破坏而设置的变形缝，一般遇到下列情况须设沉降缝：

1）同一建筑物相邻部分的高度相差较大或荷载相差悬殊时。

2）建筑物建造在不同的地基土壤上而又无法保证均匀沉降时。

3）当建筑物各个部分相邻基础的形式、宽度及埋置深度相差较大，形成不均匀沉降时。

4）建筑平面复杂、高度变化较多时。

5）新建建筑物和原有建筑物毗连时。

沉降缝的设置位置如图 11-13 所示。

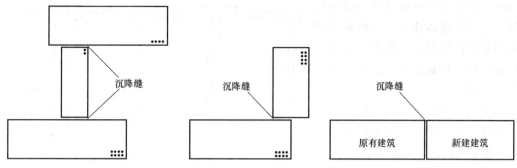

图 11-13　沉降缝的设置位置

11.2.2　沉降缝的构造

沉降缝与伸缩缝的最大区别在于沉降缝要满足建筑物各个部分在垂直方向的自由沉降变形，故要求建筑物从基础到屋顶全部断开，以适应不均匀沉降的要求。

沉降缝的宽度随地基情况和建筑物高度不同而定，具体见表 11-3。

表 11-3　沉降缝的宽度

地基情况	建筑物高度	沉降缝宽度/mm
一般地基	$H<5m$	30
	$H=5\sim10m$	50
	$H=10\sim15m$	70
软弱地基	2~3 层	50~80
	4~5 层	80~120
	5 层以上	>120
湿陷性黄土地基		≥30~70

1. 沉降缝的结构处理

沉降缝要求从基础到屋顶全部断开，所以其结构布置重点在于解决基础如何断开，而其上部的结构处理基本同伸缩缝。

基础沉降缝应断开并应避免因不均匀沉降造成的相互干扰，常见的基础沉降缝的结构处理方式通常有以下三种：

（1）双墙或双柱偏心基础方案　在砖混结构中，上部结构采用双墙承重方案时，基础可采用偏心基础方案，如图 11-14 所示；在框架结构中，上部结构采用双柱承重方案时，基础可采用偏心基础方案，如图 11-15 所示。

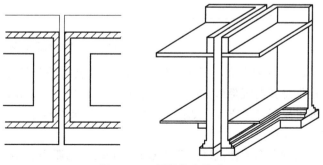

图 11-14　双墙偏心基础

此类做法简单，可以保证每个独立沉降单元都有纵横墙或纵横梁封装连接，建筑物整体性好，但容易使缝两边的基础产生偏心。此类方案适用于层数较低、荷载较少、地基承载力又相对较高时。

（2）双墙双柱交叉式基础方案 在砖混结构中，上部结构采用双墙方案时，基础也可采用交叉式基础方案，即在沉降缝两侧设置两排交错布置的独立基础，其上再各自设置相应的基础梁来支承基础墙，如图 11-16 所示；在框架结构中，上部结构采用双柱承重方案时，基础也可采用交叉式基础方案，即在沉降缝两侧设置交错布置的独立基础，其上再各自设置相应的梁来支承柱或基础梁，如图 11-17 所示。

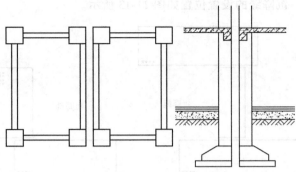

图 11-15　双柱偏心基础

此类做法基础底面的反力分布比较均匀，受力清楚，并且相互独立，自由沉降，对于同时建造的新建建筑物，此方案最为合理。

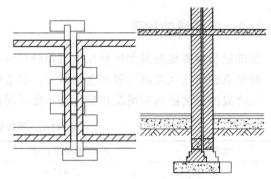

图 11-16　双墙交叉式基础

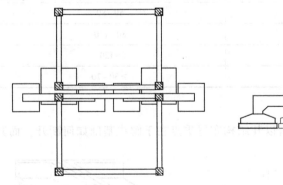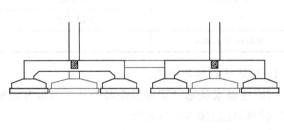

图 11-17　双柱交叉式基础

（3）悬挑方案　沉降缝两侧的垂直承重构件分别退开一定距离，或单侧退开，再用水平构件悬臂向沉降缝方向悬挑。在砖混结构中，当上部结构采用单墙承重方案时，基础结构处理可采用悬挑方案，如图 11-18 所示；框架结构中悬挑方案与伸缩缝结构处理中悬臂梁承重方案相似。

此种方案能使沉降缝两侧基础分开较大的距离，相互影响较少，当沉降缝两侧基础埋深相差较大或新建建筑与原有建筑毗连时，宜采用此种方案。

2. 沉降缝的节点构造

沉降缝一般兼起伸缩缝的作用，其构造基本同伸缩缝。

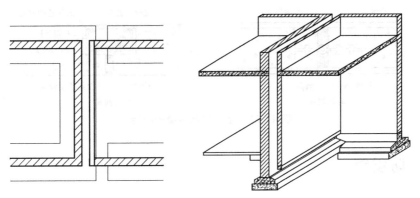

图 11-18　悬挑基础方案

（1）墙体沉降缝的构造　墙体沉降缝的盖缝条及调节片构造须保证在水平方向和垂直方向的自由变形而不导致破坏，如图11-19所示。

（2）楼地板层沉降缝的构造　楼板层沉降缝盖缝处理应考虑沉降变形对地面交通和装修带来的影响；顶棚沉降缝盖缝处理也应充分考虑变形方向，以尽可能减少变形后遗留下的缺陷。楼地板层沉降缝的盖缝处理可参照伸缩缝的盖缝处理。

（3）屋顶沉降缝的构造　屋顶沉降缝的盖缝处理应充分考虑不均匀沉降对屋面防水和泛水带来的影响，应考虑沉降变形和维修余地。屋顶沉降缝的盖缝处理可参照伸缩缝的盖缝处理应用。

（4）地下室沉降缝的构造　当地下室出现变形缝时，为使变形缝处能保持良好的防水性，必须做好

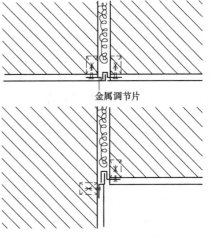

金属调节片

图 11-19　墙体沉降缝的构造

地下室墙身及地板层的防水构造，其措施是在结构施工时，在变形缝处预埋止水带。止水带有橡胶止水带、塑料止水带及金属止水带，如图11-20所示。地下室沉降缝的构造做法有内埋式和可卸式两种，如图11-21所示，无论采用哪种形式，止水带中间空心圆或弯曲部分必须对准变形缝，以满足变形的需要。

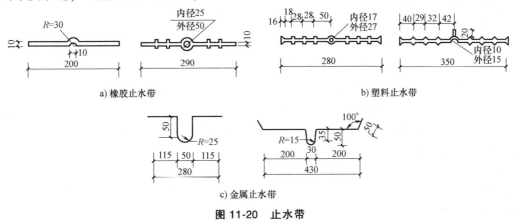

a) 橡胶止水带　　　　　　　　b) 塑料止水带

c) 金属止水带

图 11-20　止水带

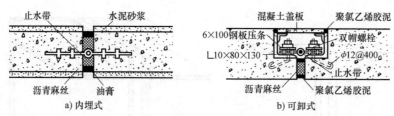

图 11-21　地下室沉降缝的构造

11.3　防震缝

11.3.1　防震缝的设置

1. 设置原理

在地震区建筑房屋，必须充分考虑地震对建筑造成的影响。若建筑平面不规则，或在纵向为复杂体型，地震时就容易产生应力集中，且建筑物相邻部分有可能相互碰撞而造成破坏，因此必须预先把建筑物分割成若干个形体简单、结构刚度均匀的独立防震单元。这种为避免因地震造成建筑物整体振动不协调产生破坏而设置的缝隙称为防震缝。

2. 设置依据

在地震区建造房屋，应力求体形简单，重量、刚度对称并均匀分布，建筑物的形心和重心尽可能接近，避免在平面上和立面上的突然变化。地震区的建筑最好不设变形缝，以保证结构的整体性，加强整体刚度。

在地震设防烈度为 7~9 度地区，多层砌体房屋有下列情况之一时应设防震缝：

1）建筑物立面高差在 6m 以上。

2）建筑物有错层，且楼板高差不小于 1/4 层高。

3）建筑物毗邻部分结构刚度、质量、结构形式截然不同。

防震缝应与伸缩缝、沉降缝统一考虑布置，满足抗震的设计要求。

11.3.2　防震缝的构造

一般情况下，防震缝设置时基础可不断开，但平面复杂或建筑物各个相连部分的刚度差别很大时，应将基础断开。

1. 防震缝的缝宽

防震缝的缝宽一般应根据设防烈度、结构类型和建筑物的高度等因素来确定。

1）多层砌体结构房屋缝宽一般取 70~100mm。

2）对于多层钢筋混凝土房屋，当高度不超过 15m 时，缝宽一般可取 100mm；当高度超过 15m 时，按不同设防烈度增加缝宽：6 度地区，建筑每增高 5m，缝宽增加 20mm；7 度地区，建筑每增高 4m，缝宽增加 20mm；8 度地区，建筑每增高 3m，缝宽增加 20mm；9 度地区，建筑每增高 2m，缝宽增加 20mm。

3）高层建筑。对于高层建筑，由于建筑物高度大，震害也更加严重。必须设缝时，需考虑相邻结构在地震作用下的结构变形，以及平移所引起的最大侧向位移。一般高层建筑防震缝的最小宽度见表 11-4。

表 11-4　高层建筑防震缝的最小宽度

结构类型	设防烈度			
	6 度	7 度	8 度	9 度
框架结构	$H/240$	$H/200$	$H/150$	$H/100$
框架剪力墙结构	$H/270$	$H/240$	$H/180$	$H/120$
剪力墙结构	$H/340$	$H/280$	$H/210$	$H/150$

注：H 为建筑物高度。

2. **防震缝的结构布置**

一般情况下，设置防震缝时，基础以上的所有构件均要求断开，基础可以不断，因此防震缝处的结构布置可参照伸缩缝处的结构处理方式，但缝两侧应布置双墙或双柱，使各个部分都有较好的刚度。

当建筑的平面较为复杂，或建筑相邻部分刚度差别很大时，也需要将基础断开，此时防震缝处的结构布置可参照沉降缝处的结构处理方式。

3. **防震缝的节点构造**

防震缝的盖缝做法基本与伸缩缝或沉降缝一致，但由于防震缝较宽，在构造处理时，应充分考虑盖缝条的牢固性以及适应变形的能力，如图 11-22 和图 11-23 所示。

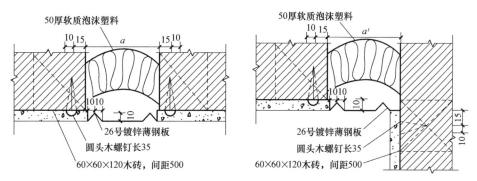

图 11-22　外墙防震缝的构造

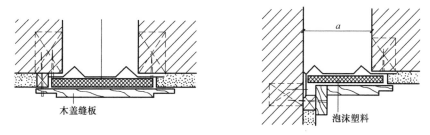

图 11-23　内墙防震缝的构造

思考题与习题

1. 什么是变形缝？变形缝有哪几种？

2. 什么是伸缩缝？伸缩缝该如何断缝？伸缩缝的间距一般该如何考虑？

3. 伸缩缝处的结构该如何处理？

4. 什么是沉降缝？什么时候需要设置沉降缝？沉降缝的缝宽该如何确定？

5. 基础沉降缝的结构处理方式有哪几种？

6. 什么是防震缝？防震缝该如何断缝？

7. 防震缝的宽度该如何确定？

第 12 章　建筑工业化

本章知识要点与学习要求

序号	知 识 要 点	学 习 要 求
1	建筑工业化的概念和实现途径	熟悉
2	板材建筑和板材的种类	了解
3	板材建筑的节点连接	熟悉
4	框架板材建筑类型和节点连接	熟悉
5	盒子建筑的结构体系、盒子的类型	了解
6	大模板、滑模、爬模、升板建筑	了解

■ 12.1　概述

12.1.1　建筑工业化的概念

所谓建筑工业化，是指让建筑产品像工业产品一样成批生产。它是以现代化的生产、运输、安装等大工业的方式和科学管理，来代替传统的、分散的手工业方式。这就意味着要尽量利用先进的技术，在保证质量的前提下，用尽可能少的工时及最合理的价格来建造满足使用要求的建筑。

实现建筑工业化，必须使之形成工业化的体系。也就是说，针对大量建造的房屋及其产品，实现建筑部件系列化开发，集约化生产和商品化供应，使之成为定型的工业产品或生产方式。

随着时代的进步，建筑工业化的理念也在不断更新。新型建筑工业化是以构件预制化生产、装配式施工为生产方式，以设计标准化、构件工厂化、施工机械化为特征，能够整合设计、生产、施工等整个产业链，实现建筑产品节能、环保、全生命周期价值最大化的可持续发展的新型建筑生产方法。

建筑工业化主要体现在设计标准化、构件工厂化、施工机械化和管理科学化等几个方面。

（1）设计标准化　设计标准化是建筑工业化的前提条件，建筑产品若不加以定型，采取标准化设计，就无法批量生产。

（2）构件工厂化　构件工业化是建筑工业化的手段，大多数的定型产品可以由现场生产转入构件厂制作，可以大大提高生产效率和产品质量，同时也可以节约成本。

（3）施工机械化　施工机械化是建筑工业化的核心，如果没有机械化的施工，就不可能提高效率、缩短工期。

（4）管理科学化　管理科学化是实现建筑工业化的保证，因为生产环节多了，相互间的矛盾就会突出，就需要通过统一的、科学的组织管理来加以协调，避免出现混乱，从而体现出建筑工业化的优越性。

12.1.2　建筑工业化的实现途径

建筑工业化主要可以通过预制装配式建筑和现场工业化施工来实现。

1. 预制装配式建筑

装配式建筑，即在工厂或现场生产构件和配件，用机械在现场进行安装的建筑。其优点是生产效率高，构件质量好，受季节影响小，可以均衡生产；缺点是生产工厂一次性投资大，在建造量不稳定时，生产工厂的生产能力不能充分发挥。

现场大量的装配作业，原始现浇作业大大减少，节能环保，更能符合绿色建筑的要求。

装配式建筑一般采用建筑、装修一体化设计、施工的方式，理想状态是装修可随主体施工同步进行。预制装配式建筑追求设计的标准化和管理的信息化，构件越标准，生产效率越高，相应的构件成本就会下降，配合工厂的数字化管理，整个装配式建筑的性价比就会越高。

预制装配式建筑按预制构件的形式和施工方法分为砌块建筑、板材建筑、盒子建筑、骨架板材建筑等几种类型。

2. 现场工业化施工

现场工业化施工主要是在现场采用大模板现浇混凝土、滑升模板、升板、升层等施工方法，完成建筑主要结构的施工。其优点是生产工厂所需的一次性投资相对较少，适应性大，节省运输费用，结构整体性好；缺点是工期长。

采用现场工业化施工的建筑类型主要包括大模板建筑、滑模建筑、升板建筑等。

建筑工业化不仅表现在主体结构工程方面，还在设备和装修工程中蕴含了更大的潜力。例如，采用各种组装的部件，像设备盒子、管道组装体、轻质隔墙、活动隔断、组装式家具等，以提高预制构配件的完备程度。

此外，在建筑工业化中还要注意多样化和提高灵活性的技术措施，对建筑的空间组合、平面布局、立面构图的可变性和灵活性等，在建筑群体规划、环境设计、选材和色彩处理上都应注意其统一和变化的关系，以取得丰富的效果。

■ 12.2　板材建筑

板材建筑是指由预制的内外墙板、楼板和屋面板等板材装配组合成毗连重叠的六面体空间的建筑，如图 12-1 所示。

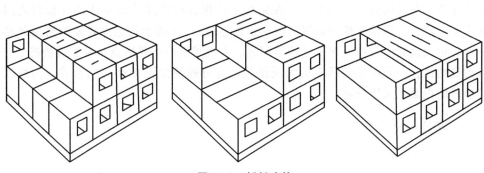

图 12-1　板材建筑

12.2.1　板材建筑的种类

板材建筑按板材大小可分为中型板材建筑和大型板材建筑。

中型板材建筑是采用中型内外墙板、楼板和屋面板等板材及其他辅助构配件等组合装配而成建筑，如图 12-2 所示。中型板材尺寸较小，制作、运输安装均较方便；但其用工量大，接缝多，板材之间不易平整，有时还要另外抹灰，在组合中也要注意板材之间的搭接，以增强整个建筑的整体性。

大型板材建筑简称为大板建筑，它是由预制的大型内外墙板、楼板和屋面板等板材及其他辅助构配件等组合装配而成建筑，如图 12-3 所示。

图 12-2　中型板材建筑

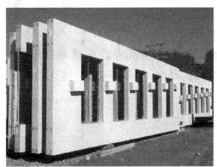

图 12-3　大板建筑

大板建筑是工业化体系建筑中全装配式建筑的主要类型。它可以减轻结构重量，提高劳动生产率，扩大建筑的使用面积和抗震能力。板材建筑的内墙板多为钢筋混凝土的实心板或空心板；外墙板多为带有保温层的钢筋混凝土复合板，也可用轻骨料混凝土、泡沫混凝土或大孔混凝土等制成带有外饰面的墙板。建筑内的设备常采用集中的室内管道配件或盒式卫生间等，以提高装配化的程度。

大板建筑的关键问题是节点设计。在结构上应保证构件连接的整体性（板材之间的连接方法主要有焊接、螺栓连接和后浇混凝土整体连接）。在防水构造上要妥善解决外墙板接缝的防水，以及接缝、角部的热工处理等问题。大板建筑的主要缺点是对建筑物造型和布局有较大的制约性；小开间横向承重的大板建筑内部分隔缺少灵活性（纵墙式、内柱式和大跨度楼板式的内部可灵活分隔）。

12.2.2　板材的种类

1. 预制内墙板

　　预制内墙板一般有横墙板和纵墙板两种，它是板材建筑中的主要承重构件，要求有足够的强度，以满足承重的要求。预制内墙板应有一定的厚度，以保证楼板有足够的搭接长度和现浇的加筋板缝所需要的宽度。预制内墙板一般采用单一材料的实心板，如混凝土板、粉煤灰矿渣混凝土板等，如图 12-4 所示。

图 12-4　预制内墙板

2. 预制外墙板

　　预制外墙板是板材建筑中的承重和外围护构件，要求有足够的强度，以满足承重的要求，同时应能抵抗风雨、保温隔热，能进行外装修等，如图 12-5 所示。

图 12-5　预制外墙板

图 12-5 预制外墙板（续）

3. 预制楼板和屋面板

预制楼板和屋面板是板材建筑中的主要水平承重构件，一般采用钢筋混凝土材料制作，有实心板、空心板和加肋板等，如图 12-6 所示。为了加强房屋的整体刚度，宜用整间的预应力混凝土大楼板。

图 12-6 预制楼板

4. 预制楼梯

板材建筑中的楼梯一般为预制楼梯，包括梯段和平台两部分。具体内容参见 9.2.2 中、大型预制装配式楼梯的相应内容。

12.2.3 板材建筑的节点连接

板材建筑的节点要满足强度、刚度、延性以及抗腐蚀、防水、保温等要求。

1. 套筒灌浆连接

套筒灌浆连接是指将带肋钢筋插入预埋在预制构件中的内腔为凹凸表面的灌浆套管，通过向套管与钢筋的间隙灌注专用高强度水泥基灌浆料，灌浆料凝固后将钢筋锚固在套管内实现钢筋连接的针对预制构件的技术，如图 12-7 所示。

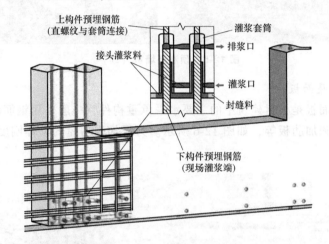

图 12-7　套筒灌浆连接

套筒灌浆连接一般主要用于墙或柱等的纵向钢筋连接，也可用于叠合梁等后浇部分的纵向钢筋连接。它又可以分为全套筒灌浆和半套筒灌浆两种工艺，全套筒灌浆是指两端均采用灌浆方式与钢筋连接，如图 12-8a 所示；半套筒灌浆是指一端采用灌浆方式与钢筋连接，另一端采用非灌浆方式与钢筋连接（通常采用螺纹连接），如图 12-8b 所示。

2. 浆锚搭接连接

浆锚搭接连接是指在预制混凝土构件中采用特殊工艺制作的孔道中，将钢筋穿入孔道，再将高强度无收缩灌浆料灌入孔道内养护，以起到锚固钢筋的作用，如图 12-9 所示。预制混凝土构件中留孔一般采用金属波纹管预埋。浆锚搭接连接预留灌浆孔道如图 12-10 所示。

浆锚搭接连接在使用时有一定的限制条件，具体如下：

1）直径大于 20mm 的钢筋不宜采用。

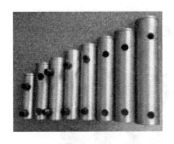
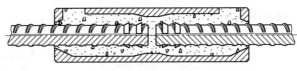

a) 全套筒灌浆

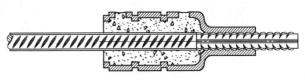

b) 半套筒灌浆

图 12-8　套筒灌浆的方式

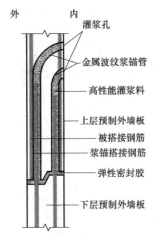

图 12-9　浆锚搭接连接

2）直接承受动力荷载的构件的纵向钢筋不应采用。

3）房屋高度大于 12m 或超过三层时，不宜采用。

4）在多层框架结构中不推荐采用。

3. 后浇混凝土连接

后浇混凝土是指预制构件安装后，在预制构件连接区域或叠合层现场浇筑的混凝土。后浇混凝土连接是装配式混凝土结构中非常重要的连接方式，基本上所有的

图 12-10　浆锚搭接连接预留灌浆孔道

装配式混凝土结构建筑中都会用到后浇混凝土。

后浇混凝土中的钢筋连接是后浇混凝土连接节点中最重要的环节，可用机械连接、焊接连接、套筒灌浆连接等连接方式，如图 12-11 所示。

图 12-11   后浇混凝土中的钢筋连接

在连接后浇混凝土中的钢筋时，预制构件与后浇混凝土的结合面应设置粗糙面或键槽（见图 12-12），以提高混凝土的抗剪能力，保证预制构件与后浇混凝土之间能紧密连接。

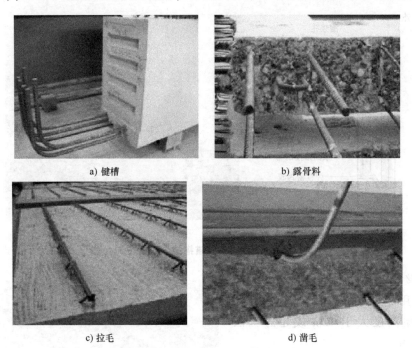

a) 键槽   b) 露骨料

c) 拉毛   d) 凿毛

图 12-12   后浇混凝土的粗糙面设置

■ 12.3   框架板材建筑

框架板材建筑是由预制的柱、梁形成骨架，再用预制楼板和轻质墙板分户装配而成的建筑。其优点是空间分隔灵活、自重小、节省材料，缺点是安装工作量大，构件数量较多。框架板材建筑一般适用于大空间的多层、高层民用建筑和多层工业建筑。

12.3.1 框架结构的分类

1. 按所用材料分类

框架结构按所用材料可以分为钢框架结构和钢筋混凝土框架结构两种，如图 12-13 所示。

a) 钢框架　　　　　　　　　　　　　　b) 钢筋混凝土框架

图 12-13　框架结构按材料分类

2. 按构件的组成分类

（1）板梁柱框架　板梁柱框架是由柱、梁组成承重框架的板梁柱结构体系，梁上搁置楼板，内外墙板是非承重的，如图 12-14a 所示。

（2）板柱框架　板柱框架是由柱和楼板组成承重框架的板柱结构体系，内外墙板是非承重的，如图 12-14b 所示。

（3）剪力墙框架　剪力墙框架是由柱、梁、剪力墙组成承重框架，梁或剪力墙上搁置楼板，其刚度较大，适用于 10~25 层的高层建筑。

a) 板梁柱体系　　　　　　　　　　　　b) 板柱体系

图 12-14　框架结构按承重结构的形式分类

12.3.2 框架板材建筑的节点连接

1. 柱与柱的连接

框架板材建筑中，上、下预制柱之间主要通过套筒灌浆连接，如图 12-15 所示。

图 12-15　柱与柱连接

2. 梁与柱的连接

梁与柱通常在柱顶进行连接，最常用的方法有叠合梁现浇连接和浆锚叠压连接两种。

（1）叠合梁现浇连接　这种连接方法是将上下柱、纵横梁的钢筋都伸入节点，加配箍筋后浇灌混凝土成整体，如图 12-16 所示。

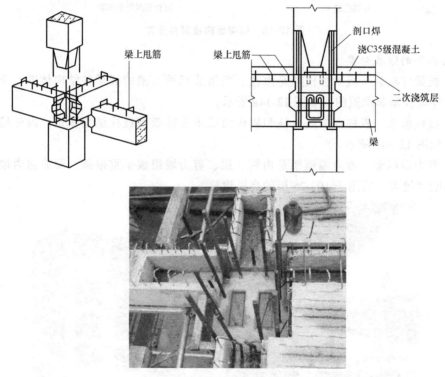

图 12-16　叠合梁与柱现浇连接

（2）浆锚叠压连接　这种方法是将纵梁置于柱顶，上下柱的竖向钢筋插入梁上的预留孔中，用高强度砂浆将柱筋锚固，使梁柱连成整体，如图 12-17 所示。

3. 楼板与梁的连接

楼板与梁整体连接通常采用叠合梁现浇连接，预制梁上部留出箍筋，预制楼板安放在梁侧，沿梁纵向放入钢筋后浇筑混凝土，将梁和楼板连接成整体，如图 12-18 所示。

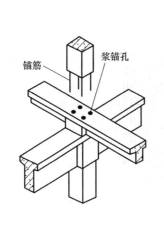
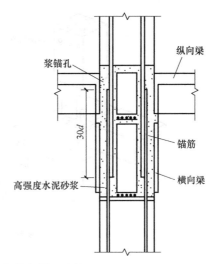

图 12-17 梁与柱浆锚叠压连接

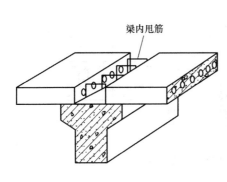

图 12-18 楼板与叠合梁现浇连接

4. 楼板与柱的连接

楼板直接支承在柱上，楼板与柱的连接可用现浇连接、浆锚叠压连接和预应力张拉连接。

（1）现浇连接 这种连接是将板搁置在柱顶，上柱通过预埋钢板和下柱焊接在一起，上柱纵筋伸入节点，加配箍筋后浇灌混凝土成整体，如图 12-19 所示。

图 12-19 楼板与柱现浇连接

（2）浆锚叠压连接 这种连接是将板搁置在柱顶，下柱穿过楼板的预留孔，伸入上柱的预留孔内，用高强度砂浆将柱筋锚固，使板柱连成整体，如图 12-20 所示。

（3）预应力张拉连接 这种连接是在柱上预留穿筋孔，楼板安装就位后，预应力钢丝索从预制板边槽和柱的预留孔中通过，钢丝索张拉后浇筑混凝土，使板柱连成整体，如图 12-21 所示。

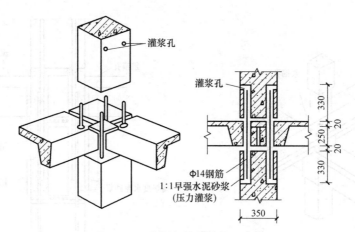

图 12-20　楼板与柱浆锚叠压连接

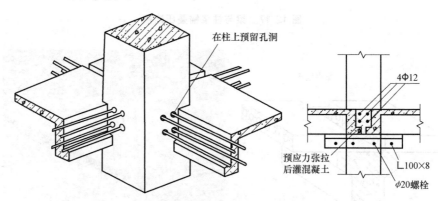

图 12-21　楼板与柱预应力张拉连接

5. 墙板与框架的连接

在框架板材建筑中，墙板一般均为非承重构件，墙板与墙板、墙板与梁、墙板与楼板的连接均可采用螺栓连接或焊接。

（1）螺栓连接　螺栓连接是指在预制构件中预留预埋件，然后利用螺栓将预制构件与预制构件或预制构件与主体结构进行连接的一种连接方式，如图 12-22 所示。

图 12-22　螺栓连接

螺栓连接属于干法连接，它一般仅适用于外挂墙板、内隔墙板和楼梯等非主体结构构件的连接。

（2）焊接 焊接是指在预制构件中预埋钢板，然后将预制构件通过预埋钢板焊接在一起的连接方式。

焊接与螺栓连接很相似，也属于干法连接，仅适用于非主体结构构件的连接。

■ 12.4 盒子建筑

盒子建筑是指用工厂预制的盒子状立体构件在施工现场组装成的房屋。它是在板材建筑的基础上发展起来的一种装配式建筑，如图 12-23 所示。这种建筑工厂化的程度很高，现场安装快，而且内部装修和设备也都安装好，甚至可连家具、地毯等一起配置齐全。盒子吊装完成、接好管线后即可使用。

图 12-23　盒子建筑

12.4.1 盒子的种类

1. 整体式盒子

整体式盒子是指用混凝土一次性浇筑形成的盒子。为了便于脱模，整体式盒子至少要有一面开口。由于开口位置的不同，整个建筑的组合方式也各不相同，如图 12-24 所示。

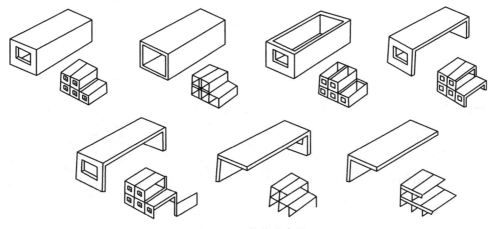

图 12-24　整体式盒子

2. 板材组装盒子

板材组装盒子是指由预制板拼装形成的盒子，如图 12-25 所示。板材之间可以电焊或留筋，再用细石混凝土灌缝。

3. 骨架板材组装盒子

骨架板材组装盒子是指用轻钢做成骨架，把板材安装上去组成的盒子，如图 12-26 所示。

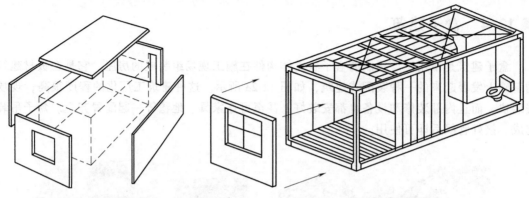

图 12-25　板材组装盒子　　　　　图 12-26　骨架板材组装盒子

12.4.2　盒子建筑的结构体系

盒子建筑一般可以分为无骨架盒子和有骨架盒子两种结构体系。

1. 无骨架盒子

无骨架盒子构件一般用钢筋混凝土制作，每个盒子都由多块钢筋混凝土平板整浇成型，刚度较好，盒子与盒子之间直接拼接，形成整个建筑，如图 12-27 所示。

图 12-27　无骨架盒子建筑

2. 有骨架盒子

有骨架盒子一般是先将骨架完成，然后再把各种盒子嵌入骨架中（像抽屉一样插入），再固定好，从而形成整个建筑，如图 12-28 所示。在有骨架盒子建筑中，骨架一般用钢材、木材、钢筋混凝土制作，盒子一般是以轻型板材围合而成。

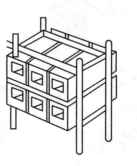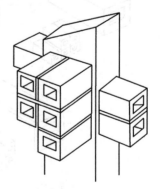

图 12-28　有骨架盒子建筑

■ 12.5 现场工业化施工建筑

现场工业化施工主要是在现场采用特殊的手段进行工业化施工，其优点是生产工厂所需的一次性投资较少，适应性大，节省运输费用，结构整体性好。

现场工业化施工建筑主要包括大模板建筑、滑模建筑、升板建筑等。

12.5.1 大模板建筑

大模板建筑是指采用整块的工具式大模板现浇混凝土承重内墙，用相当于一个房间大小的台模现浇楼板（或采用预制楼板），用预制外墙板（或现浇外墙）做围护结构的施工方法建造的建筑，如图 12-29 所示。

a) 工具式大模板

b) 楼板的工具式模板

c) 墙体的工具式大模板

图 12-29　大模板建筑

大模板建筑的优点是整体性好，抗震性强，施工工艺、设备简单，技术容易掌握，机械化程度较高，施工速度较快，工期较短。其应用于城市中的多层和高层住宅建筑有很大的优越性，同时也适用于多层和高层的公共建筑。因此，采用大模板建筑是比较符合我国国情的一种工业化施工方法。

外墙采用预制大板的做法为内浇外挂式；内外墙采用大模板现浇混凝土的做法则为全现浇式。

12.5.2　滑模建筑

滑模施工是用液压的提升装置滑升模板，以便浇筑竖向混凝土结构的施工方法。在混凝土浇筑过程中，当浇筑完一定高度的混凝土后，当混凝土还未凝固时，就不断地提升或移动模板，使之成形，模板和浇筑的混凝土之间相对滑动。采用滑模施工完成的建筑称为滑模建筑，如图 12-30 所示。

图 12-30　滑模建筑

进行滑模施工时，应按照建筑物的平面形状，在地面（或一定的标高）将一整套液压滑模装置（模板、围圈、提升架、操作平台、支承杆及液压千斤顶等）组装好，利用液压千斤顶在支承杆上爬升，带动提升架、模板、操作平台一起上升。每浇筑一层混凝土后就进行模板滑升，直至结构浇筑结束。

进行滑模施工时，要经常对模板体系进行调平，以保证建筑物和构筑物垂直。

12.5.3　爬模建筑

爬模是爬升模板的简称，国外也叫跳模，是指浇筑一段混凝土后提升爬架，安装一段模板，再浇筑混凝土，模板和浇筑的混凝土之间没有相对运动，下层的混凝土凝固后可拆除模板。采用爬模施工形成的建筑称为爬模建筑，如图 12-31 所示。

图 12-31　爬模建筑

爬模由爬升模板、爬架（也有的爬模没有爬架）和爬升设备三部分组成，是一种在施工剪力墙体系、筒体体系和桥墩等高耸结构中有效的工具。由于具备自爬的能力，因此它不需要起重运输机械的吊运，这减少了施工中起重运输机械的吊运工作量。在自爬的模板上悬挂脚手架可省去施工过程中的外脚手架。综上，爬升模板能减少起重机械数量、加快施工速度，经济效益较好。

爬升模板是一种综合大模板与滑动模板工艺和特点的模板工艺，具有大模板和滑动模板共同的优点，尤其适用于超高层建筑施工。

爬升模板与滑动模板一样，在结构施工阶段依附在建筑竖向结构上，随着结构施工而逐层上升，这样模板可以不占用施工场地，也不用其他垂直运输设备。另外，它装有操作脚手架，施工时有可靠的安全围护，故可不需搭设外脚手架，特别适用于在较狭小的场地中建造多层或高层建筑。

爬升模板与大模板一样，是逐层分块安装的，故其垂直度和平整度易于调整和控制，可避免施工误差的积累，也不会出现墙面被拉裂的现象。但是，爬升模板的配制量要大于大模板，原因是其施工工艺无法实行分段流水施工，因此模板的周转率低。

由于模板能自爬，不需要起重运输机械吊运，减少了高层建筑施工中起重运输机械的吊运工作量，能避免大模板受大风影响而停止工作的情况。由于自爬的模板上悬挂有脚手架，能减少起重运输机械的数量、加快施工速度，所以还省去了结构施工阶段的外脚手架，经济效益较好。

12.5.4　升板建筑

升板是指就地预制、提升安装楼板而建造多层钢筋混凝土板柱结构的施工方法。在现场吊装好预制柱子和浇筑好室内地坪后，以地坪为底模，就地重叠浇筑各层楼板和屋面板。各层楼板和屋面板之间都要涂刷隔离剂。待板达到应有强度后，以柱为支承和导杆，通过安置在柱上的提升机将各层楼板和屋面板按提升程序逐层提升到设计位置，然后将板和柱连接固定。采用升板制作完成的建筑称为升板建筑，如图 12-32 所示。

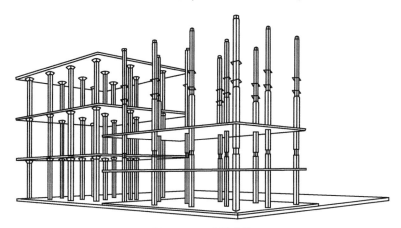

图 12-32　升板建筑

升板法施工的特点是不使用大型机械，适宜狭地施工；用钢量大，造价偏高。

目前，我国升板建筑主要使用的是电动螺旋千斤顶组成的电动爬升升板机。提升时要控制板的提升差异，采取同步措施。若提升差异过大，会导致板上下表面开裂，损坏提升工具。

思考题与习题

1. 什么是建筑工业化？
2. 建筑工业化主要体现在_____、_____、_____和_____等几个方面。
3. 建筑工业化的实现途径有哪些？
4. 板材建筑的节点连接方式有哪些？
5. 框架板材建筑按组成构件的不同一般可以分为_____、_____和_____等。
6. 框架板材建筑的节点连接一般有哪些常见的方法？
7. 盒子建筑的结构体系有哪两种？
8. 滑模和爬模有何区别？

第13章 工业建筑概论

本章知识要点与学习要求

序号	知 识 要 点	学 习 要 求
1	工业建筑的特点	了解
2	工业建筑的分类	熟悉
3	单层厂房的结构支承方式	了解
4	装配式钢筋混凝土单层厂房的结构组成构件	掌握
5	装配式钢筋混凝土单层厂房的传力路线	熟悉
6	工业建筑设计应考虑的因素	了解
7	厂房内的起重运输设备	熟悉

■ 13.1 工业建筑的特点和分类

13.1.1 工业建筑的特点

工业建筑是指用于从事工业生产或直接为生产服务的各种房屋,一般称为厂房。

1. 工业建筑与民用建筑的区别

工业建筑与民用建筑一样,要体现适用、安全、经济、美观的方针,在设计原则、建筑用料和建筑技术等方面,有许多共同之处;工业建筑与民用建筑也存在一些区别,具体见表13-1。

表 13-1 工业建筑与民用建筑的区别

项目	民用建筑	工业建筑
设计要求	工程要求(功能)	工艺要求(工艺流程)
建筑体量	视具体情况而定(可达高层)	一般较大(平面较大,可达上万平方米;高度较低,一般最高为多层)
荷载情况	相对较小	相对较大,有起重机荷载

2. 工业建筑的特点

由于生产工艺复杂多样，工业建筑在设计配合、使用要求、室内采光、屋面排水及建筑构造等方面具有以下特点：

1）厂房的建筑设计是在工艺设计人员提出的工艺设计的基础上进行的，厂房的建筑设计应首先满足生产工艺的要求，且为工人创造良好的生产环境并使厂房满足适用、安全、经济、美观的要求。

2）一般厂房内部的生产设备多、体量大，各个部分生产联系紧密，并有多种起重运输设备通行，厂房内部应有较大的敞通空间。

3）厂房宽度一般较大，尤其是多跨厂房，为满足室内采光、通风的需要，屋顶上往往设有天窗，室内大都无顶棚，屋顶承重结构裸露于室内。

4）为了满足屋面防水、排水的需要，还应设置屋面排水系统，包括天沟和雨水管，这些设施导致屋顶构造复杂。

5）单层厂房跨度大，屋顶及吊车荷载较重，故多采用钢筋混凝土排架结构承重；多层厂房楼面荷载较大，故广泛采用钢筋混凝土骨架（框架结构）承重；对于特别高大的厂房、有重型起重机的厂房，或地震烈度较高地区的厂房，宜采用钢骨架承重。

13.1.2 工业建筑的分类

工业生产的类别繁多，生产工艺不同，厂房的分类也随之不同。在建筑设计中，常按厂房的用途、生产条件和层数对工业建筑进行分类。

1. 按厂房的用途分类

（1）主要生产厂房 主要生产厂房是指进行产品加工主要工序的厂房，如机械制造厂中的铸工车间、机械加工车间等。

（2）辅助生产厂房 辅助生产厂房是指为主要生产厂房服务的各类厂房，如机械制造厂中的机修车间、工具车间等。

（3）动力类厂房 动力类厂房是指为工厂提供能源和动力的厂房，如发电站、锅炉房、煤气站等。锅炉房如图 13-1 所示。

（4）储藏类厂房 储藏类厂房是指用于储存各种原材料、成品或半成品的仓库，如金属材料库、油料库、成品库等，钢坯仓库如图 13-2 所示。

图 13-1 锅炉房

图 13-2 钢坯仓库

（5）运输类厂房 运输类厂房是指用于停放各种交通运输设备的厂房，如汽车库、叉车库等。

（6）其他类厂房 其他类厂房包括水泵房、污水处理站等，水泵房如图13-3所示。

2. 按生产条件分类

（1）热加工车间 热加工车间是指在高温、红热、材料熔化状态下进行生产的车间。这类车间在生产过程中一般会散发出大量热量、烟尘、有害气体等，如冶炼、铸造等车间，轧钢车间如图13-4所示。

图13-3 水泵房

图13-4 轧钢车间

（2）冷加工车间 冷加工车间是指在正常温度、湿度条件下进行生产的车间，如机械加工、装配等车间。

（3）有侵蚀性介质作用的车间 有侵蚀性介质作用的车间是指在生产过程中会受到酸、碱、盐等侵蚀性介质的作用，对厂房耐久性有影响的车间，如化工厂的大部分车间、冶金厂中的酸洗车间等。这类厂房在建筑材料选择及构造处理上应有可靠的防腐蚀措施。

（4）恒温恒湿车间 恒温恒湿车间是指因产品生产需要，要求在温度、湿度波动很小的范围内进行生产的车间，如纺织车间、精密机械车间等，如图13-5所示。这类车间除了室内装有空调设备外，厂房也要采取相应措施，以减少室外气象对室内温度、湿度的影响。

（5）洁净车间 洁净车间是指产品的生产对室内空气的洁净程度要求很高的车间，如集成电路车间、制药车间等，如图13-6所示。这类车间除了要对室内空气进行净化处理，

图13-5 纺织车间

图13-6 洁净车间

将空气中的含尘量控制在允许的范围内之外，还应保证厂房围护结构严密，防止大气灰尘的侵入，保证产品质量。

3. 按层数分类

（1）单层厂房　单层厂房对具有大型生产设备、振动设备、地沟、地坑或者重型起重运输设备的生产有较大的适应性，广泛应用于机械制造、冶金等许多工业领域。单层厂房便于沿地面水平方向组织生产工艺流程、布置生产设备，生产设备和重型加工件荷载直接传给地基。

单层厂房按跨数的多少有单跨和多跨之分，如图 13-7 所示。

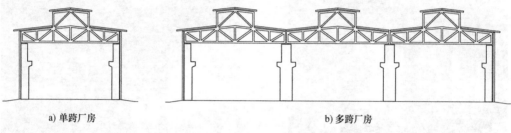

a) 单跨厂房　　　　　　　　　　　　　b) 多跨厂房

图 13-7　单层厂房

（2）多层厂房　多层厂房对于垂直方向组织生产工艺流程的生产企业以及设备、产品较轻的企业具有较大的适应性，多用于轻工、食品加工、电子、仪表等工业领域。车间运输分为垂直和水平运输两类，层数多为 2~6 层，如图 13-8 所示。

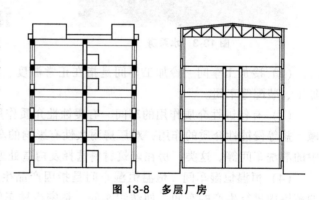

图 13-8　多层厂房

（3）混合层次厂房　混合层次厂房是指既有单层又有多层的厂房（见图 13-9），多用于热电厂、化工厂等。

图 13-9　混合层次厂房

■ 13.2　单层厂房的结构组成

13.2.1　单层厂房的结构支承方式

单层厂房的结构支承方式基本上可分为墙体承重结构和骨架承重结构两种。

---

1. 墙体承重结构

墙体承重结构是由带壁柱的砖墙和钢筋混凝土屋架或屋面大梁构成的承重体系，仅当厂房的跨度、高度、起重机荷载较小及地震烈度较低时采用。

其基本的传力路线为：屋面板承受屋面荷载后，传递给屋架或屋面大梁，再传递给带壁柱的墙体，然后往下传递给墙下条形基础。此类单层厂房中若带有起重机，则吊车梁搁置在壁柱上。

2. 骨架承重结构

骨架结构由柱基础、柱子、屋架或屋面大梁等组成。墙体在此种结构中只起围护或分隔的作用。

其基本的传力路线为：屋面板承受屋面荷载后，传递给屋架或屋面大梁，然后再传递给柱，然后再往下传递给柱下基础。此类单层厂房中若带有起重机，则吊车梁搁置在柱牛腿上。

骨架承重结构按其骨架的材料又可分为砖混结构、钢筋混凝土结构、钢结构三种。

（1）砖混结构　砖混结构厂房由砖柱和钢筋混凝土屋架或屋面大梁、砖基础、钢筋混凝土屋面板组成，也有由砖柱和木屋架或轻钢或组合屋架组成的，如图13-10所示。该结构构造简单，但承载能力及抗地震和抗振动性能较差，一般用于跨度不大于15m，且起重机的起重量不超过5t的小型工业建筑。

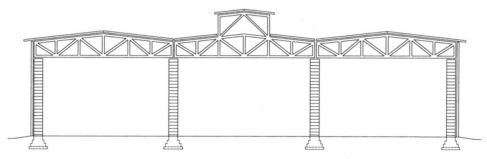

图13-10　砖混结构厂房

（2）钢筋混凝土结构　钢筋混凝土结构厂房由钢筋混凝土柱和钢筋混凝土屋架、钢筋混凝土基础、钢筋混凝土屋面板组成，也有由钢筋混凝土柱和轻钢屋架组成的，如图13-11所示。此种结构坚固耐久，一般为预制装配式，刚度较大，防火性较好，施工方便，造价低廉。但其自重大，抗震性能不太好。

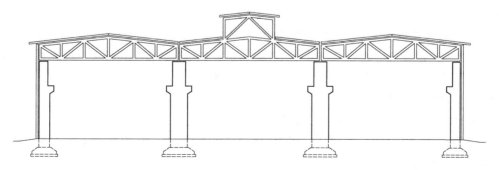

图13-11　钢筋混凝土结构厂房

图 13-11　钢筋混凝土结构厂房（续）

（3）钢结构　钢结构厂房由钢柱和钢屋架、钢筋混凝土基础、钢筋混凝土屋面板组成，如图 13-12 所示。此种结构抗地震和抗振动性能较好，构件较轻、承载能力大，但耗钢材较多，且钢结构易锈蚀，耐火性能差，一般应采取必要的防护措施。

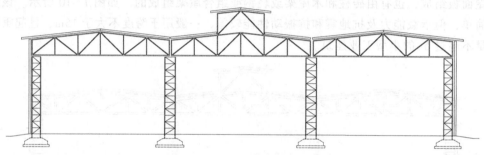

图 13-12　钢结构厂房

钢结构厂房一般用于大型的、重型的、振动荷载较大的厂房，也常用于要求建设速度快、早投产早收益的工业厂房。

单层厂房的承重结构除了上述三种以外，屋顶结构还可采用折板、壳体及网架等空间结构。

13.2.2　装配式钢筋混凝土单层厂房的组成构件

组成装配式钢筋混凝土单层厂房的构件有很多，主要可以分为结构组成构件和围护构件两大类，具体如图 13-13 所示。

1. 装配式钢筋混凝土单层厂房的结构组成构件

装配式钢筋混凝土单层厂房的结构组成构件主要包括横向骨架构件、纵向连系构件和支撑系统构件三部分，根据需要，还可能包括其他构件。

（1）横向骨架构件　横向骨架构件是指沿横向布置，并组成装配式单层厂房中重要的受力骨架的构件，一般包括屋架、柱和基础。

1）屋架（屋面大梁）。屋架是厂房的主要承重构件之一，它承受着来自天窗、屋面板等的荷载，并将其传递给柱。

在装配式单层厂房中，屋架一般均为预制构件，其材料一般为钢筋混凝土或型钢。屋架

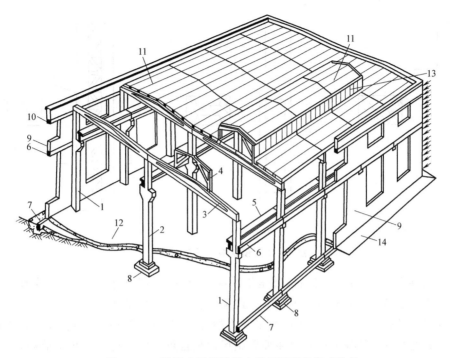

图 13-13　装配式钢筋混凝土单层厂房的组成构件

1—边列柱　2—中列柱　3—屋架　4—天窗架　5—吊车梁　6—连系梁　7—基础梁　8—基础

9—外墙　10—圈梁　11—屋面板　12—地面　13—天窗　14—散水

常见的形式有拱形、梯形、折线形、三角形等，一般均由上弦杆、下弦杆和腹杆组成，如图 13-14 所示；屋面大梁的断面一般为工字形。

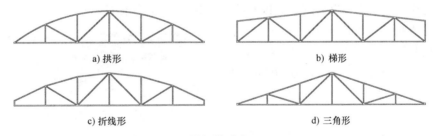

a) 拱形　　　　　　　　　　　　　　　b) 梯形

c) 折线形　　　　　　　　　　　　　　d) 三角形

图 13-14　屋架的形式

屋架常见的跨度有 18m、24m、30m、36m 等。

2）柱。柱是厂房中最主要的竖向承重构件，它一般承受着屋架、吊车梁、连系梁、支撑和外墙传递来的荷载，并把它传递给基础。

在装配式单层厂房中，柱一般都采用预制柱，其材料一般为钢筋混凝土；钢结构厂房中可采用钢柱。柱常见的截面形状有矩形、工字形、双肢柱等，为了支承吊车梁，一般都应设置牛腿。预制钢筋混凝土柱如图 13-15 所示。

3）基础。基础是厂房中最下部的重要承重构件，它一般承受着柱和基础梁传递来的荷载，并把它传递给地基。

在装配式单层厂房中，基础一般都采用现浇钢筋混凝土杯口基础，以方便预制柱的插入和嵌固。

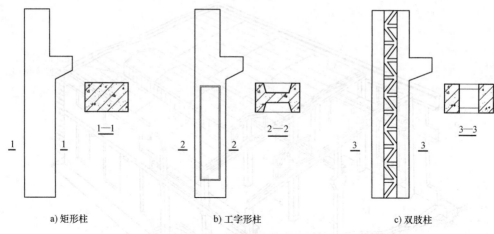

a) 矩形柱　　　　　　　　　b) 工字形柱　　　　　　　　c) 双肢柱

图 13-15　预制钢筋混凝土柱

（2）纵向连系构件　纵向连系构件是指沿纵向布置，同时承受一定荷载或起到加强纵向连系的构件，主要包括屋面板、吊车梁、连系梁、圈梁和基础梁。

1）屋面板。屋面板为纵向布置的水平受力构件，它一般铺设在屋架、天窗架或屋面大梁上，直接承受着板上的各类荷载（主要包括屋面板自重、雨雪荷载、积灰荷载等），并将其传递给屋架、天窗架或屋面大梁。

在装配式单层厂房中，屋面板一般采用预制钢筋混凝土大型屋面板，其长度一般为 6m，宽度一般为 1.5m。

2）吊车梁。吊车梁一般为钢筋混凝土预制，是纵向布置的水平受力构件，它一般搁置在柱的牛腿上，承受起重机的重量及起重的重量、运行荷载（主要包括起重机起动或刹车产生的横向刹车力、纵向刹车力以及冲击荷载），并将其传递给柱。

在装配式单层厂房中，吊车梁一般采用预制钢筋混凝土构件。其截面形状一般为 T 字形，高度一般为 900mm 或 1200mm，长度一般为 6m，如图 13-16 所示。

3）连系梁。连系梁一般为钢筋混凝土预制，是纵向布置的水平受力和连系构件，它一般搁置在柱的小牛腿上，用以增加单层厂房的纵向刚度，同时承受上部墙体荷载和风荷载，并将其传递给纵向柱列。

吊车梁

图 13-16　吊车梁

在装配式单层厂房中，连系梁一般采用预制钢筋混凝土构件。其截面形状一般为矩形，长度一般为 6m。

4）圈梁。圈梁一般为钢筋混凝土现浇，主要沿外墙成圈现浇设置，其不受力，只起加固整体性能的作用，以提高装配式单厂的抗地震和抗震性能。

5）基础梁。基础梁一般为钢筋混凝土预制，是纵向布置的水平受力构件，它一般搁置在基础顶部，承受下部墙体荷载，并将其传递给基础。

在装配式单层厂房中，基础梁一般采用预制钢筋混凝土构件。其截面形状一般为矩形，长度一般为 6m。

（3）支撑系统构件 支撑系统构件主要设置在屋架之间或纵向柱列之间，加强装配式单层厂房的空间整体刚度和稳定性，同时可以传递水平荷载和起重机产生的水平刹车力，主要包括屋架支撑、天窗支撑和柱间支撑。

1）屋架支撑。屋架支撑是指在屋架范围内设置的支撑构件，根据具体设置部位的不同，又可以分为上弦水平支撑、下弦水平支撑、垂直支撑和系杆等，如图 13-17 所示。

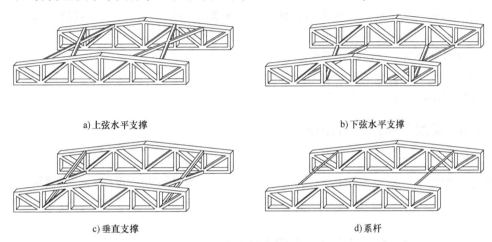

a) 上弦水平支撑　　　　　　　　　　　　b) 下弦水平支撑

c) 垂直支撑　　　　　　　　　　　　d) 系杆

图 13-17　屋架支撑

2）天窗支撑。天窗支撑是在天窗架范围内设置的支撑构件。

3）柱间支撑。柱间支撑是在柱范围内设置的支撑构件，一般包括上柱支撑和下柱支撑，如图 13-18 所示。

（4）其他构件 当单层厂房中山墙面积较大，所受风荷载也大时，为了保证山墙能抵抗风荷载，山墙内侧应设置抗风柱，如图 13-19 所示。

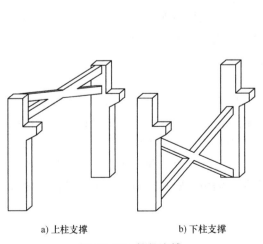

a) 上柱支撑　　　　　　b) 下柱支撑

图 13-18　柱间支撑

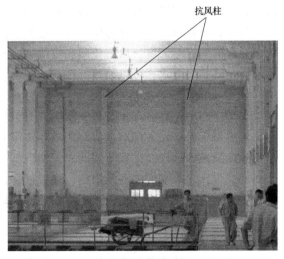

抗风柱

图 13-19　抗风柱

为了保证山墙能较好地抗风，抗风柱自身的稳定要足够。抗风柱下一般单独设置基础，抗风柱下端应牢固地嵌固在基础中，上端应伸入至屋架空间，并与屋架上弦节点连接，以传递山墙传来的风荷载。

2. 围护构件

（1）屋面　屋面是单层厂房的主要围护构件之一，受自然条件直接影响，必须处理好屋面的排水、防水、保温、隔热等问题。

（2）外墙　外墙通常采用自承重墙的形式，其除承受自重及风荷载外，主要起防风、防雨、保温、隔热、遮阳、防火等作用。

（3）门窗　门主要起交通作用；窗主要起采光和通风作用。由于单层厂房内部面积较大且有工业生产，采光和通风的要求较高，故窗一般多采用高、低侧窗和天窗。

（4）地面　地面主要满足通行的需要，并为单层厂房提供良好的劳动条件。

13.2.3　单层厂房的传力路线

单层厂房中的荷载类型较多，其传递路线也较为复杂。单层厂房的传力路线如图13-20所示。

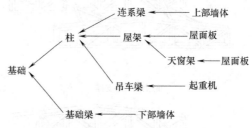

图13-20　单层厂房的传力路线

13.3　工业建筑设计应考虑的因素

在工业建筑设计时，应考虑到以下的因素：

1. 满足生产工艺的需要

工业建筑设计应满足生产工艺的需要，这是对工业建筑设计工作的基本要求。因为生产工艺的需要体现了使用功能的要求，它对厂房的建筑面积、平面形状、柱距、跨度、剖面形式、高度以及结构方案和构造措施等都有直接的影响。另外，生产工艺对于生产用机器设备的安装、操作、运转、检修等方面也都有着一定的要求。

例如，当要求厂房内部的生产环境恒温恒湿时，除了采用空调设备外，建筑设计时还常采用北向的锯齿形天窗，以避免阳光直射；当厂房内部存在有较大的生产设备时，柱距6m不易满足其使用要求，可以抽掉一根或几根柱，使柱距达到12m。

2. 应创造良好的生产环境

工业生产中往往会产生高温、烟尘、有害物质、噪声等，因此工业建筑应具有良好的生产环境，对于保证工人健康、提高劳动生产率有着积极的作用。在工业建筑设计时，应根据厂房生产状况的不同，采取不同的对策加以解决，应满足相应的采光条件，保证厂房内部工作面的照度；采取相应的通风措施，注意厂房内部的水平和垂直绿化，考虑厂房内部的色彩处理；对散发出的有害气体、噪声、余热等采取净化、隔声、隔热等措施；考虑必需的生活福利设施。

3. 应满足有关技术要求

工业建筑设计中要解决的技术问题很多，其中首先要对安全问题予以足够的重视，即厂房应具有必要的坚固性、耐久性，能够经受自然条件、外力、温度和湿度变化、化学侵蚀等各种不利因素的影响，确保安全。对于有火灾或爆炸危险的厂房，应具有可靠的防火防爆设施以及安全疏散措施，防火设计应满足 GB 50016—2014《建筑设计防火规范（2018 版）》的相关要求。

工业建筑设计应具有一定的灵活应变能力。在满足当前使用的基础上，适当考虑到今后设备更新和工艺改革的需要，使近期和远期相结合，提高通用性，为以后的厂房改造和扩建提供一定的条件。

工业建筑设计应遵守国家颁布的有关技术规范与规程。设计时应严格遵守 GB/T 50006—2010《厂房建筑模数协调标准》和 GB/T 50002—2013《建筑模数协调标准》的规定，合理选择厂房建筑参数（柱距、跨度、高度等），采用标准、通用的结构构件，便于预制和购买，实现设计标准化、施工机械化，提高建筑工业化水平。

4. 要有良好的综合效益

运行工业建筑设计时要注意提高建筑的经济、社会和环境的综合效益，三者缺一不可，不能偏废。

在经济效益方面，既要注意节约建筑用地，降低建筑造价，减少材料消耗和能源消耗，缩短建筑周期，又要有利于降低经常性维修和管理费用，防止盲目、重复建设或可能出现的投资效果差的现象。例如，将若干车间合并成联合厂房对现代化连续生产极为有利，而且联合厂房占地面积小，外墙面积相应减少，缩短了管网线路，使用灵活，能满足工艺更新的要求。

在社会效益方面，工业建筑投产后，应使在它影响范围内的社会生活素质（包括人口素质、国民收入、文化福利、社会安全等方面）发生有利的变化。

在环境效益方面，工业建筑投产以后，应使在它所影响范围内的环境质量符合国家有关部门规定的质量标准，要综合治理废渣、废水、废气，控制生产噪声，保持生态平衡。

5. 应注意美观

在适用、安全、经济的前提下，把建筑美与环境美列为工业建筑设计中的重要内容，应力求美化室内外环境，创造良好的工作条件。在设计时，应恰当处理厂房体型、立面、内部空间与总平面及环境的协调。

■ 13.4　厂房内部的起重运输设备

为了在生产中运送原材料、成品或半成品，以及安装、检修和改装设备，厂房内应设置必要的起重运输设备，常见的有单轨悬挂式起重机、梁式起重机和桥式起重机等。

1. 单轨悬挂式起重机

单轨悬挂式起重机按操纵方法分为手动和电动两种。起重机由运行部分和起升部分组成，安装在工字形钢轨上，钢轨悬挂在屋架或屋面大梁的下弦上，可以布置成直线或曲线形。为此，厂房屋架或屋面大梁应有较大的刚度，以适应起重机荷载的作用。

单轨悬挂式起重机的起重量较小，一般起重为 1~2t。如图 13-21a 所示的起重机，由于只有单轨，故其只能沿厂房的纵向运行，而不能沿厂房的横向运行，故起吊的范围较少；如图 13-21b 所示的起重机，增加了一个悬臂的小桥架，桥架可以在轨道上沿厂房的纵向运行，而小车可以在桥架上沿厂房的横向局部运行,这明显增加了起重机的起吊范围,但使得起重机的受力和构造更为复杂。

a) 单轨

b) 悬臂式

图 13-21 单轨悬挂式起重机

2. 梁式起重机

梁式起重机由提升装置、运行装置和梁架等组成,如图 13-22 所示。梁架断面为工字形,可作为起重行车的轨道,起重行车可以在梁架上沿厂房的横向运行,梁架两端有行走轮,以便在起重机轨道上沿厂房的纵向运行。

梁式起重机也适用于小型起重量的车间,起重一般不超过 5t。起重机轨道可悬挂在屋架下弦上,如图 13-22a 所示,也可支承在吊车梁上,如图 13-22b 所示。在确定厂房高度时,应考虑起重机净空高度的影响,进行结构设计时,应考虑起重机荷载的影响。

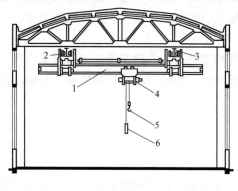

a) 悬挂式

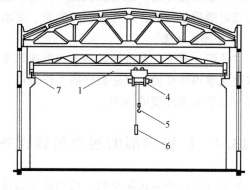

b) 支承式

图 13-22 梁式起重机

1—梁架 2—运行装置 3—轨道 4—提升装置 5—吊钩 6—操纵面板 7—吊车梁

3. 桥式起重机

桥式起重机由提升装置、运行装置和桥架等组成,如图 13-23 所示,桥架可在起重机轨道上沿厂房纵向运行,提升装置、运行装置在桥架的轨道上沿厂房的横向运行。

桥式起重机的起重量由 5t 到数百吨不等,它在工业建筑中应用广泛。但其所需净空高度大,本身又很重,对厂房结构不利。因此,有的研究单位建议采用落地龙门式起重机替代

图13-23 桥式起重机

桥式起重机。龙门式起重机的荷载可直接传到地基上，因而大大减小了承重结构的负担，但是龙门式起重机行驶速度缓慢，且占了一定的厂房使用面积，所以目前还不能有效地替代桥式起重机。

根据工作时间，桥式起重机的工作制可分为重级工作制（工作时间>40%）、中级工作制（工作时间为25%~40%）、轻级工作制（工作时间为15%~25%）三种。

起重量较大的桥式起重机一般设置双钩，即主钩和副钩，根据需要起吊的重量选择合适的吊钩。

当同一跨度内需要的起重机数量较多，且起重机的起重量相差悬殊时，可沿高度方向设置双层起重机，如图13-24所示，以减少起重机运行中的相互干扰。

图13-24 双层起重机

除了上述的起重机形式以外，根据生产特点的不同，厂房内部还有各式各样的运输设备，如小火车、平板车、叉车、传送带，以及冶金工厂轧钢车间采用的辊道等。

思考题与习题

1. 工业建筑与民用建筑有何区别？
2. 工业建筑按其层数一般分为_____、_____和_____三种。
3. 单层厂房的结构支承方式有哪些？
4. 装配式钢筋混凝土单层厂房的结构组成构件有哪些？
5. 请简述装配式钢筋混凝土单层厂房的传力路线。
6. 工业建筑设计应考虑哪些因素？
7. 常见的起重机有哪几种？其起吊能力如何？
8. 什么是起重机的工作制？一般有哪几种？

第 14 章　单层厂房平面设计

本章知识要点与学习要求

序号	知 识 要 点	学 习 要 求
1	生产工艺和建筑平面设计的关系	了解
2	单层厂房常见的平面形式及其选择	熟悉
3	柱网的概念及选择	掌握
4	通道及有害工段的布置	熟悉

14.1　生产工艺和建筑平面设计的关系

工业建筑设计与民用建筑设计不同，民用建筑设计主要根据建筑的使用功能，由建筑设计人员完成；而厂房的平面设计是先由工艺设计人员进行工艺平面设计，建筑设计人员在生产工艺平面图的基础上进行厂房的建筑平面设计。

1. 生产工艺的要求

生产工艺流程是指产品由毛坯入厂，经各种技术手段处理，成为生产成品再出厂的过程，不同工业产品的生产工艺流程有明显的不同，如图 14-1 所示。

工艺设计人员根据生产工艺流程完成生产工艺平面设计，形成生产工艺平面图（见图 14-2），再提供给建筑设计人员进行建筑平面设计。生产工艺平面图的内容一般包括：

1）根据产品生产要求完成生产工艺流程的组织。

2）生产和起重运输设备的选择和布置。

3）车间内部各生产工段的划分。

4）运输通道的宽度及其布置。

5）厂房面积的大小以及生产工艺对厂房建筑设计的要求等。

2. 建筑平面设计的要求

厂房建筑平面设计应在工艺平面图的基础上进行，其应满足以下要求：

1）生产工艺的要求。

2）应使厂房平面形式规整、合理、简单以便达到减少占地面积、节能和简化构造的要求。

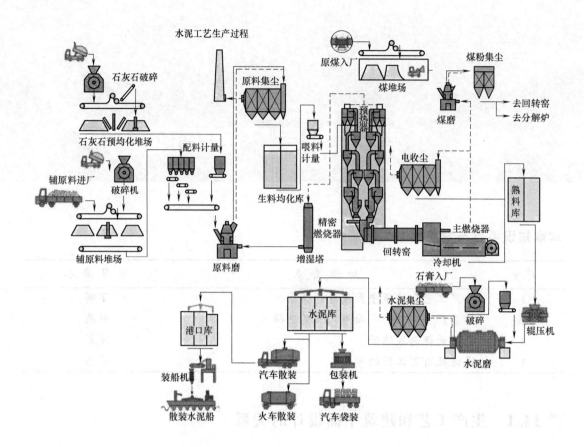

水泥工艺生产过程

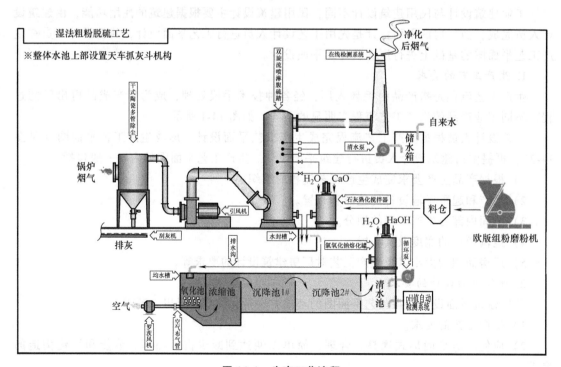

湿法粗粉脱硫工艺

图 14-1　生产工艺流程

3）厂房的建筑参数应符合 GB/T 50006—2010《厂房建筑模数协调标准》，使构件的生产满足建筑工业化的要求。

4）选择技术先进和经济合理的柱网，使厂房具有较大的通用性。

5）正确地解决厂房的采光和通风问题。

6）合理地布置有害工段及生活用房。

7）妥善处理好安全疏散及防火措施，防火设计应满足 GB 50016—2014《建筑设计防火规范（2018 版）》的相关要求。

只有满足以上的要求，建筑平面设计才能保证厂房的使用质量，也有利于降低厂房的工程造价，加快建设速度。

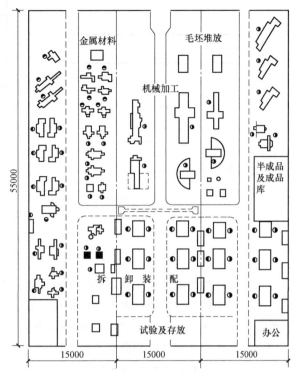

图 14-2　生产工艺平面图

14.2　平面形式的选择

1. 影响单层厂房平面形式的主要因素

1）厂房的生产工艺流程、生产特征和生产规模。

2）厂房内部交通及运输情况。

3）厂房在总平面图上的位置及和周边其他工业建筑的关系。

4）厂房所处的地形特点及地区气象条件。

5）厂房选用的结构类型及经济技术条件。

2. 单层厂房的平面形式

单层厂房的工艺流程和生产特征直接影响并在一定程度上决定了其平面形式。

（1）矩形平面　矩形平面是单层厂房中采用得比较多的一种平面形式，它可以分为单跨直线式、多跨直线式、往复式和纵横跨，如图 14-3 所示。

当工艺流程比较简单且不太长，生产规模不大时，可采用单跨直线式平面，如图 14-3a 所示；如果想增加生产规模，则可选用多跨直线式平面，如图 14-3b 所示。当工艺流程比较简单，但流程较长时，可采用往复式平面，如图 14-3c 所示。这几种平面形式构造简单，施工容易且速度快。

当工艺流程相对复杂时，可采用纵横跨式平面，如图 14-3d 所示，此种平面形式工艺流程紧凑，运输线路短捷，但构造复杂，施工麻烦。

（2）方形平面　方形平面是在矩形平面的基础上增加宽度，成为正方形或近似正方形的厂房。

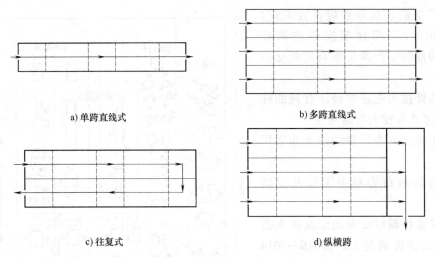

a) 单跨直线式　　　　　　　b) 多跨直线式

c) 往复式　　　　　　　　　d) 纵横跨

图 14-3　矩形平面

从建筑经济的角度来看，方形平面比较优越。在厂房面积相同的情况下，方形平面比其他形式平面的围护结构的周长要小，造价相对较低。由于外墙面积相应减小，冬季可以减少通过外墙散失的热量，夏季可以减少室外气温及太阳辐射对室内的影响，对防暑降温有好处，更适合于冬季寒冷地区和夏季炎热地区，有利于节能。

从防震角度来看，方形平面结构简单，有利于防震。同时，方形平面有利于提高厂房的通用性。

（3）L 形、∏ 形、Ⅲ 形平面　L 形、∏ 形、Ⅲ 形平面是单层厂房中垂直布置的平面形式，如图 14-4 所示。

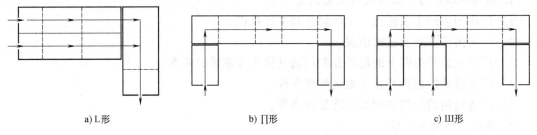

a) L 形　　　　　　　　b) ∏ 形　　　　　　　　c) Ⅲ 形

图 14-4　L 形、∏ 形、Ⅲ 形平面

这些平面的优点是有良好的采光、通风、排气、散热和除尘能力，适用于中型以上的热加工厂房，如轧钢、锻造车间等，以便排除生产时产生的热量、烟尘和有害气体；缺点是纵横跨交接处的结构构造复杂，抗震性能不好，外墙及管线较长，造价较高。

14.3　柱网的选择

1. 柱网

在厂房中，为支承屋顶和起重机须设置柱子，为确定柱位，在平面图上要布置定位轴线，如图 14-5 所示，在纵横定位轴线相交处设置柱子。

承重柱的定位线在平面上排列所形成的网格称为柱网。柱网由跨度和柱距组成，柱子纵

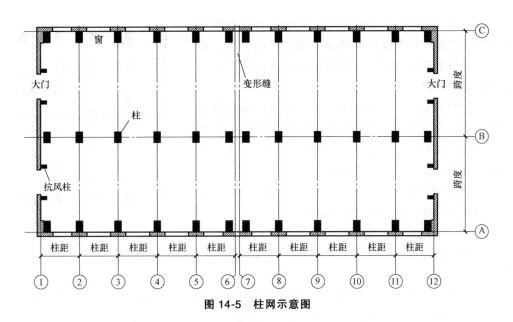

图 14-5　柱网示意图

向定位轴线间的距离称为跨度，横向定位轴线间的距离称为柱距。

2. 柱网的选择

柱网的选择直接关系到厂房内的设备布置。选择柱网实际上就是选择厂房的柱距和跨度。

柱网的选择应考虑以下要求：

1）满足生产工艺提出的各种要求。应满足生产工艺提出的各种要求，如生产设备的大小和布置方式，材料和加工件的运输方式及生产运输所需通道的宽度，生产操作和维修所需要的空间等。

2）符合《厂房建筑模数协调标准》中的规定。在钢筋混凝土平面结构中，厂房的跨度尺寸和屋顶承重结构（屋架等）的跨度是统一的。柱距尺寸和屋面板、吊车梁跨度尺寸是统一的。因此，柱网尺寸不仅在平面上规定着厂房的跨度、柱距尺寸，还规定着屋架、屋面板、吊车梁等构件的尺寸。

为减少厂房构件的尺寸类型，提高厂房建设工业化水平，必须对柱网尺寸做相应的规定。GB/T 50006—2010《厂房建筑模数协调标准》对跨度和柱距做了如下规定：

①跨度小于 18m 时，跨度采用扩大模数 30M 增减，即 9m、12m、15m、18m。

②跨度大于 18m 时，跨度采用扩大模数 60M 增减，即 18m、24m、30m 和 36m。

③柱距采用扩大模数 60M 增减，即 6m 和 12m，抗风柱宜采用扩大模数 15M 增减。

3）调整和统一柱网。在某些情况下，因工艺要求，要在内部柱列中抽掉一些柱子，这时将会出现大小柱距排列不一的现象，这会给结构布置、结构计算和施工带来复杂性。此时就要全面考虑调整柱距，最好统一柱网。

内部抽柱，形成扩大柱距后，若仍采用 6m 长的屋面板，为支承屋架，可以设置托架梁，如图 14-6 所示。

4）尽量扩大柱网。扩大柱网的主要优点有：

①扩大柱网能提高厂房的通用性。随着生产的发展，新产品的开发，新的科学技术和

装备不断采用，生产工艺不断更新，要求厂房具有较大的通用性，要求厂房不仅需要满足当前生产的要求，而且要适应将来生产的需要。厂房通用性的具体标志之一就是有较大的柱网。

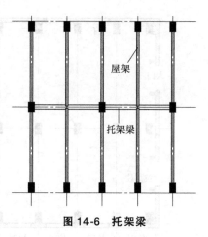

图 14-6　托架梁

② 扩大柱网能扩大生产面积，节约用地。小柱网中柱子多，柱本身占用的面积较多，柱周围面积不好利用，且不能布置基础较深的设备。而扩大柱网后柱子较少，便于布置设备，扩大生产面积。

③ 扩大柱网能加快建设速度。扩大柱网可相对减少厂房中构件的数量，施工速度显著加快。

④ 扩大柱网能提高起重机的服务范围。扩大柱网后柱、墙较少，起重机起吊的"死角"相对较少，提高了起重机的服务范围。

当然，扩大柱网也有一定的不足，例如建筑材料的消耗量会增加一些，因此在柱网选择时，应全面综合考虑，仔细进行经济分析，选择最合适的柱网尺寸。

■ 14.4　厂房通道及有害工段的布置

1. 厂房通道

为运送原材料、成品、半成品和工人在厂房内走动及上下班通行，厂房内部应设置通道。

工艺设计人员在进行工艺设计时，对厂房通道的位置、宽度、数量都会有所考虑，而建筑设计人员应从防火、卫生和人流疏散等方面考虑工艺布置图上的通道是否合适。

为了保证发生火灾时人们能迅速、安全地紧急疏散，厂房内应布置必要数量的纵横贯通的疏散通道，与疏散门或通行门连通。此类通道必须有一定的宽度，其宽度应根据车间性质、人流量和行车宽度确定。厂房内由最远点至疏散门的允许距离按防火规范确定。

不同生产性质的车间相连时，通道还应是不同生产车间的分隔带。

2. 有害工段

在有些厂房内部，存在一些有余热、火灾、噪声、爆炸危险的有害工段及有恒温要求等的工段，在做厂房平面设计时，应按以下原则考虑：

1）应将有余热、有害气体以及有爆炸和火灾危险的工段布置在靠外墙处，以便利用外墙的窗洞进行通风和爆炸时便于泄压。

2）将有噪声的工段或房间尽量布置在厂房的一角，并用封墙将此工段和其他工段隔开，以减少噪声对其他工段的影响。

3）要求有空调的工段不宜靠外墙布置，应布置在厂房的中部，避免外界气候的影响。

■ 14.5　工厂总平面图对厂房平面设计的影响

与民用建筑平面设计类似，工业建筑的平面设计也要考虑总平面图对单体建筑的影响。

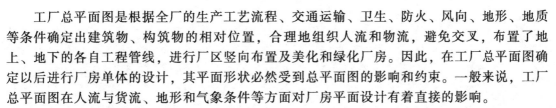

工厂总平面图是根据全厂的生产工艺流程、交通运输、卫生、防火、风向、地形、地质等条件确定出建筑物、构筑物的相对位置,合理地组织人流和物流,避免交叉,布置了地上、地下的各自工程管线,进行厂区竖向布置及美化和绿化厂房。因此,在工厂总平面图确定以后进行厂房单体的设计,其平面形状必然受到总平面图的影响和约束。一般来说,工厂总平面图在人流与货流、地形和气象条件等方面对厂房平面设计有着直接的影响。

1. 人流与货流的影响

厂房一般都不是孤立的,而是和其他厂房有机地组成整个工厂,并在生产中和周围其他厂房有着密切的联系。原材料、成品、半成品的运输及人流进出厂房的路线都要合理地组织。

厂房人流主要出入口应面向工厂的主要干道,物流出入口除面向工厂道路外,并和相邻厂房出入口位置相对应,以便使运输路线短捷。

2. 地形的影响

工厂地形对厂房平面形式有着直接的影响,特别是在山区建厂。为了减少土石方量和投资,加快施工进度,在工艺条件许可的情况下,厂房的平面形式要适应地形,而不应像在平坦地形那样过分强调简单、规整。

3. 气象条件的影响

在进行厂房的平面设计时,要充分考虑气象条件的影响,合理地布置厂房的朝向。

在炎热地区,为使厂房有良好的自然通风,厂房宽度不宜过大,最好采用长条形,并使厂房的长方向与夏季主导风向垂直或夹角大于45°,如图14-7a所示,并在侧墙上开设窗和大门,以保证穿堂风的形成。∏形平面,开口应朝向迎风面,如图14-7b所示。

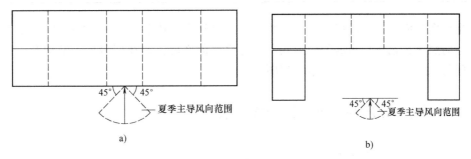

图 14-7 厂房朝向与风向

对于寒冷地区,为避免风对室内气温的影响,厂房的长方向应平行冬季主导风向,面向主导风向的墙上尽量减少门窗面积。

思考题与习题

1. 单层厂房平面设计的要求有哪些?
2. 常见单层厂房的平面形式有哪几种?
3. 什么是柱网?
4. 柱网该如何选择?
5. 《厂房建筑模数协调标准》对柱网尺寸有哪些具体的规定?
6. 单层厂房中的有害工段一般是指什么?

第 15 章　单层厂房剖面设计

本章知识要点与学习要求

序号	知识要点	学习要求
1	生产工艺与剖面设计的关系	了解
2	厂房剖面形式的确定	了解
3	厂房高度的确定	掌握
4	天然采光及采光天窗的形式	熟悉
5	自然通风及通风天窗的形式	熟悉
6	屋顶的排水做法	熟悉

　　单层厂房剖面设计是厂房设计的一个重要组成部分，其主要任务是根据生产工艺对厂房建筑空间的要求，选择厂房的剖面形式和确定厂房的高度，选择厂房承重结构及围护方案，处理车间的采光、通风及屋面排水等问题。

■ 15.1　生产工艺与剖面设计的关系

　　1. 生产工艺对剖面设计的影响

　　剖面设计是在平面设计的基础上进行的。生产工艺不仅影响厂房的平面形式，也影响着厂房的剖面形式。

　　生产设备体形、工艺流程、生产特点、加工件的大小和重量以及垂直起重运输工具的种类和起重量等都直接影响厂房的剖面形式。

　　2. 生产工艺对剖面设计的要求

　　为保证生产的正常进行，为工人创造良好、舒适的生产环境，厂房剖面设计应满足以下要求：

　　1）考虑生产工艺要求，合理地选择厂房的剖面形式。

　　2）在满足生产工艺要求的前提下，经济合理地确定厂房高度及有效地利用和节约空间。

　　3）妥善地解决厂房的天然采光、自然通风和屋面排水。

　　4）合理地选择围护结构形式及其构造，使厂房具有随气候条件变化的良好的围护功能

（保温、隔热、防水）。

15.2 厂房剖面形式的确定

首先考虑生产工艺的要求，再综合考虑采光、通风的要求以及屋面排水方式及厂房结构形式的影响，合理地确定厂房的剖面形式，如图 15-1 所示。

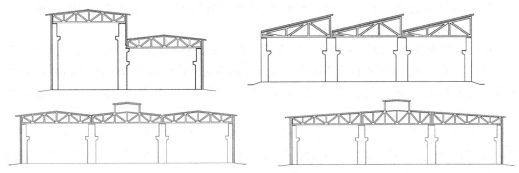

图 15-1 厂房的剖面形式

15.3 厂房高度的确定

厂房的高度是由自设计室内地坪到屋顶承重结构下表面的垂直距离，若屋顶承重结构是倾斜的，则厂房的高度为自室内地坪到承重结构的最低点。一般情况下，若屋顶承重结构采用非下撑式屋架，则厂房的高度与柱顶标高相同。

1. 柱顶标高的确定

（1）无起重机厂房 柱顶标高是根据最大生产设备的高度和其安装、检修时所需的净空高度确定的。除此之外，还应考虑空间比例的问题，避免由于单层厂房跨度大、高度低产生压抑感；还要考虑卫生条件，满足采光、通风的要求。

柱顶标高应符合扩大模数 3M 数列，一般不宜低于 3.9m。

（2）有起重机厂房 有起重机厂房中，柱顶标高应由下式求得，如图 15-2 所示。

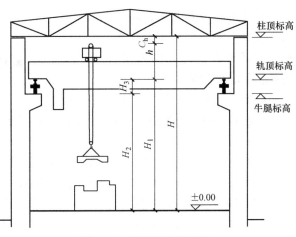

图 15-2 厂房高度的确定

$$H = H_1 + h + C_h$$

式中 H——柱顶标高，应符合 3M 数列；

H_1——起重机轨顶标高，由工艺设计人员提供，一般应符合 6M 数列；

h——轨顶至小车顶的高度，可以在起重机规格表中查得；

C_h——小车顶至屋架下弦底面的安全空隙，这主要是考虑到屋架下弦及支撑可能产生的下垂或柱列基础纵横向可能产生的不均匀沉降及构件制作时可能产生的误差影响起重机的正常运行，此空隙尺寸根据起重机起重量一般可取 300mm、400mm 及 500mm。

在上式中，起重机轨顶标高可按下式求得

$$H_1 = H_2 + H_3$$

式中　H_2——柱牛腿顶面标高，为减少柱的尺寸规格类型，一般应符合 3M 数列，大于 7.2m 时，应符合 6M 数列；

　　　H_3——牛腿顶面至轨顶的高度，即为吊车梁高度、起重机轨道高度及垫层厚度之和。

由于吊车梁的高度、起重机轨道高度及固定方案不同，计算所得出的轨顶标高 H_1 可能与工艺设计人员所提出的有差值，此时轨顶标高应以大于或等于工艺设计人员提出的轨顶标高。

2. 厂房高度的确定

（1）厂房高度的统一　在多跨平行布置的厂房中，由于生产工艺和设备布置的要求，厂房的横剖面会出现两种或两种以上的柱顶标高及厂房横剖面高低错落的现象，即高低跨。这种高低错落的剖面形式存在着一些不利之处，具体如下：

1）在烟尘较大的车间和多雪地区，屋面上易积尘和积雪（图 15-3），影响采光，还可能出现屋面超载现象。

2）不利于工艺改革，影响厂房的通用性。

3）设高差要设墙梁、天沟、檐口，有时还要设女儿墙，同时在某些情况下考虑到积雪、积水和积灰，低跨靠高跨处的屋架、托架梁、屋面板都需加强，这就

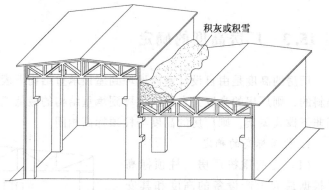

图 15-3　屋面积灰和积雪示意图

会增加造价，有时把低跨拉高与高跨平齐比设高差更为经济。

4）设高差时有时设双柱，有时设单柱，柱子和基础类型增多，构造处理复杂，施工麻烦（柱子要做高低牛腿，设墙梁、泛水等）。

根据以上情况，我国 GB/T 50006—2010《厂房建筑模数协调标准》做出如下规定：

1）在采暖和不采暖的多跨厂房中，高差值≤1.2m 时不设高差（有空调要求的除外）。

2）在不采暖的多跨厂房中，高跨一侧仅有一个低跨（如图 15-4a 和图 15-4b 所示，图 15-4c 不属于此类），且高差值≤1.8m 时，不设高差。

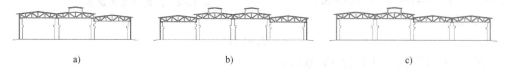

a)　　　　　　　　　　b)　　　　　　　　　　c)

图 15-4　高跨一侧仅有一个低跨的多跨厂房

由于设置高低跨不利于抗震，所以有地震设防要求时，当高差≤2.4m 时，建议不设高

差，做成等高跨。

（2）降低厂房高度的措施　厂房的高度对造价有直接影响。因此，在确定厂房高度时，要注意有效地节约并利用厂房的空间，这是降低建筑造价的有效途径之一。合理降低厂房高度的措施有很多，最常用的有局部挖低、利用两榀屋架间的空间和利用厂房端部空间。

1）局部挖低。当厂房中只有个别高大设备或要求高空间的操作环节时，采取个别处理，合理降低局部地面标高，将此高大设备顶面标高降低，从而有效地降低整个厂房的高度，如图 15-5 所示。

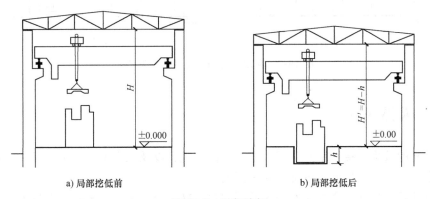

a) 局部挖低前　　　　　　　　　　b) 局部挖低后

图 15-5　局部挖低

局部挖低适用于只有极少数的高大设备时，如果高大设备数量较多时，仍采用局部挖低，就相当于在厂房内的地面挖了很多个大坑，此时施工复杂性大大增加，同时也提高了工程造价，显然得不偿失。

2）利用两榀屋架间的空间。在不影响起重机运行的前提下，把高大设备布置在两榀屋架间的空间可以适当降低厂房的高度，如图 15-6 所示。

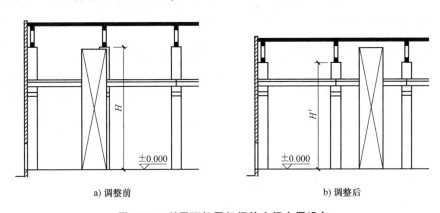

a) 调整前　　　　　　　　　　b) 调整后

图 15-6　利用两榀屋架间的空间布置设备

3）利用厂房端部空间。在不影响生产工艺流程的前提下，把个别高大的设备放在端部空间，能有效地降低厂房的高度，如图 15-7 所示。

3. 室内地坪标高的确定

在一般情况下，单层厂房室内地坪与室外地面须设高差，以防雨水侵入室内。但为了便于运输工具进出厂房和不增加门口坡道的长度，这个高差又不宜太大，一般取 150mm。

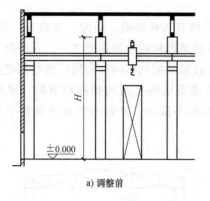 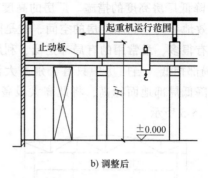

a) 调整前　　　　b) 调整后

图 15-7　利用厂房端部空间布置设备

15.4　天然采光

厂房采光的效果直接关系到生产效率、产品质量，以及工人的劳动卫生条件。厂房内部宜优先考虑天然采光，然后考虑辅以人工照明。

采光设计就是根据生产性质对采光的不同要求确定窗的大小、形状及布置方式，保证室内采光的强度、均匀度以避免产生眩光。与民用建筑设计一样，工业建筑的采光设计也应满足 GB/T 50033—2013《建筑采光设计标准》的要求。

1. 采光系数

（1）采光等级　《建筑采光设计标准》将各类生产车间和工作场所根据作业精确度要求划分为五个采光等级，各常见的生产车间和工作场所的采光等级详见表 15-1。

表 15-1　常见的生产车间和工作场所的采光等级

采光等级	作业精确度	车间名称
I	特别精细	特别精密机电产品加工、装配、检验；工艺品雕刻、刺绣、绘画
II	很精细	很精密机电产品加工、装配、检验，通信、网络、视听设备的装配与调试；纺织品精纺、织造、印染，服装裁剪、缝纫及检验精密理化实验室、计量室，主控制室，印刷品的排版、印刷，药品制剂
III	精细	机电产品加工、装配、检修；一般控制室；木工、电镀、油漆、铸工，理化实验室；造纸、石化产品后处理；冶金产品冷轧、热轧、拉丝、粗炼
IV	一般	焊接、钣金、冲压剪切、锻工、热处理；食品、烟酒加工和包装；日用化工产品；炼铁、炼钢、金属冶炼；水泥加工与包装；配电所、变电所
V	粗糙	发电厂主厂房；压缩机房、风机房、锅炉房、泵房、电石库、乙炔库、氧气瓶库、汽车库、大中件储存库；煤的加工、运输、选煤；配料间、原料间

（2）采光系数　采光应满足采光系数标准值的要求。《建筑采光设计标准》中规定，在采光设计时，应按采光系数标准值进行设计。各采光等级的采光系数标准值按表 15-2 所列要求进行取值。

表15-2 各采光等级的采光系数标准值

采光等级	视觉作业分类	侧面采光		顶部采光	
	作业精确度	采光系数标准值	室内天然光照度标准值/lx	采光系数标准值	室内天然光照度标准值/lx
I	特别精细	5%	750	5%	750
II	很精细	4%	600	3%	450
III	精细	3%	450	2%	300
IV	一般	2%	300	1%	150
V	粗糙	1%	150	0.5%	75

注：1. 工业建筑参考平面取距地面1m，民用建筑取距地面0.75m，公用场所取地面。

2. 表中所列采光系数标准值适用于我国III类光气候区。采光系数标准值是按室外设计照度值15000lx制定的。

我国将光气候区分为五区，具体应按GB/T 50033—2013《建筑采光设计标准》附录A中图A.0.1确定，所在地区的采光系数标准值应乘以相应地区的光气候系数K。各光气候区的光气候系数K应按表15-3采用。

表15-3 光气候系数K

光气候区	I	II	III	IV	V
K值	0.85	0.90	1.00	1.10	1.20
室外天然光设计照度值E_s/lx	18000	16500	15000	13500	12000

2. 采光质量

（1）采光均匀度 顶部采光时，I～IV级采光等级的采光均匀度不宜小于0.7。为保证采光均匀度不小于0.7的规定，相邻两天窗中线间的距离不宜大于工作面至天窗下沿高度的2倍。

（2）避免眩光 要避免在工作面上产生眩光，在采光设计时，应采取下列减小眩光的措施：

1）作业区应减少或避免直射阳光。

2）工作人员的视觉背景不宜为窗口。

3）为降低窗亮度或减少天空视域，可采用室内外遮挡设施。

4）窗结构的内表面或窗周围的内墙面宜采用浅色饰面。

（3）光照方向 采光设计应注意光的方向性，应避免对工作产生遮挡和不利的阴影，如对于书写作业，应使天然光线从左侧方向射入。

3. 采光面积

采光面积应满足窗地面积比，所谓窗地面积比，就是采光窗洞口面积与室内地面面积的比值。在建筑方案设计时，对于III类光气候区的采光，其窗地面积比和采光有效进深可按表15-4进行估算。其中，b为房间的进深或跨度，h_s为参考平面至窗上沿高度。

4. 采光方式

单层厂房的采光方式主要有侧面采光、顶部采光和混合采光三种。侧面采光是利用开设有侧墙上的窗子进行采光；顶部采光是利用开设在屋顶上的窗子进行采光；混合采光是侧面采光和顶部采光组合起来同时采光。在实际工程中，侧面采光和混合采光运用得较为普遍。

表 15-4 窗地面积比和采光有效进深

采光等级	侧面采光		顶部采光
	窗地面积比	有效进深 b/h_s	窗地面积比
Ⅰ	1/3	1.8	1/6
Ⅱ	1/4	2.0	1/8
Ⅲ	1/5	2.5	1/10
Ⅳ	1/6	3.0	1/13
Ⅴ	1/10	4.0	1/23

注：1. 非Ⅲ类光气候区的窗地面积比应乘以表 15-3 的光气候系数 K。

2. 顶部采光指平天窗采光，锯齿形天窗和矩形天窗可分别按平天窗的 1.5 倍和 2 倍窗地面积进行估算。

（1）侧面采光

1）单侧采光与双侧采光。侧面采光可分为单侧采光和双侧采光。单侧采光不均匀，衰减幅度大，工作面上近窗点光线强，远窗点光线弱，其有效进深为侧窗口上沿至工作面高度的 2 倍，即 $B=2H$。单侧采光光线衰减示意图如图 15-8 所示。

因此，当房间较窄（进深一般不超过窗高的 2 倍）时，可采用单侧采光；而当房间进深更大时，宜采用双侧采光或辅助以人工照明。

2）高侧窗与低侧窗。在有起重机的厂房中，在一定高度处有吊车梁通过，在吊车梁处开窗没有意义，因此常将侧窗分上下两段布置，上段称为高侧窗，下段称为低侧窗，如图 15-9 所示。

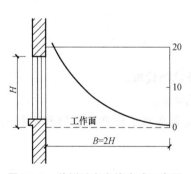

图 15-8 单侧采光光线衰减示意图

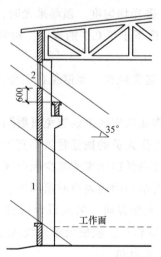

图 15-9 高低侧窗采光示意
1—低侧窗 2—高侧窗

高侧窗投光远，光线均匀，能提高远窗点的采光效果；低侧窗投光近，对近窗点采光有利。同时，侧窗造价较天窗便宜，构造简单，施工方便，能减少屋顶承重结构的集中荷载。因此，在设计中，只要工艺条件许可，应尽量利用高、低侧窗结合布置的方式解决多跨厂房的采光问题。高低侧窗结合布置采光如图 15-10 所示。

为了不使吊车梁遮挡光线，高侧窗下沿距吊车梁顶面应有适当距离，一般取 600mm 左右为宜，如图 15-9 所示；低侧窗下沿即窗台高一般应略高于工作面的高度，工作面高度一般取 800mm 左右。

3）带形窗。沿侧墙纵向工作面上的光线分布情况与窗及窗间墙的宽度有关，窗间墙越宽，光线越

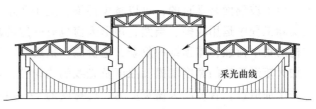

图 15-10 高低侧窗结合布置采光

不均匀，所以窗间墙不宜设置得太宽，一般以小于或等于窗宽为宜。若要求沿墙工作面上的光线均匀，可减小窗间墙的宽度，必要时可不设窗间墙，将窗做成带形窗，如图 15-11 所示。

（2）顶部采光 当厂房宽度很大或跨度较多，侧窗采光不能满足整个厂房的采光要求时，须在屋顶上开设天窗，形成顶部采光。顶部采光所用的天窗包括矩形天窗、锯齿形天窗、横向天窗和平天窗等。

1）矩形天窗。矩形天窗一般朝向南北方向，室内光线均匀，直射光较少。矩形天窗是

图 15-11 带形窗

在屋架上设置天窗架，将天窗架范围内的屋面板由屋架上弦上升，支承于天窗架顶，天窗架范围以外的屋面板仍支于屋架上弦，利用两部分屋面板位置的高差作为采光口，如图 15-12

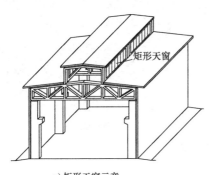

a) 矩形天窗示意

b) 矩形天窗实例

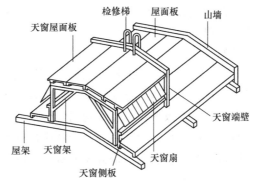

c) 矩形天窗组成

图 15-12 矩形天窗

所示。由于玻璃面是垂直的，可以减少污染，适于防水。窗可开启，有一定的通风作用，目前在实际工程中运用较多。当然，矩形天窗也有一定的缺点，如增加了厂房的体积和屋顶承重结构的集中荷载，屋顶结构复杂，造价高，抗震性能不好。

加大矩形天窗的宽度能提高照度及光线的均匀性，但过宽则有可能会遮挡相邻天窗的采光，并增加造价。合适的天窗宽度为厂房跨度的 1/3~1/2，两个天窗的边缘距离应大于相邻天窗高度和的 1.5 倍，如图 15-13 所示。

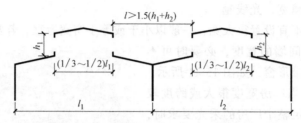

图 15-13　矩形天窗宽度与跨度的关系

2）锯齿形天窗。由于生产工艺的特殊要求，在某些厂房里，如纺织厂等为了使纱线不易断头，厂房内要保持一定的温度和湿度，厂房里要有空调设备。这就要求室内光线稳定、均匀，又无直射光进入室内，避免产生眩光及不增加空调设备的负荷。因此，这类厂房常采用窗口向北或接近北向的锯齿形天窗，如图 15-14 所示。

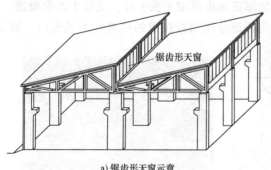

a) 锯齿形天窗示意　　　　　　　　　　　b) 锯齿形天窗实例

图 15-14　锯齿形天窗

锯齿形天窗厂房工作面不仅能得到从天窗透入的光线，而且还由于屋顶表面的反射增加了反射光，如图 15-15 所示，因此采光效率高。在满足相同的采光标准的前提下，锯齿形天窗可比矩形天窗节约玻璃面积 30% 左右。由于玻璃面积少而又朝北，因而其在炎热地区防止室内过热方面也有明显的好处。

3）横向天窗。当厂房采光要求较高和受建设地段条件的限制不得不将厂房纵轴南北向布置时，若仍用矩形天窗，会产生西晒，造成夏季室内过热。为避免这种现象，可采用横向天窗。横向天窗具有采光面积大、效率高、光线均匀等优点，它一般有两种：一种是凸出于屋面；一种是下沉于屋面。后者是将一个柱距或几个柱距内的屋面板下沉，支承在屋架下弦上，相邻屋面板仍支于屋架上弦上，利用两部分屋面板位置的高差做采光口，这种天窗称为横向下沉式天窗，如图 15-16 所示。

横向下沉式天窗比纵向矩形天窗造价低，因此在实际中也常被采用。其缺点是：窗扇形式受屋架形式限制，布置不灵活，有的窗扇不标准或构造复杂，厂房的纵向刚度差。

4）平天窗。在一些冷加工车间，天窗主要是为采光而设，为简化屋顶构造，减轻屋顶荷载，降低造价，可采用平天窗，即在屋面板上直接设置水平或接近水平的采光口，平天窗厂房剖面图如图15-17所示。

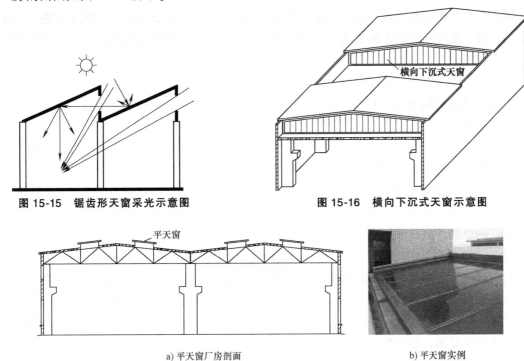

图 15-15　锯齿形天窗采光示意图　　　　　　图 15-16　横向下沉式天窗示意图

a) 平天窗厂房剖面　　　　　　　　　　　　b) 平天窗实例

图 15-17　平天窗剖面图

平天窗采光效率高，在采光面积相等时，平天窗在水平面上的照度是矩形天窗的 2~3 倍，即在同样采光标准要求下需要的采光面积为矩形天窗的 1/3~1/2，可节约大量的玻璃面积。平天窗的采光口可分为采光板、采光罩和采光带三种。

平天窗也存在一些缺点：平天窗不能通风，如要通风在构造上还须采取通风措施；在采暖地区，由于玻璃热阻小，容易结露，严重者有水滴下落；在炎热地区，通过平天窗透过大量的太阳辐射热；在直射阳光作用下，工作面上眩光较重，影响工作；对于雨水量较少的地区，平天窗容易积尘和污染，使用几年后采光效果会大幅降低。

（3）混合采光　在实际工程应用中，很少不采用侧面采光而单独使用顶部采光，一般都将顶部采光和侧面采光结合起来，形成混合采光，以充分提高采光效率。

■ 15.5　自然通风

1. 通风方式

厂房内的通风分为机械通风和自然通风两种。

机械通风依靠通风机的力量作为空气流动的动力来实现通风换气。它要耗费大量电能，设备投资及维修费也很高，但其通风效果稳定、可靠、有效。

自然通风利用自然力作为空气流动的动力来实现厂房通风换气。它是一种简单而经济的通风方法，但易受外界气象条件直接影响，通风不够稳定。

一般说来，除少量的生产工艺有要求的厂房或工段选用机械通风外，一般厂房主要采用自然通风或以自然通风为主并辅以简单的机械通风。

为有效地组织自然通风，在厂房设计中要选择正确的厂房剖面形式，合理布置进气、排气口的位置，使外部气流不断地进入室内，迅速排除厂房内部的多余的热量、烟尘和有害气体，创造良好的生产环境。

2. 自然通风的基本原理

自然通风是利用室内外温差造成的热压和风吹向建筑物而在不同表面上造成的压差来实现通风换气的。

（1）热压作用下的通风　由厂房内的热源造成室内外温差而产生的空气重力差叫作热压。对于有热源的厂房，热源使室内空气受热，重量变轻，从而上升，并由上部出气口排出室外；室内空气排出室外后，室内空气压力值降低，于是室外冷空气则由下部进气口流入室内，然后又受热、变轻、上升，由上部出气口排出室外，如此循环，形成了空气对流，达到通风换气的目的。热压通风原理示意图如图15-18所示。

（2）风压作用下的通风　风吹向建筑物而在不同的表面上造成压力差，当风吹向房屋迎风面墙壁时，气流改变原来的流动方向沿墙面和屋面绕房而过。在迎风面墙上，空气压力增大，超过大气压力，成为正压区；而在屋面和背风面墙上，空气压力减少，小于大气压力，成为负压区。空气在压力差的作用下，从正压区自动向负压区流动，如图15-19所示，从而形成空气对流，达到换气的目的。

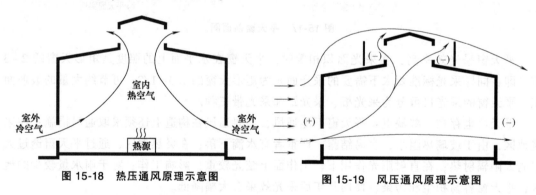

图 15-18　热压通风原理示意图　　　　图 15-19　风压通风原理示意图

剖面设计时，应根据自然通风的基本原理正确布置进气口和排气口的位置，合理组织气流，使室内达到换取新鲜空气和降低气温的目的。

3. 车间的通风设计

（1）冷加工车间　冷加工车间中无大的热源，室内外温差较小，在剖面设计中，主要是合理布置进出风口的位置，选择通风有效的进排风口形式及构造，合理组织气流路径，组织好穿堂风。

限制厂房宽度，使厂房的长轴与夏季主导风向垂直；在侧窗上设窗，在纵横贯通的通道端部设大门；室内少设或不设隔墙等措施，都有利于穿堂风的组织。

（2）热加工车间　热加工车间有大量的余热，还有灰尘，甚至有有害气体，应充分利用热压作用，合理布置进、排气口的位置，有效地组织自然通风。

4. 通风天窗的形式

为组织好厂房的自然通风，天窗形式的选择是相当重要的。应根据不同生产性质的厂房，不同地区的气候条件，合理选择局部阻力系数小、排风量大、防雨好、造价低、施工方便的天窗。目前在我国较常用的通风天窗有矩形通风天窗和下沉式通风天窗两种。

（1）矩形通风天窗 矩形通风天窗的形式几乎与矩形采光天窗一样。常用的矩形通风天窗能起到一定的通风作用，但很不稳定。当室外风压大于迎风面排气口内压时，迎风面天窗排气口不但不能排气，反而室外气流还会进入室内或穿堂而过，产生倒灌现象，阻碍天窗排气。矩形通风天窗气流倒灌示意图如图15-20所示。要想解决这个问题，比较经济、简单的方法是在天窗侧面设置挡风板，当风吹到挡风板上时，气流产生飞跃，使天窗口与挡风板之间形成负压区，如图15-21所示，保证天窗在任何风向的情况下都能稳定排气。

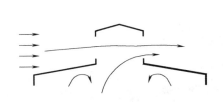

图15-20 矩形通风天窗气流倒灌示意图

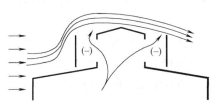

图15-21 矩形通风天窗挡风板示意图

矩形通风天窗需设置天窗架。天窗架是一个沉重的凸出于屋面的结构体，它增加了屋架的集中荷载，增加了材料用量及造价，对抗震不利。

（2）下沉式通风天窗 下沉式通风天窗的形式与下沉式采光天窗类似。与矩形通风天窗相比，下沉式通风天窗有着明显的优点：它减小了风荷载；无须设置天窗架，减小了屋架的集中荷载，节省了材料用量及造价；由于重心降低，抗震性能明显提高；通风口始终处于负压区，通风稳定可靠，通风效果良好；布置灵活，热量排出路线短等。其缺点是：屋架上下弦受扭；屋面排水（尤其是下沉的天窗区域）处理复杂；因受屋架形式的限制，设置的窗扇构造复杂。

下沉式通风天窗根据下沉形式和部位不同，分为井式天窗、纵向下沉式天窗和横向下沉式天窗三种。

井式天窗是每隔一个或几个柱距将一定范围内的屋面板下沉，形成一个天井，可以跨中下沉也可以跨边下沉，形成了中井式或边井式天窗，如图15-22所示。

纵向下沉式天窗是沿整个厂房的纵向（两端宜各留一个柱距）将一定宽度范围内的屋面板下沉，根据需要可在跨中或跨边下沉，如图15-23所示。

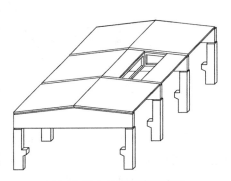

图15-22 井式天窗示意图

横向下沉式天窗是每隔一个柱距或几个柱距，将整个柱距范围内的屋面板下沉，与横向下沉式采光天窗相似，如图15-24所示。

井式天窗和中纵向下沉式天窗屋面排水处理复杂，屋面漏水现象时有发生；而边纵向下沉式天窗和横向下沉式天窗屋面排水处理相对较易，构造相对简单。

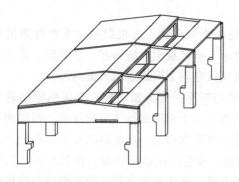

图 15-23 纵向下沉式天窗示意图

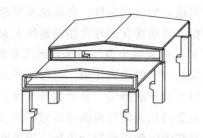

图 15-24 横向下沉式天窗示意图

（3）开敞式厂房 对于室内余热较大，需要有较好的散热的厂房，外墙采用开敞式，不设窗，用挡雨板代替，如图 15-25 所示。此类开敞式厂房一般用于防寒、防雨要求不高的热加工车间或仓库等。

15.6 屋面排水

1. 屋顶形式

厂房常用的屋顶形式有多脊双坡式屋顶和缓长坡式屋顶两种。

图 15-25 开敞式厂房

（1）多脊双坡式屋顶 在多跨厂房中，为排除雨水及考虑屋顶结构的受力特点，一般都把屋顶做成有内天沟的多脊双坡式形式，其坡度一般为 1/12~1/5，如图 15-26 所示。

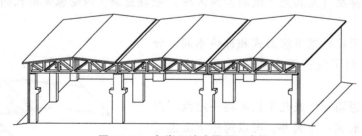

图 15-26 多脊双坡式屋顶示意图

多脊双坡式屋顶的优点是：屋顶承重构件受力合理，材料消耗量少；屋顶承重构件已定型化，应用广泛。其缺点是：水斗、雨水管易被堵塞，天沟积水，屋面易渗漏；有的地下排水沟被堵，室内地面冒水；屋面坡度较大，施工操作困难，屋面施工质量不易保证且屋面和屋架空间不便利用；装配构件类型多，不利于建筑工业化。

（2）缓长坡式屋顶 除了常用的多脊双坡式屋顶外，厂房还可以采用少内天沟的长坡屋面，即缓长坡式屋顶，如图 15-27 所示，其坡度一般为 5% 以内。

缓长坡式屋顶的优点是：减少天沟、雨水管及地下排水管网的数量，简化构造，减少了屋面漏水的可能性；屋面平缓，施工质量易于保证，屋面耐久性好，维修费用可大大减少。

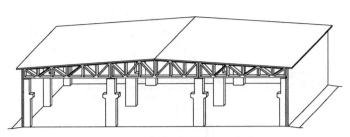

图 15-27　缓长坡式屋顶示意图

其缺点是：对于降雨量大的地区，由于屋顶坡长较长，汇水面积较大，屋面在檐口处的排水量较大。

2. 屋面排水方式

厂房的屋面采用何种排水方式，应结合厂房的剖面形式、生产工艺特征、地区气候条件、厂房高度、天窗宽度、屋顶形式等因素综合考虑。

常见的厂房屋面排水方式有无组织排水和有组织排水两大类，有组织排水又可以分为外檐沟排水、内排水、内落外排水和长天沟排水等。

（1）无组织排水　屋面直接出挑出外墙表面，雨水顺屋面自由下落，故又称为自由落水，如图 15-28a 所示。无组织排水时，挑檐出挑至少 500mm，天窗出檐至少 300mm 且低跨屋面设置滴水板，如图 15-28b 所示。

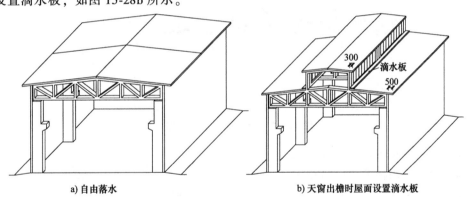

a) 自由落水

b) 天窗出檐时屋面设置滴水板

图 15-28　无组织排水示意图

无组织排水方式构造简单，施工方便。对于多跨厂房，只能用于缓长坡式屋顶，或多脊双坡式屋顶的边跨檐口处。

（2）外檐沟排水　外檐沟排水是在外墙檐口处设置挑檐沟，在檐沟内设置雨水口、水斗和雨水管等，进行有组织排水，如图 15-29 所示。

（3）内排水　当屋面采用多脊双坡式，且地区降雨量较大时，屋面内天沟处可直接设雨水口、水斗、雨水管等，向室内排水，并在室

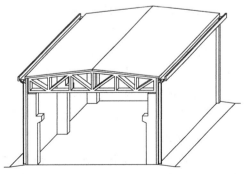

图 15-29　外檐沟排水示意图

内设置地下排水沟，再排出室外，此种排水方式为内排水，如图 15-30 所示。

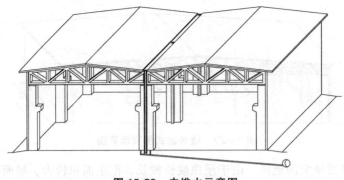

图 15-30　内排水示意图

　　内排水容易因灰尘和杂物造成室内地下排水沟堵塞，有时也会因水斗与雨水管接口处漏水或因雨水管破坏而导致室内设备或产品受潮。

　　（4）内落外排水　内落外排水与内排水有些相似，屋面内天沟处设置雨水口、水斗，向室内落水，然后在屋架空间内设置一定坡度的雨水管，从纵墙穿出，向下排水，如图 15-31 所示。

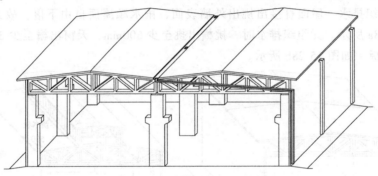

图 15-31　内落外排水示意图

　　此种排水是在室内落水，并且在较长的雨水管在室内横穿，一旦雨水管本身或接头处漏水，必然对室内影响较大。

　　（5）长天沟排水　当屋面采用多脊双坡式，且地区降雨量不大时，屋面内天沟和外檐沟处可直接向厂房山墙处排水，在山墙处设置雨水口、水斗、雨水管等进行排水，此种排水方式为长天沟排水，如图 15-32 所示。

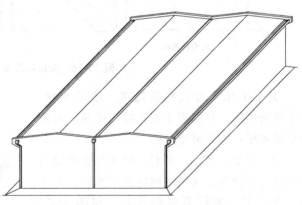

图 15-32　长天沟排水示意图

　　3. 排水设施

　　（1）雨水斗　厂房中，雨水斗的间距需要根据厂房跨度、屋面的形式和坡度、地区降雨量大小等因素来确定，一般说来，间距宜为 12～18m。

　　（2）雨水管　雨水管应与雨水斗配合使用，常用的为 $\phi100\sim200$mm 铸铁管或 UPVC 管，其间距与雨水斗一致。

思考题与习题

1. 单层厂房的生产工艺对剖面设计有哪些要求？

2. 什么是厂房的高度？

3. 柱顶标高该如何确定？

4. 厂房的高度该如何确定？

5. 单层厂房中顶部采光所用的天窗一般有_____、_____、_____和_____四种形式。

6. 自然通风的基本原理有哪两种？

7. 单层厂房屋面的排水方式有哪些常见的种类？

第 16 章　单层厂房定位轴线的标定

本章知识要点与学习要求

序号	知识要点	学习要求
1	横向定位轴线及其标定	掌握
2	纵向定额轴线及其标定	掌握
3	纵横跨相交处定位轴线的标定	熟悉

单层厂房定位轴线是确定厂房主要承重构件位置及其标志尺寸的基准线，也是厂房施工放线和设备安装定位的依据。相邻横向定位轴线间的距离标志着厂房的柱距，即吊车梁、连系梁、基础梁、屋面板等一系列纵向构件的标志长度。相邻纵向定位轴线间的距离标志着厂房的跨度，即屋架的标志长度，如图 14-5 所示。

16.1　横向定位轴线

横向定位轴线标定了纵向构件的标志端部，如吊车梁、屋面板、连系梁、基础梁标志尺寸端部的位置。

1. 中间柱与横向定位轴线的关系

在图 16-1 中，1 区域中的柱为中间柱，其中心线应与横向定位轴线重合，屋架的中心线也与定位轴线重合。连系梁、吊车梁、基础梁、屋面板等构件的标志长度皆以柱中心线为准，如图 16-2 所示。

2. 山墙及端柱与横向定位轴线的关系

在图 16-1 中，2 区域的柱为端柱，墙为山墙。端柱与横向定位轴线的关系受山墙的影响，因此要首先确定山墙与横向定位轴线的关系。

(1) 山墙承重　当山墙为承重墙时，山墙内缘与横向定位轴线的距离应为砌体块材的半块或半块的倍数，或者取墙体厚度的一半，如图 16-3 所示。

(2) 山墙不承重　当山墙为非承重墙时，山墙内缘和抗风柱外缘应与横向定位轴线重合。为了保证抗风柱能伸入屋架空间，并与屋架上弦节点连接，屋架和端柱需要避让抗风柱，端柱中心线应自横向定位轴线往厂房的内部平移 600mm，如图 16-4 所示。

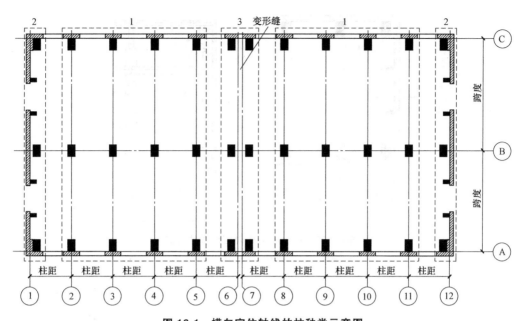

图 16-1 横向定位轴线的柱种类示意图

1—中间柱 2—端柱 3—横向变形缝处的中间柱

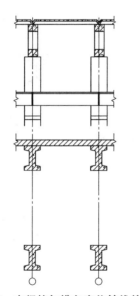

图 16-2 中间柱与横向定位轴线的关系

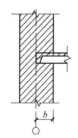

图 16-3 承重山墙与横向定位轴线的关系

b—砌体块材的半块、半块的倍数或墙体厚度的一半

3. 横向变形缝处的中间柱与横向定位轴线的关系

在图 16-1 中，3 区域的柱为横向变形缝处的中间柱。横向变形缝处一般设双柱、双屋架，如图 16-5a 所示，而柱下只设一个基础，双柱有各自的基础杯口，形成双杯口基础，如图 16-5b 所示。由于双杯口壁有一定的厚度和构造处理的要求，所以双柱间应有一定的距离。为了不增加构件类型，横向变形缝处的定位轴线采用双轴线处理，两轴线间的距离 a_i（即插入距）为变形缝缝宽 a_e。两柱中心线分别从定位轴线往后退让 600mm，如图 16-6 所示。

315

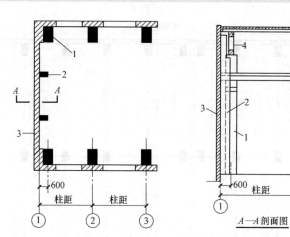

图16-4 非承重山墙与横向定位轴线的关系

1—端柱 2—抗风柱 3—山墙 4—屋架

a) 双柱设置

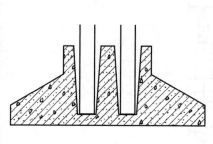

b) 双杯口基础

图16-5 横向变形缝处的柱和基础设置

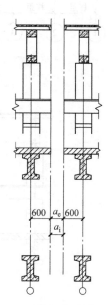

图16-6 横向变形缝处的中间柱与横向定位轴线的关系

a_i—插入距

a_e—变形缝缝宽

■ 16.2 纵向定位轴线

纵向定位轴线标定了横向构件标志尺寸的端部位置，如屋架或屋面大梁的端部位置，也是大型屋面板的边缘位置。在纵向定位轴线中，柱有边柱（如图16-7中1区域所示）、中柱（如图16-7中2区域所示）和纵向变形缝处的中柱三种。

1. 边柱、外墙与纵向定位轴线的关系

纵向定位轴线的标定与起重机桥架端头长度、桥架端头与上柱内缘的安全缝隙宽度以及

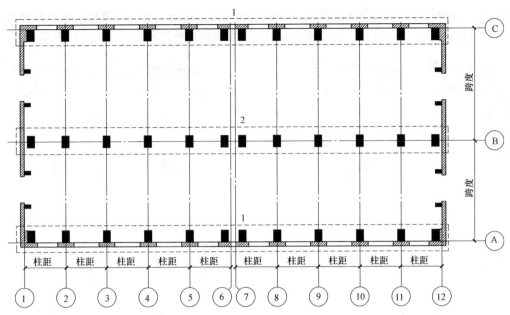

图 16-7　纵向定位轴线的柱种类示意图

上柱宽度有关，如图 16-8 所示。图中，h 为上柱截面高度，应根据厂房高度、跨度、柱距及起重机的起重量确定；C_b 为上柱内缘至起重机桥架端部的缝隙宽度，即起重机在运行时不碰撞到上柱的安全缝隙；B 为起重机桥架端头长度，其值随着起重机的起重量的变化而变化，由起重机规格决定，一般来说，起重机的起重量越大，B 值相应也越大；a_c 为联系尺寸，即柱外缘与定位轴线之间的距离。

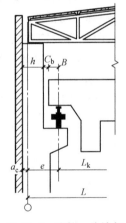

在有起重机的工业建筑中，GB/T 50006—2010《厂房建筑模数协调标准》对起重机规格与建筑跨度的关系规定为

$$L = L_k + 2e$$

式中　L——厂房跨度（m）；

　　　L_k——起重机跨度，即起重机两轨道中心线间的距离（m）；

　　　e——轴线至起重机轨道中心线的距离（mm），一般取 750mm；当起重机的起重量 $Q>50t$ 或为重级工作制需设安全走道板时，可取 1000mm。

图 16-8　边柱、外墙与纵向定位轴线的关系

根据厂房跨度、柱距、起重机的起重量的不同等，边柱纵向定位轴线的标定分为以下两种情况：

（1）封闭结合　当起重机的起重量 $Q\leq 20t/5t$ 时，B 相对较小，h 也相对较小，此时一般 $h+C_b+B<e$，如图 16-9a 所示；为减小构件类型，可人为略增大 C_b 的取值，令 $h+C_b+B=e$，则 $a_c=0$，如图 16-9b 所示，此时屋架外缘、柱外缘、墙体内缘和定位轴线重合，纵墙与屋架间没有留下空隙，故称为封闭结合。

（2）非封闭结合　当起重机的起重量 $Q\geq 30t/10t$ 时，B 相对较大，h 也相对较大，如图 16-10a 所示；为了保证起重机的安全运行，即 C_b 满足最小的安全缝隙要求，此时一般 $h+C_b+B>e$，须将柱外缘自定位轴线向厂房的外部平移距离 a_c，如图 16-10b 所示，a_c 一般为 300mm

或其倍数，此时柱外缘与墙体内缘重合，屋架外缘与定位轴线重合，纵墙与屋架间留有空隙，故称为非封闭结合。为了防雨，此空隙需要采用非标准的构件进行填充，构造较为复杂。

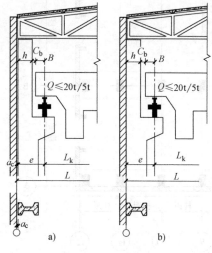

图 16-9　封闭结合

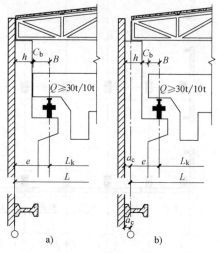

图 16-10　非封闭结合

2. 中柱与纵向定位轴线的关系

在多跨工业建筑中，中柱有等高跨和不等高跨（习惯称为高低跨）两种情况。

（1）等高跨中柱

1）单定位轴线。当工业建筑为等高跨时，中柱通常设单柱和一条纵向定位轴线。定位轴线通过相邻两跨屋架的标志尺寸端部，并与上柱中心线重合，如图 16-11 所示。上柱截面高度一般取 600mm，以满足两侧屋架应有的支承长度。

2）双定位轴线。等高跨厂房的中柱，由于相邻跨内的桥式起重机的起重量、厂房柱距或构造等要求

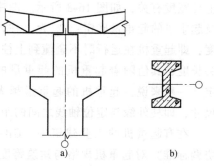

图 16-11　等高跨中柱与纵向
定位轴线（单轴线）的关系

需设插入距时，中柱也可采用单柱，并设两条纵向定位轴线。插入距 a_i 应符合 3M 数列，且上柱中心线宜与插入距中心线重合，如图 16-12 所示。

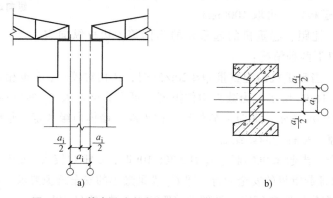

图 16-12　等高跨中柱与纵向定位轴线（双轴线）的关系

（2）不等高跨中柱

1）高跨采用封闭结合。如果高跨起重机的起重量 $Q \leqslant 20t/5t$，则高跨上柱外缘与封墙内缘宜与纵向定位轴线重合，形成封闭结合，此时低跨屋架外缘与上柱外缘也重合，故采用一条纵向定位轴线，如图 16-13a 所示。如果高低跨处封墙伸入低跨屋架范围内，则采用两条纵向定位轴线，其插入距 a_i 即为封墙厚度 t，如图 16-13b 所示。

2）高跨采用非封闭结合。如果高跨起重机的起重量 $Q \geqslant 30t/10t$，则高跨上柱外缘与纵向定位轴线不能重合，宜设联系尺寸 a_c，形成非封闭结合，此时，应采用两条纵向定位轴线，其插入

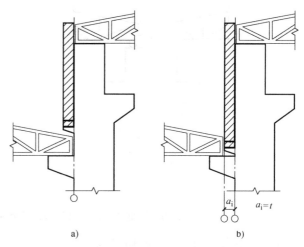

图 16-13　不等高跨厂房高跨封闭结合时中柱与纵向定位轴线的关系

距 a_i 即为联系尺寸 a_c，如图 16-14a 所示。如果高低跨处封墙伸入低跨屋架范围内，则采用两条纵向定位轴线，其插入距 a_i 即为封墙厚度 t 与联系尺寸 a_c 之和，如图 16-14b 所示。

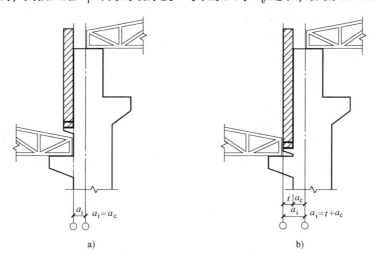

图 16-14　不等高跨厂房高跨非封闭结合时中柱与纵向定位轴线的关系

3. 纵向变形缝处中柱与纵向定位轴线的关系

当厂房宽度较大时，沿厂房宽度方向需设置纵向伸缩缝，以解决纵向变形问题。

（1）等高跨中柱　等高厂房需设置纵向伸缩缝时，中柱可采用单柱，并设两条纵向定位轴线。插入距 a_i 应符合 3M 数列，且上柱中心线宜与插入距中心线重合，$a_i = a_e$，如图 16-15 所示。

（2）不等高跨中柱　不等高跨厂房设置纵向伸缩缝时，一般设置在高低跨处，此时该中柱可采用单柱，也可采用双柱。

1）中柱采用单柱。当采用单柱时，低跨的屋架或屋面大梁可搁置在设有活动支座的牛腿上，伸缩缝一般留设在靠低跨一侧，高低跨处应设置两条纵向定位轴线，插入距为 a_i。

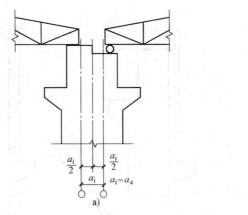

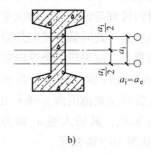

图 16-15　等高跨厂房纵向伸缩缝处中柱与纵向定位轴线的关系

① 高跨采用封闭结合。如果高跨起重机的起重量 $Q \leqslant 20t/5t$，则高跨上柱外缘与封墙内缘宜与纵向定位轴线重合，形成封闭结合，此时低跨屋架外缘与上柱外缘的距离为伸缩缝的缝宽 a_e，故采用两条纵向定位轴线，其插入距 a_i 即为伸缩缝的缝宽 a_e，如图 16-16a 所示。如果高低跨处封墙伸入低跨屋架范围内，则两条纵向定位轴线的插入距 a_i 为封墙厚度 t 与伸缩缝的缝宽 a_e 之和，如图 16-16b 所示。

② 高跨采用非封闭结合。如果高跨起重机的起重量 $Q \geqslant 30t/10t$，则高跨上柱外缘与纵向定位轴线不能重合，宜设联系尺寸 a_c，形成非封闭结合，此时低跨屋架外缘与上柱外缘的距离为伸缩缝的缝宽 a_e，故采用两条纵向定位轴线，其插入距 a_i 为伸缩缝的缝宽 a_e 与联系尺寸 a_c 之和，

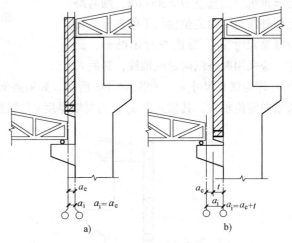

图 16-16　不等高跨厂房纵向伸缩缝处高跨封闭结合时单柱与纵向定位轴线的关系

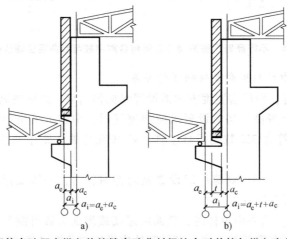

图 16-17　不等高跨厂房纵向伸缩缝高跨非封闭结合时单柱与纵向定位轴线的关系

如图 16-17a 所示。如果高低跨处封墙伸入低跨屋架范围内，则两条纵向定位轴线的插入距 a_i 为伸缩缝的缝宽 a_e、封墙厚度 t 及联系尺寸 a_c 之和，如图 16-17b 所示。

高低跨处中柱采用单柱处理，结构简单，吊装工作量少，但柱外形较复杂，制作不便，尤其当两侧高低悬殊或起重机的起重量差异较大时往往不合适，故可结合伸缩缝或防震缝采用双柱结构方案。

2）中柱采用双柱。采用双柱时，应采用两条纵向定位轴线，其插入距为 a_i。两个柱与纵向定位轴线的定位可分别按各自的边柱处理，如图 16-18 所示。此时，高低跨两侧仅仅是互相靠拢，以便下部空间相通，有利于组织生产，而两侧的结构相互独立，自成系统。当高跨起重机的起重量 $Q \leqslant 20t/5t$，则高跨采用封闭结合，如图 16-18a 和图 16-18b 所示；当高跨起重机的起重量 $Q \geqslant 30t/10t$，则高跨采用非封闭结合，如图 16-18c 和图 16-18d 所示。

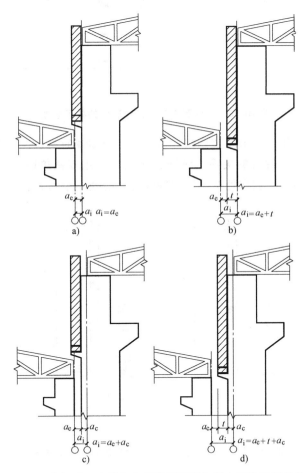

图 16-18 高低跨厂房纵向变形缝处双柱与纵向定位轴线的关系

■ 16.3 纵横跨相交处的定位轴线

在图 16-19 中，1 区域的柱为纵横跨相交处的柱子。厂房的纵横跨相交时，常在相交处设置变形缝，使纵横跨各自独立。纵横跨应有各自的柱列和定位轴线，柱与定位轴线的关系按前述各项原则确定，然后再将相交体组合在一起。

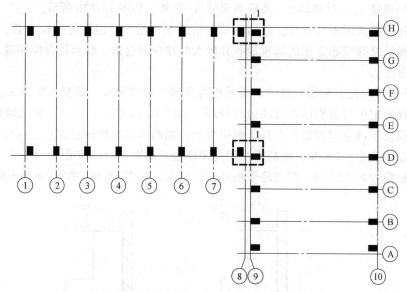

图 16-19　纵横跨相交处定位轴线的柱示意图

对于纵跨，相交处相当于山墙及端柱处与横向定位轴线的关系；对于横跨，相交处相当于边柱、外墙与纵向定位轴线的关系。纵横跨相交处采用双柱单墙处理，相交处外墙不落地，成为悬墙，属于横跨。相交处两条定位轴线之间的插入距为 a_i，如图 16-20 所示。

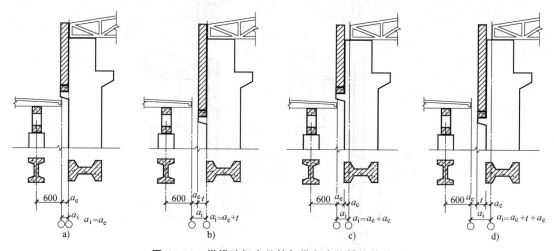

图 16-20　纵横跨相交处柱与纵向定位轴线的关系

思考题与习题

1. 什么是封闭结合？什么是非封闭结合？

2. 图 16-21 所示为某单层厂房平面示意图，试画出平面图中①②③④⑤节点详图（应标注轴线、墙体及有关尺寸）。

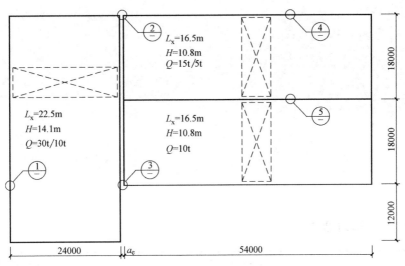

图 16-21

第 17 章　多层厂房设计

本章知识要点与学习要求

序号	知识要点	学习要求
1	多层厂房的特点及适用范围	了解
2	多层厂房的结构形式	熟悉
3	多层厂房生产工艺流程的类型	了解
4	多层厂房的平面形式	熟悉
5	柱网的类型及选择	熟悉
6	多层厂房的剖面设计	了解

■ 17.1　多层厂房概述

随着科学技术的进步、新兴工业的产生和发展，多层厂房在机械、电子、电气、仪表、光学、轻工、纺织、化工和仓储等行业中有着广泛的应用。随着工业自动化程度的不断提高，信息设备的不断普及，多层厂房在整个工业部门的厂房中所占的比重将会越来越大。多层厂房对提高城市建筑用地率、改善城市景观等方面起着积极的作用。

17.1.1　多层厂房的特点

和单层厂房相比，多层厂房一般具有以下特点：

1. 建筑占地面积小

一般情况下，多层厂房比单层厂房占地面积小，这不仅节约了用地，还降低了基础和屋顶的工程量，缩短了工程管线的长度，节约了建设投资和维护管理费用。

2. 交通运输面积较大

多层厂房内的生产是在不同楼层上进行的，这就导致多层厂房不仅有水平方向的运输，还要有垂直方向的运输系统（如电梯间、楼梯间、坡道等），这样就增加了用于交通运输的面积和体积。

3. 屋顶构造简单

多层厂房宽度一般较小，顶层房间可以不设天窗而采用侧窗采光，屋面雨、雪水排除方便，屋顶构造简单，屋顶面积小，可节约建筑材料并获得节能的效果。

4. 通用性较小

由于多层厂房在楼层上要布置设备，又受梁板结构经济合理性的制约，因而柱网尺寸一般不会太大，不利于工艺改革和设备更新，厂房的通用性较小。

5. 结构、构造较为复杂

多层厂房中较重的设备可以放在底层，较轻的设备放在楼层。但是如果布置振动较大的设备，结构计算和构造处理较为复杂。

17.1.2 多层厂房的适用范围

1. 生产工艺流程适于垂直布置的企业

适于垂直布置的企业的生产原材料大部分为粒状和粉状的散料或液体，经一次提供后，可利用原料的自重自上而下传送加工，直至产品成型，如面粉厂、造纸厂、啤酒厂、乳品厂等。

2. 设备、原料及产品重量较轻的企业

这类企业楼面荷载较小，单件垂直运输重量也较小，如纺织、服装、针织、制鞋、食品、印刷类企业等。

3. 生产工艺的要求

对于生产上要求在不同层高上操作的企业，如化工厂的大型蒸馏塔、碳化塔等设备，高度比较高，生产又需在不同层高上进行以及生产工艺对生产环境有特殊要求的企业，如需要恒温恒湿、洁净、无尘无菌等，如仪表、电子、医药及食品类企业，多层厂房层间房间体积小，容易满足这些特殊环境。

4. 建筑用地紧张及城市建设规划的需要

随着轻工业的迅速发展，中小型企业的大量涌现，城市工业用地日益紧张，单层厂房占地过大，不能适应，而多层厂房占地较小，能较好地满足城市建设规划的需要。

17.1.3 多层厂房的结构形式

多层厂房结构形式的选择应该结合生产工艺及层数的要求进行，还要考虑建筑材料的供应、当地的施工安装条件、构配件的生产能力以及基地的自然条件等。多层厂房的结构形式与多层民用建筑相似，按其所用材料的不同，常可分为混合结构、钢筋混凝土结构和钢结构。

1. 混合结构

混合结构有墙体承重和内框架承重两种形式。墙体承重的混合结构因砖墙占用面积较多，影响工艺布置；而内框架承重的混合结构占用面积较少，是目前使用较多的一种结构形式。

混合结构的取材和施工较方便，费用也比较经济，保温、隔热性能较好，在跨度不大、层数不多时可采用；但混合结构不利于抗震，地震区不宜选用。

2. 钢筋混凝土结构

钢筋混凝土结构是我国目前采用最为广泛的一种结构形式。多层厂房一般为钢筋混凝土框架结构，其板又可分为梁板式或无梁板式。

相对于混合结构而言，钢筋混凝土框架结构空间整体性好，适用跨度较大、承重要求较高的多层厂房。

3. 钢结构

钢结构具有重量轻、强度高、施工方便等优点，是国外采用较多的一种结构形式，在我国的使用也越来越多。

■ 17.2　多层厂房平面设计

多层厂房的平面设计应首先考虑生产工艺的要求，再考虑运输设备和生活辅助用房的布置、基地的形状、主导风向等对平面设计的影响。具体来说，多层厂房平面设计包括生产工艺流程和平面布置，确定平面布置的形式，柱网选择，楼梯、电梯布置以及确定人流、货流组织方式。

17.2.1　生产工艺流程和平面布置

生产工艺流程的布置是多层厂房平面设计的主要依据，对厂房的平面布置有着很大的影响，不同的生产工艺流程在很大程度上决定着多层厂房的平面形状和各层间的相互关系。

多层厂房中常见的生产工艺流程有以下三种类型：

1. 自上而下式

这种工艺流程的特点是先将原材料送至最高层，然后按照生产工艺流程的程序自上而下地逐步进行加工，最后成品由底层运出。这种布置方式可以利用原材料的自重，减少垂直运输设备的设置。面粉加工厂的生产工艺流程就属于这一种类型，如图 17-1a 所示。

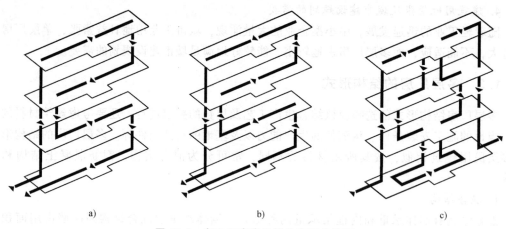

a)　　　　　　　　　　b)　　　　　　　　　　c)

图 17-1　多层厂房常见的生产工艺流程

2. 自下而上式

这种工艺流程的特点是将原材料自底层向上逐步加工，最后在顶层加工成成品。这种布置方式主要有两种情况：一是产品加工流程要求自下而上，如平板玻璃生产，底层布置熔化工段，靠垂直辊道由下而上运行，在运行中自然冷却形成平板玻璃；二是有些工业生产的原材料及一些设备较重，或需要有起重机运输等，同时生产工艺流程允许或需要将这些工段布置在底层，其他工段依次布置在以上各层，就形成了自下而上的工艺流程类型，如手表、照

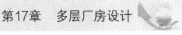

相机或一些精密仪表加工厂就属于这种类型，如图 17-1b 所示。

3. 上下往复式

这是一种有上有下的混合布置方式。它能适应不同情况的要求，应用范围较广。由于生产流程是往复的，所以不可避免地会使运输复杂化，但它的适应性较强，是一种经常采用的布置方式。例如，在印刷厂的生产过程中，由于铅印车间的印刷机和纸库荷载都比较大，因而通常布置在底层，排字间荷载较小，一般布置在顶层，装订、包装一般布置在二层，所以印刷厂的生产工艺流程就经常采用上下往复的布置方式，如图 17-1c 所示。

在进行多层厂房的平面设计时，一般应注意以下几点：平面形式应力求规整，以利于减小占地面积和围护结构面积，便于结构设计和施工；按生产需要，可将一些技术要求相同或相似的工段布置在一起，如要求使用空调的工段和对防振、防尘、防爆要求高的工段可各自集中在一起，进行分区布置；按通风和照要求合理安排房间朝向，例如，主要生产工段一般应争取朝南向，但对一些具体特殊要求的房间，如要求空调的工段为了减小空调设备的负荷，在炎热地区应注意避免太阳辐射热的影响，寒冷地区应注意减少室外低温及冷风的影响。

17.2.2 确定平面布置的形式

由于各种多层厂房的生产性质、生产特点、使用要求和建筑面积不同，其平面布置形式也不尽相同，平面布置的形式一般有以下几种：

1. 内廊式

内廊式是指各生产工段用隔墙分隔成大小不同的房间，再用内廊将其联系起来的平面布置形式。它适用于生产工段所需面积不大，生产中各工段间既需要联系又需要避免干扰的车间，如图 17-2 所示。

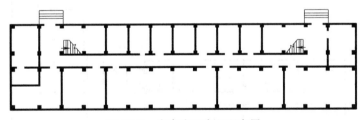

图 17-2 内廊式厂房平面布置

2. 大宽度式

为使厂房平面布置更为经济合理，可采用加大厂房宽度，开成大宽度式的平面形式，呈现为厅廊与大小空间结合，如双廊式、三廊式、环廊式、套间式等。这时，可把交通运输枢纽及生活辅助用房布置在厂房中采光条件较差的地区，以保证生产工段所需的采光与通风条件。大宽度厂房平面布置如图 17-3 所示。该种平面形式主要适用于技术要求较高的恒温、恒湿、洁净、无菌等生产车间。

3. 统间式

统间式是指厂房的主要生产部分集中在一个空间内，中间只设承重柱，不设隔墙。由于生产工段面积较大，各工序间又需紧密联系，不宜分隔成小间布置，此时可采用统间式的平面布置形式，如图 17-4 所示。这种布置对自动化流水线的操作较为有利。

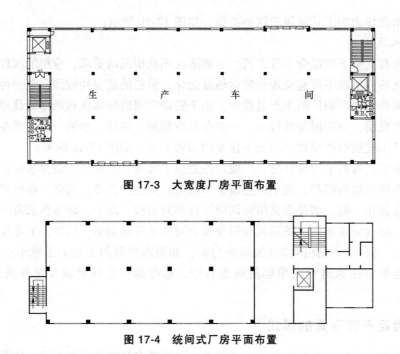

图 17-3　大宽度厂房平面布置

图 17-4　统间式厂房平面布置

4. 混合式

这种布置是根据不同的生产特点和要求，将多种平面形式混合布置，组成一个有机整体，使其能更好地满足生产工艺的要求，并具有较大的灵活性，如图 17-5 所示。但此种布置易造成厂房平、立、剖面的复杂化，使结构类型增多，施工较复杂，对抗震不利。

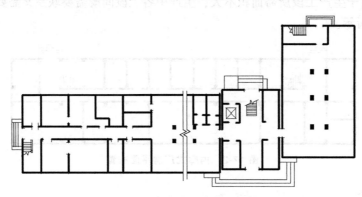

图 17-5　混合式厂房平面布置

17.2.3　柱网选择

多层厂房的柱网由于受楼层结构的限制，其尺寸一般较单层厂房小。柱网的选择是平面设计的主要内容之一，选择时应首先满足生产工艺的需要，其尺寸应符合 GB/T 50002—2013 《建筑模数协调标准》和 GB/T 50006—2010 《厂房建筑模数协调标准》的要求，还应考虑厂房的结构、材料、经济合理性、施工可行性。

根据《厂房建筑模数协调标准》的规定，多层厂房的跨度小于或等于 12m 时，宜采用扩大模数 15M 数列；多层厂房的跨度大于 12m 时，宜采用扩大模数 30M 数列，且宜采用

6.0m、7.5m、9.0m、10.5m、12.0m、15.0m、18.0m。多层厂房的柱距应采用扩大模数 6M 数列，且宜采用 6.0m、6.6m、7.2m、7.8m、8.4m、9.0m。

多层厂房的柱网一般有以下几种主要类型：

1. 内廊式柱网

内廊式柱网适用于内廊式的平面布置且多采用对称式，如图 17-6a 所示。在仪表、电子、电器等类企业中应用较多。内廊式多层厂房的跨度，宜采用扩大模数 6M 数列，且宜采用 6.0m、6.6m、7.2m；走廊的跨度应采用扩大模数 3M 数列，且宜采用 2.4m、2.7m、3.0m。

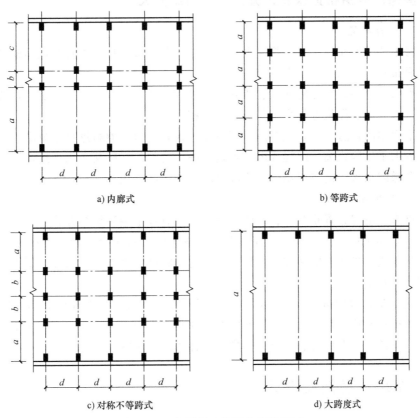

a) 内廊式　　　　　　　　　　　　　　b) 等跨式

c) 对称不等跨式　　　　　　　　　　　d) 大跨度式

图 17-6　多层厂房柱网布置的类型

2. 等跨式柱网

等跨式柱网主要适用于需要大面积布置生产工艺的厂房，底层一般布置机加工、仓库或总装配车间等，有的还布置有起重运输设备，如图 17-6b 所示，一般适用于机械、轻工、仪表、电子类企业的多层工业厂房。这类柱网可以是两个或以上连续等跨的形式，用轻质隔墙分隔后，也可做内廊式平面布置。目前采用的柱距一般为 6.0m，跨度有 6.0m、7.5m、9.0m、10.5m 及 12.0m 等。

3. 对称不等跨柱网

对称不等跨柱网的特点及范围基本和等跨式柱网类似，如图 17-6c 所示。常用的柱网尺寸有（6.0+7.5+7.5+6.0）m×6.0m（仪表类）、（1.5+6+6+1.5）m×6.0m（轻工类）、（7.5+7.5+12+7.5+7.5）m×6.0m 及（9.0+12.0+9.0）m×6.0m（机械类）等。

4. 大跨度式柱网

大跨度式柱网取消了中间柱，为生产工艺的变革提供更大的适应性，如图 17-6d 所示。因为扩大了跨度（大于 12m），楼层常采用桁架结构，这样楼层结构的空间（桁架空间）可作为技术层，用以布置各种管道及生活辅助用房。

无论在国内还是国外，多层厂房的柱网参数都有着扩大的趋势，即向着扩大柱网的方向发展。这主要是由于生产的不断变革，要求厂房的室内空间具有较大的应变能力，以便为生产的变革和发展创造条件。

17.2.4 楼梯、电梯布置以及人流、货流组织方式

1. 楼梯、电梯布置

多层厂房中的平面布置常将楼梯、电梯组合在一起，成为厂房垂直交通运输的枢纽。它对厂房的平面布置、立面处理均有一定的影响。

在楼梯平面设计中，首先应使人、货互不交叉和干扰，布置在行人易于发现的部位，从安全、疏散考虑，在底层最好能直接与出入口连接。

电梯在平面中的位置，主要应考虑方便货运，最好布置在原料进口或成品、半成品出口处。尽量减少水平运输距离，以提高电梯运输效率。为使货运畅通，水平运输通道应有一定的宽度，在电梯间出入口前需留出供货物临时堆放的缓冲地段。

2. 人流、货流组织方式

考虑与楼梯、电梯布置相结合，人流、货流一般有以下两种组织方式：

（1）人流、货流同门进出人流、货流在同门进出时，可组合成楼、电梯相对布置；楼梯、电梯斜对布置；楼梯、电梯并排布置。无论选择哪种组合方式，均要达到人、货同门进出，平行前进，互不交叉。

（2）人流、货流分门进出　在设计厂房底层平面时，楼梯、电梯要分别设置人行和货运大门。这种布置的特点是：人流、货流路线分工明确，互不交叉、干扰。可组合成楼梯、电梯同侧进出；梯楼、电梯对侧进出；楼梯、电梯邻侧进出等。

■ 17.3 多层厂房剖面设计

多层厂房的剖面设计应结合平面设计和立面处理同时考虑。它主要研究确定厂房的剖面形式、厂房的层数和层高等问题。

17.3.1 剖面形式

由于厂房平面柱网的不同，多层厂房的剖面形式亦是多种多样的。不同结构形式和生产工艺的平面布置都对剖面形式有着直接的影响。

17.3.2 层数的确定

多层厂房层数的确定与生产工艺、楼层荷载、垂直运输设备、地质条件以及经济等因素均有密切关系。进行具体设计时，应综合考虑以下各项因素：

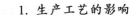

1. 生产工艺的影响

厂房根据生产工艺流程进行竖向布置，在确定各个工段的相对位置和面积时，厂房的层数也相应地确定了。

2. 城市规划及其他条件的影响

多层厂房在城市时，层数的确定要符合城市规划、城市建筑面积、周围环境及工厂群体组合的要求。

此外，厂房的层数还要随着厂址的地质条件、结构形式及抗震设防要求等而有所变化。

3. 经济因素的影响

对于多层厂房的经济问题，通常应从设计、结构、施工、材料等多方面综合分析。从我国目前的情况看，经济层数为 3~5 层，层数再增多，一般是不经济的。有些厂房由于生产工艺的特殊要求，或位于市区受城市用地限制，也有提高到 6~9 层的。

17.3.3 层高的确定

多层厂房的层高主要取决于生产特性及生产设备、运输设备、管道的敷设所需要的空间，也与厂房的宽度、采光和通风要求有密切的关系。

1. 层高与生产、运输设备的关系

在满足生产工艺要求的同时，还要考虑起重运输设备对多层厂房的层高的影响。一般只要在生产工艺许可的情况下，都应把一些质量大、体积大和运输量繁重的设备布置在底层，这样可相应地加大底层层高。对于个别特别高大的设备，还可以把局部楼层抬高，处理成参差层高的剖面形式。

2. 层高与采光、通风的关系

为了保证多层厂房室内有必要的天然光线，一般采用双面侧窗天然采光。采用侧窗采光时窗口高度越高，则光线射入越深，厂房中央部位的采光强度也越大。因此当厂房宽度过大时，就必须提高侧窗的高度，相应地需增加建筑层高。但增加层高又会增加工程造价，必须综合加以考虑。

在确定厂房层高时，采用自然通风的车间还应满足《工业企业设计卫生标准》的规定，以保证每名工人有足够的换气量。一般在符合卫生标准和其他建筑要求的前提下，宜尽量降低厂房的层高，不随便增加其高度。

3. 层高和管道布置的关系

多层厂房的管道布置一般和单层厂房不同，除底层可利用地面以下的空间外，一般都需占用一定的空间高度，因而都要影响厂房各层的层高。例如，要求恒温、恒湿的厂房中，空调管道的高度是影响层高的重要因素。

4. 层高和空间比例的关系

多层厂房的层高在满足生产工艺要求的前提下，还要兼顾室内建筑空间比例的协调。具体的层高应根据工程的实际情况和其他各种因素进行比较后再行确定。

5. 层高与经济的关系

在确定多层厂房层高时，除了需要综合考虑上述几个问题外，还应从经济角度予以具体分析。一般情况下，层高和单位面积造价的变化成正比关系，因此在确定层高时，不能忽视经济分析。

目前，我国多层厂房中常采用的层高有 3.9m、4.2m、4.5m、4.8m、5.1m、5.4m、6.0m 等。

思考题与习题

1. 多层厂房有哪些特点？
2. 多层厂房中常见的生产工艺流程有哪几种类型？
3. 多层厂房常见的平面布置形式有哪几种？
4. 多层厂房的柱网一般有_____、_____、_____和_____四种类型。
5. 多层厂房中层高的确定应考虑哪些因素？

参 考 文 献

［1］ 曾庆林. 房屋建筑学［M］. 南京：江苏凤凰教育出版社，2018.

［2］ 同济大学，东南大学，西安建筑科技大学，等. 房屋建筑学［M］. 4 版. 北京：中国建筑工业出版社，2005.

［3］ 林涛，彭朝晖. 房屋建筑学［M］. 北京：中国建材工业出版社，2012.

［4］ 李必瑜，王雪松. 房屋建筑学［M］. 5 版. 武汉：武汉理工大学出版社，2014.

［5］ 郭香敏，苏乾民，董承秀. 房屋建筑学［M］. 哈尔滨：哈尔滨工业大学出版社，2018.

［6］ 刘春娥，马江萍. 房屋建筑学［M］. 上海：上海交通大学出版社，2016.

［7］ 中国建筑标准设计研究院. 混凝土结构施工图平面整体表示方法制图规则和构造详图：现浇混凝土框架、剪力墙、梁、板：16G101-1［S］. 北京：中国计划出版社，2016.

［8］ 中国建筑标准设计研究院. 混凝土结构施工图平面整体表示方法制图规则和构造详图：现浇混凝土板式楼梯：16G101-2［S］. 北京：中国计划出版社，2016.

［9］ 中国建筑标准设计研究院. 混凝土结构施工图平面整体表示方法制图规则和构造详图：独立基础、条形基础、筏形基础、桩基础：16G101-3［S］. 北京：中国计划出版社，2016.

［10］ 《中小型民用建筑图集》编写组. 中小型民用建筑图集［M］. 3 版. 北京：中国建筑工业出版社，1999.

［11］ 《建筑设计资料集》编委会. 建筑设计资料集［M］. 北京：中国建筑工业出版社，1994.